图解系统门窗节能设计与制作

主　编　朱晓喜

副主编　高　校　杨安昌　徐　军

参　编　杨　宁　刘长江　杨培祥

蔡青春　王永智　刘　涛

沈　捷　黄爱教　王　清

主　审　张云龙

机械工业出版社

CHINA MACHINE PRESS

本书以系统门窗为引领，以门窗节能为主线编写而成，对木窗、铝合金门窗、塑钢门窗、铝木复合门窗、铝塑复合门窗和玻璃钢门窗等在建筑节能中的作用和发展进行了详细介绍。

本书共三篇十章，全面介绍了系统门窗的发展过程，厘清了系统门窗与门窗系统等基本概念，提供了系统门窗等节能设计、生产制作、安装验收的主要途径和方法，从理论到实践图文并茂地展示了系统门窗发展过程中的优秀门窗系统。书中列举了国家和行业及一些地区的标准和设计规范，并把这些标准、规范和规程有机结合起来，在各个篇章中巧妙引用。

本书可供建筑门窗行业（包括企业）管理人员、设计人员、生产制作人员、安装人员、科研人员、质量监督人员以及大专院校相关专业师生学习参考，也可为作为行业专业技术人员的培训教材。

图书在版编目（CIP）数据

图解系统门窗节能设计与制作/朱晓喜主编 . —北京：机械工业出版社，2018.5（2024.7 重印）

ISBN 978-7-111-59640-0

Ⅰ.①图… Ⅱ.①朱… Ⅲ.①门-建筑设计②窗-建筑设计

Ⅳ.①TU228

中国版本图书馆 CIP 数据核字（2018）第 071829 号

机械工业出版社（北京市百万庄大街 22 号 邮政编码 100037）
策划编辑：薛俊高 责任编辑：薛俊高
封面设计：马精明 责任校对：刘时光
责任印制：张 博
北京建宏印刷有限公司印刷
2024 年 7 月第 1 版第 7 次印刷
184mm×260mm · 16.25 印张 · 393 千字
标准书号：ISBN 978-7-111-59640-0
定价：49.00 元

前　言

建筑门窗技术已进入了节能门窗、系统门窗时代。

国内系统门窗已走过 16 个年头了，这期间虽然取得了长足的进步，但与发达国家相比还有很大的差距，这个差距就是国内系统门窗前进的动力，是系统门窗发展的空间。在节能门窗方面，自从国家提出建筑节能指标、将绿色建筑作为国策以来，节能门窗在全国各地遍地开花。但节能门窗因没有统一的产品标准，节能门窗的性能和质量存在很大差异。编写本书的目的就是总结我国目前节能门窗、系统门窗的成功经验，从理论上厘清节能门窗、系统门窗的概念和要求，从实践上普及节能门窗、系统门窗的基本知识和应用方法，使节能门窗、系统门窗在节能建筑、绿色建筑中发挥应有的作用，使建筑门窗行业从业人员技术素质、管理水平得到飞跃。

节能门窗、系统门窗作为一种技术，它是众多环节的科学搭配和整合，整合的结果就会发现系统的"短板"，在众多的性能中，传热系数是主要的核心，解决问题的办法就是"创新"，创新可以创造奇迹，例如在我们头脑中认为最不可能改变的，性能最差的推拉窗，经过创新可以将气密性提高到 8 级，传热系数低于 2.0，加以智能化，不但可以适用于别墅还能用于高层建筑，从而实现高性能的梦想。编写本书的目的就是抛砖引玉，促成各相关技术的覆盖，相关技术的渗透和融合，产业聚集与延伸、整合与配套。希望建筑门窗企业同仁创造更多的新型产品，体现建筑门窗的真正价值。

本书从多个角度展示了国际、国内企业的成果，结合国家相关方针政策和多类标准整理而成，是节能门窗、系统门窗不可多得的知识大全。

本书从构思到编写得到了中国建筑金属结构协会秘书长刘哲和副秘书长闫雷光、江苏省建设机械金属结构协会理事长张云仙和秘书长罗进等领导的大力支持；还得到武汉理工大学陈定方教授、北京化工大学苑会林教授以及叶松青、李德生、孙炳才、胡显荣、董维钦、胡复兴和邓小鸥等行业内专家的大力支持；在编写过程中，汪庆祥、孙继革、刘春忠、赵新等为本书提供了大量资料，在此一并表示感谢！

本书如能对促进我国节能门窗、系统门窗技术提高和产业发展有所帮助，编者将感到十分欣慰。国内同行和许多专家为节能门窗、系统门窗发展做出了巨大努力，他们在该领域内积累了很多研究成果和实践经验，由于篇幅所限本书只收取了其中一部分。由于编者水平有限，书中难免有不足之处，恳请读者批评指正。

编　者

目　　录

第一篇 基础概念

第1章 建筑节能与门窗节能

1.1 术语符号

1.1.1 术语

1. 建筑外窗 architectural outside windows

建筑外窗指落在非跨层的土建洞口内，不承担主体结构作用，可起采光、通风或观察等作用的建筑外围护部件，通常包括窗框和一个或多个窗扇及五金配件。下文简称外窗。

2. 标准化外窗 standard external window

对组成外窗的型材、玻璃、五金件、密封件、配套件等进行定型和标准化生产，对外窗的规格尺寸按地方标准和国家标准实施标准化，且企业具备完备的生产工艺和质量控制制度、产品各项性能不低于标准和工程设计要求的成品窗。

3. 标准化附框 standard additive frame

与土建同步，预埋或预先安装在门窗洞口中，用于安装外窗的独立构件，其规格尺寸、性能指标均实施标准化，能满足质量、安全、节能和使用要求，并具有建筑外窗后装卸功能。

4. 主型材 major profile

主型材是组成外窗框、扇杆件系统的基本框架，在其上装配开启扇或玻璃、辅型材、附件的外窗框和扇梃型材，以及组合外窗拼樘框型材。

5. 辅型材 accessorial profile

外窗框、扇杆件系统中，镶嵌或固定于主型材杆件上，起到传递荷载或某种功能作用的附件型材（如玻璃压条、披水条等）。

6. 披水板 apron flashing

披水板是指能承接雨水并能改变雨水流向的构件。

7. 附框压条 depression bar of additive frame

装在标准化附框外沿四周，用于标准化外窗安装定位，并与披水板连接的构件。

8. 标准化外窗系统 standard external window system

标准化外窗（包括外遮阳一体化窗、内置遮阳一体化窗和中置遮阳一体化双层窗）与预先安装在门窗洞口中的标准化附框、附框压条和窗台披水板（窄附框）组合安装，完成所有安装工序后投入使用的外窗系统。

9. 外遮阳一体化窗 external sunshade integrated window

由铝合金卷帘、百叶帘和织物卷帘等遮阳装置与外窗受力外框设计组合成一体并且满足标准化外窗要求的成品窗。

10. 内置遮阳一体化窗 built-in sunshade integrated window

采用内置遮阳中空玻璃制成的成品窗。

11. 中置遮阳一体化双层窗 double-window sunshade integrated window

内外两层窗，中间装有遮阳装置的成品窗。

12. 玻璃遮阳系数 SC　shading coefficient of glass

在给定条件下，透过玻璃的太阳辐射得热量与透过相同条件下 3mm 厚普通透明平板玻璃的太阳辐射得热量的比值。

13. 外遮阳系数 SD　external shading coefficient of window

建筑物透明外围护结构有外遮阳设施时透入室内的太阳辐射得热量与在相同条件下无外遮阳设施时透入的室内太阳辐射得热量的比值。

14. 宽附框 broad standard additive frame

附框型材宽度能够覆盖墙体宽度的标准化附框。

15. 窄附框 narrow standard additive frame

附框型材宽度小于墙体宽度的标准化附框。

16. 前装（预埋）式 pre-bury method

在工程墙体洞口位置预埋或在工厂预制装配式墙板中埋设标准化附框。

17. 后装式 later-bury method

在现场砌筑的建筑墙体预留洞口中安装标准化附框。

18. 干法安装 installation with appendent frame for fixing

墙体外窗洞口预埋或预先安装附框并对墙体缝隙进行填充、防水密封处理，在墙体洞口表面装饰湿作业完成后，将外窗固定在附框上的安装方法。

19. 暖边间隔条 warm edge spacer

中空玻璃内外片间作为热流路径的各材料壁厚与材料导热系数的乘积之和不超过 0.007W/K 的中空玻璃间隔条。

20. 型材截面主要受力部位 major load-bearing parts of profile section

外窗型材横截面中承受垂直和水平方向荷载作用力的腹板、翼缘及固定其他杆件、零配件的连接受力部位。

1.1.2　符号

H——窗洞口高。

B——窗洞口宽。

K——窗传热系数。

SC——玻璃遮阳系数。

SD——外遮阳系数。

A——中空玻璃中间层的空气。

Ar——中空玻璃中间层的氩气。

1.2　建筑节能与门窗节能

1.2.1　建筑节能概要

建筑行业是一个耗能大户，一方面建筑材料的生产过程需要消耗大量的能源；另一方面，为了在建筑物的内部营造一个适合人们生活、生产和开展各类社会活动的环境，建筑物在使用过程中还将不断地消耗能源。

住房和城乡建设部最新统计数据显示，我国建筑能耗总量逐年上升，已占全社会总能耗的33%。如此状况继续发展，到2020年，我国建筑耗能将达到1089亿吨标准煤；到2020年，空调夏季高峰负荷将相当于10个三峡电站满负荷能力。

为解决可能出现的能源资源短缺问题，一方面要积极探索革命性的新能源，并加大利用水力能、太阳能、地热能、风能、生物能等可再生能源的力度；另一方面也要大力提倡节约能源。

建筑节能，最初是指采取措施减少建筑中能量的散失。现在其含义进行到第三层意思，即在建筑中合理使用和有效利用能源，不断提高能源利用效率。

建筑节能具体是指在建筑物的规划、设计、新建（改建、扩建）、改造和使用过程中，执行节能标准，采用节能型的技术、工艺、设备、材料和产品，提高保温隔热性能和采暖供热、空调制冷制热系统效率，加强建筑物用能系统的运行管理，利用可再生能源，在保证室内热环境质量和满足人们对建筑舒适性需求（冬季室温在18℃以上，夏季室温在26℃以下）的前提下，减少供热、空调制冷制热、照明、热水供应的能耗。

1.2.2　建筑节能范围和主要内容

建筑能耗包括建造能耗和使用能耗两个方面。建造能耗属于生产能耗，是一次性消耗，而建筑使用能耗属于民用生活领域，是多年长期消耗，其中又包括建筑采暖、空调、照明、热水供应等能耗。我国建筑节能的范围按照国际上通用的办法，即指建筑使用能耗。但由于新建建筑和既有建筑改造规模很大，也应同时重视节约建造能耗和既有建筑的节能改造工作。

建筑节能工作主要包括建筑围护结构节能和采暖供热系统节能两个方面：改善建筑围护结构的热工性能，使得供给建筑物的热能在建筑物内部得到有效利用，不至于通过其围护结构很快散失，从而达到减少能源消耗的目的。实现围护结构的节能提高门窗和墙体的密闭性能，以减少传热损失和空气渗透耗热量。

采暖供热系统节能，采暖供热系统包括热源、热网和户内采暖设施三大部分。要提高锅炉运行效率和管网输送效率，改善供热系统的设备性能，提高设计和施工安装水平，改进运行管理技术。

建筑节能是确保人与社会、人与自然、当今人与未来人和谐共处（当今人不透支未来人的资源可视为和谐共处）的系统工程，具有明显的个性特征：

（1）建筑节能实施的政府主导性。建筑节能是一个庞大的系统工程，从范围来讲，关系到人与社会、人与自然是否能够和谐共处；从时空来讲，关系到当今人与未来人能否和谐共处；从涉及对象来讲，是个人、家庭、社团必须参与，但又不是个人、家庭、社团所能全盘主宰的工程，必须由国家以及各级地方政府主导实施。

（2）建筑节能标准的动态渐进性。建筑节能标准视国家资源状况、社会经济发达程度、社会文明进步程度、国家在世界范围的影响力，以及国家意志的认知力的不同而表现出其一定时期的不同标准幅度。比如现在江苏等地执行 65% 节能标准，北京等地执行 75% 节能标准，今后有可能执行 80% 节能标准等。

（3）建筑节能方案的多样性。提高建筑围护结构的热工性能和采暖、制冷及其他家用电器能效比的途径的多样性，且随着科技进步提高建筑围护结构的热工性能和家电能效比的手段还会不断出现更新换代的事实，决定了建筑节能实施方案的多样性。

（4）建筑节能受益群体的广泛性。衣、食、住、行是人们基本生存需求，其中衣、食、住直接或间接地与建筑节能相关。抓好建筑节能，直接受益者是地球上的每一个人。

（5）建筑节能前景的可观性。建筑是文明社会人类生存、工作和活动的场所，随着社会的发展，人类的繁衍，建筑将永无止境地延续。不可再生的一次性能源的有限存量会随时间推移而逐渐减少，人口的不断增加，城镇化的加速，导致建筑量的不断增大，以及人们对建筑舒适度要求的逐步提升，决定了建筑节能具有广阔、长久的发展潜力。

1.2.3　节能建筑

任何建筑都有保温隔热能力，但保温隔热能力差距很大，节能建筑是人们根据自己的节能目标设计制作出符合节能标准的建筑。

节能建筑与普通建筑相比具有如下特征：

（1）冬暖夏凉。门、窗、墙体等使用的材料保温隔热性能良好，能耗达到节能设计要求并小于普通建筑。

（2）通风良好。自然通风与人工通风结合，兼顾每个房间。

（3）光照充足。尽量采用自然光，自然采光与人工照明相结合。

（4）智能控制。采暖、通风、空调、照明等家电均可按程序集中管理。

1.2.4　节能门窗

节能门窗是建筑物的重要组成部分，其作用不仅是采光、通风作用，还有保温、隔热、隔声、防水及安全防护（防火、防盗）和装饰作用。

由于建筑能耗占全社会总能耗的 33%，而门窗作为民用建筑外围护结构的主要部分，能耗却占到建筑总能耗的约 50%，对于公共建筑，有的窗墙比更是高达 70%，更加大了降低建筑能耗的难度。

我国在建筑保温性能上与发达国家相比，居住建筑的单位总能耗是发达国家的 2~3 倍，外窗能耗是发达国家的 1.5~2.2 倍，门窗空气渗透率为发达国家的 3~6 倍。这表明我国建筑节能空间还很大。

建筑门窗是建筑物热交换、热传导最活泼、最敏感的部位。普通的建筑外门窗的保温隔热性能比外墙差很多，而且外门窗和墙体连接部位又是保温的薄弱环节，因此，从降低建筑能耗的角度出发，必须要求建筑外门窗具有良好的保温性能。

节能门窗是指达到现行建筑节能设计标准的门窗。换句话说，凡是门窗的保温隔热性能（传热系数、遮阳系数）、空气渗透性能等物理性能指标达到（或高于）所在地区《居住建筑节能设计标准》或《公共建筑节能设计标准》以及其各省、市、区地方节能设计标准的建筑门窗称为节能门窗。节能门窗可以是单体的（单层窗），也可以是双体的（双层窗），甚至在高纬度严寒地可能采用三层窗。

节能门窗有其地域性和时代性的特点。不同地域的节能门窗含义不同，如在以保温为主的严寒、寒冷地区的节能门窗，用在夏热地区就满足不了节能门窗的隔热性能要求，也就不是节能门窗；随着建筑节能要求的提高，不同时期的节能含义也不同，如在北京市建筑节能要求 65% 时对门窗的传热系数要求为 2.8W／（m²·K），建筑节能 75% 时对门窗的传热系数要求为 2.0W／（m²·K）。显然外窗的传热系数为 2.8W／（m²·K）能满足建筑节能 65% 时对门窗的节能要求，不能满足建筑节能 75% 时对门窗的节能要求。

不论是节能建筑还是节能门窗，在缩短这个差距的过程中，都不能按部就班地追赶，而是要跨越式发展，对建筑和门窗来说，就是要走绿色建筑和绿色施工的道路。

1.3　绿色建筑与绿色施工

1.3.1　绿色建筑

绿色建筑是指在建筑全寿命周期内，最大限度地节约资源（节能、节地、节水、节材）、保护环境和减少污染，为人们提供健康、适用和高效的使用空间，与自然和谐共生的建筑。

绿色建筑作为建筑行业转型发展、创新发展的标志性工作之一，正在全国迅速推进。到目前为止，我国已有 1545 个绿色建筑标识项目，具备了良好的基础。此间，对绿色建筑的认识也经历了从模糊到逐渐清晰、从表象化向理性化转变的过程。绿色建筑并非只是绿化景观效果好的建筑，也不是由各种高技术"堆积"而成的高成本建筑，而是在全寿命周期内满足节能、节地、节水、节材要求的环境友好型建筑。绿色建筑的技术原则是实用高效、因地制宜，采用简便实用的被动式技术和高效的资源利用技术，减少建设过程中对土地、建材的占用和投入，减少使用过程中对能源、水资源的消耗，改善室内环境，以满足建筑室内健康环境要求、尽可能减少对自然环境的消耗。

绿色建筑的设计不但要对场地进行规划，还要搞好室外风环境设计、热环境设计、吸声环境设计、景观环境设计、地下空间设计，不但要进行围护结构节能设计，还要做好建筑能源供应和可再生能源利用，对水资源综合利用和节水、节电设计，并要搞好市政管廊建设还要搞好运营管理和能耗监管。

1.3.2　绿色建材

绿色建材是生态环境材料在建筑材料领域的延伸。从广义上讲，绿色建材不是一种单独的建材产品，而是对建材"健康、环保、安全"等属性的一种要求，对原料加工、生产、施工、使用及废弃物处理等环节贯彻环保意识并实施环保技术，保证可持续发展。绿色建材的内涵包括以下方面：

（1）以相对较低的资源和能源消耗、环境污染为代价，生产高性能传统建材，如用现代先进工艺和技术生产的高质量水泥。

（2）能大幅减少建筑能耗（包括生产和使用过程中的能耗）的建材制品，如具有轻质、高强、防水、保温、隔热、隔声等功能的新型墙体材料。

（3）具有更高的使用效率和优异的材料性能，从而减低材料的消耗，如高性能混凝土、轻质高强混凝土。

（4）具有改善居室生态环境和保健功能的建筑材料，如抗菌、除臭、调湿、屏蔽有害物质的多功能玻璃、陶瓷和涂料。

（5）能大量利用工业废弃物的建筑材料，如净化污水、固化有毒有害工业废渣的水泥材料，或经资源化和高性能化后的矿渣、粉煤灰、硅灰、沸石等水泥组分材料。绿色建材是涵盖了绿色建筑节材和材料资源化利用目标的建筑材料。

绿色建材不仅应具备基本性能，而且需具备节能、保温、防霉、杀菌、防污和去污等特殊功能，使人类生存空间更加洁净、舒适和有益于健康。

一方面要选用绿色建材，一方面还要节约建材，这主要体现在：设计时，采用工厂化生产的标准规格预制构件，以减少现场加工材料所造成的浪费；尽可能地少用材料，并尽量采用可再生原料、可再循环材料、可再利用材料；从节材角度进行方案的优化设计，对不同方案进行优选，并应用新工艺、新材料和新设备对优选方案再优化，如对基础类型选用、房间尺寸的确定、层高和层数的确定以及结构形式的选择等进行技术经济分析。

采用建筑工业化的生产与施工方式；采用科学严谨的材料预算方案，尽量降低竣工后建筑材料剩余率；优化施工方案，积极推广新材料、新工艺，促进材料的合理使用，节省实际施工材料消耗量。

1.3.3　绿色施工

绿色施工是指在保证质量、安全等基本要求的前提下，通过科学管理和技术进步，最大限度地节约资源，减少对环境的负面影响，实现"四节一环保"（节能、节材、节水、节地和环境保护）的施工活动。

绿色施工是一种工程活动，是可持续发展理念在工程施工中的具体应用，强调施工过程与环境友好，把环境保护作为重要指导思想。绿色施工是建筑全寿命周期的一个阶段，是绿色建筑形成过程中的重要环节，对绿色建筑的形成起到促进作用，是绿色建筑的有机组成部分。

绿色施工是社会高度发展的必然要求，是对传统施工方式的变革和升级。绿色施工旨在改变传统施工中大量建设、大量消耗、大量废弃的施工模式，以资源的高效利用为核心，以环保优先为原则，追求高效、低耗、环保，统筹兼顾，实现经济、社会、环保（生态）综合效益最大化，是施工技术发展的必然趋势。

绿色建筑的核心理念就是全局、全程，换句话说就是用系统工程的方法处理全局、深入到全程，就是全寿命周期，把这一理念放到门窗上，就形成了系统门窗的新概念。

1.4　系统门窗与门窗系统

随着国家建筑节能标准对门窗性能要求的提升，门窗行业的生产模式正在经历一场变革，系统门窗可以放大组件的内在关联性，实现 $1+1>2$ 的效果，因此，系统门窗将是国内门窗行业发展的必然产物。

1.4.1　系统门窗的内涵

1.4.1.1　系统门窗的内涵

系统门窗就是运用系统集成的思维方式，基于针对不同地域气候环境和使用功能要求所研发的门窗系统，按照严格的程序进行设计、制造和安装，具备高可靠性、高性价比的建筑门窗。系统门窗是由多要素、多个子系统相互作用、相互依赖所构成的有一定秩序的集合体，能够有效保证建筑性能。

简单地说，系统门窗就是用系统工程理念，整合门窗领域内诸多相关要素而形成的门窗，因此它具有系统性而区别于传统门窗。门窗的功能、性能和形式受约于诸多因素的影响，这些因素相互交错与渗透、制约和协同，整合的过程便是不断发现"短板"的过程，"短板"在创新的过程中不断加长。

系统门窗将建筑门窗设计分为门窗系统研发和系统门窗工程设计两个阶段。第一个为系统门窗研发阶段，即门窗系统供应商采用设计、计算、试制、测试等研发手段，针对不同地域气候环境和要求预先研发出一个或数个门窗系统产品族；第二个为系统门窗工程设计应用阶段，即门窗根据工程设计要求，在已完成的门窗系统的基础上，选择符合工程要求的某个门窗系统产品族。

系统门窗的制造涉及多个相关行业、数十种上游产品，包括设备、型材、五金、玻璃、粘胶、密封件等。然而即便应用了好的隔热型材、节能玻璃、五金配件以及进口加工设备也并不一定能生产出高性能的系统门窗，系统门窗决不仅仅是各种高质量材料的单纯组合。

系统门窗在材料选用方面并不只是对高品质材料的简单堆积，而是基于产品性能以及使用寿命的一个科学搭配。

系统门窗如何做到高性能，就要从源头抓起，贯穿设计、制造、安装、验收和定期维修的全过程。就要设计过程中的"量身定做"，取材的科学搭配，加工过程中的工业化手段保证，安装施工的创新，验收工程中的把关，全程质量管理才能保证最终实现门窗的高性能。

量身定做，要求不同，搭配不同。系统门窗在建筑设计阶段即开始考虑门窗在特定应用环境中需要实现的性能表现。在建筑设计阶段即会根据楼盘所处的不同地区及气候环境，甚至是楼盘的不同朝向和楼层，为开发商提供门窗系统的应用咨询及建议，改变了传统门窗一款产品打遍天下的局面，真正实现了为建筑"量身定做"门窗系统。例如，对于建筑的高层区域需要面对更大的风压以及更强的雨水冲刷的特点，应用窗框强度更高、水密性更好的门窗设计，而低层区域应用普通设计既能满足性能要求又能符合经济性原则；对于南方地区的西向门窗，应用能够阻隔红外热量的 Low-E 玻璃，而较少光照的北向门窗则设计使用普通双层中空玻璃。系统的考虑门窗在建筑环境当中的应用，不仅能够保证建筑的节能环保以及高度舒适，还能为开发商的项目投资实现最为优化的效果。

从材料应用搭配可以看出，科学的系统门窗材料选用，并非简单地使用各种最先进、最昂贵的部件，而是围绕实现门窗的使用性能为中心，实现各部件间的最优配置。

系统门窗的加工采用规范化的加工设备以及模块化的加工工艺，确保了门窗的加工过程受人为因素的影响降到最低。规范化的加工设备及工艺能够确保加工过程的精密程度，从而能够打造出外形美观，装配精密的门窗产品。

拥有了好的门窗产品也并非意味着您将获得一套具有高性能门窗的住宅。好的门窗产品只是成功的一半，只有在优良的安装规范及工艺要求下，辅以科学的施工手段，最终才能良好地实现门窗良好的性能。而目前国内系统门窗的安装，通常采用欧洲门窗典型的钢副框安装工艺，降低了门窗安装与土建施工之间的相互影响作用。通过在土建中期嵌入钢副框的施工方式，提高了门窗洞口的施工精度。而在门窗安装过程中，门窗与建筑之间不再是简单的直接连接，而是固定于钢副框之上。提高安装精度的同时，也让门窗与建筑之间的连接受力更加均匀，减小门窗在施工过程中变形可能，还大大降低了施工难度。此外钢副框与门窗之间的连接处接缝均匀，且采用边框调整件进行固定，调整方便，能够很大程度上帮助提升安装质量。但是钢副框对于有节能要求的门窗而言，因热桥影响将降低节能效果，对于海洋性气候地区及湿度较大地区腐蚀问题不容小视。

综上所述，系统门窗区别于普通门窗，不仅在于选用了优质的材料以及材料搭配，而是要将每扇门窗从其设计阶段开始，即根据气候及地域特点的应用需求做了科学的分析与决策，进而系统的考虑材料的选用及配置，门窗的加工工艺，过程品质管理，以及安装施工，才能最终实现门窗的高性能。换句话说系统门窗不一定是高价格的门窗，但一定是适应性最强的门窗。

1.4.1.2　系统门窗的设计必须遵守的原则

系统门窗的设计必须遵守下列原则：

（1）等寿命原则。门窗的各部件在达到使用寿命的极限时，可通过一次性的保养维护（如更换胶条、塑料件、五金件等损耗件），来延续整窗的使用，而且不会影响整窗的性能。过分地强调门窗某一部件的性能而忽略各部件之间的科学搭配，只会造成大马拉小车或是小马拉大车的局面。比如说采用了开关次数可达 5 万次的优质欧洲五金件（可用十年以上），却只选用了使用寿命仅为 2 年的低品质胶条产品，结果导致门窗密闭性能出现问题，且门窗胶条每两年就需进行维修保养；或是采用隔热断桥铝合金型材，却只使用单层玻璃，将大大影响门窗的整体保温性能。

（2）高性能原则。系统门窗的进步，体现在对优异性能的追求，为确保门窗优异的性能表现，只要不涉及等寿命原则，尽量选用性能好的材料。铝合金型材的氟碳喷涂表面处理技术，具有优异的耐摩擦，耐工业以及耐海洋大气侵蚀，以及耐紫外线照射的性能，喷涂表面的 20 年历久常新；高耐候性的 EPDM 胶条产品，可实现使用 20 年不老化失效的高性能表现。

（3）高性价比的原则。当然这里面存在一个评估问题，但是投资任何一个产品，必须要考虑方案可行性、工艺可行性和经济可行性。目前系统门窗很多，客户选择不都根据性能一条来决定，因此，系统门窗的设计，一定要考虑门窗的性价比。例如，在设计窗型时，我国设计师普遍喜欢的对外窗透明部分进行较多的分隔，且透明部分的尺寸过于随意。这种分隔对过去的一般的建筑外窗不算什么，不会引起太多的价格上涨，而对被动式房屋的价格就会产生较严重的后果。例如性能下降、成本上升和维修困难。

1.4.1.3　系统门窗与普通门窗的区别

系统门窗与普通门窗的区别如下：

（1）稳定性和性能方面。系统门窗有自己独立的技术部门，会针对系统门窗的各部件进行严格的测试和检验，所以各个部件搭配非常好，不容易出现故障，也就是我们常说的稳定性好。普通门窗就是按照自己的需求订购不同的部件进行组装，但是在使用的过程中或多或少会出现一些问题，稳定性相对较差些。系统门窗的研发往往经过 2～3 年的时间，对材料、整个门窗的性能、质量进行全面检测，达到预期的目标后推出的成熟产品。普通门窗是针对单个项目临时集成的门窗产品，往往没有经过全面检测。

（2）灵活性方面。系统门窗的各部件都是根据不同性能已经固定搭配好的，挑选的余地相对普通门窗来说比较小，所以灵活性小。普通门窗可以根据自己的需求灵活配置自己的部件。系统门窗是系列化、标准化产品，槽口构造、材料供应等具有很强的排他性和不兼容性，只能根据工程的需求选择系列，一般不会对单独项目进行研发。普通门窗材料国内外厂家都可以选择，也可以临时开模，灵活性强。

（3）软件方面。系统门窗在提供产品的同时，也提供设计软件、设计手册、采购手册、加工手册、专业专用设备及技术服务支持，是一个完整的产业链。普通门窗的品质取决于设计人员的水平和门窗企业的加工安装的能力。

（4）售后服务方面。系统门窗的质保期比普通门窗的时间要长得多，系统门窗的质量保障除了门窗单位的工程质保外，还有系统公司产品的年限质保。另外，品牌专卖店可以进行简单的维修。而普通门窗往往是售后即告终极，门窗出现故障后业主不知找谁来维修。

诸如此类的区别还有很多，由此可以看出系统门窗和普通门窗在材料、工艺、性能及价格体系的差别。

1.4.2　门窗系统

门窗系统是指组成一樘完整的门窗的各子系统的所有材料（包括型材、五金、密封胶条、辅助配件及配套纱窗）的总称。成熟的节能门窗系统均为经过严格的品牌技术标准整合和多次实践的标准化产品，利用专用的加工设备和安装工具并按照标准化的工艺加工和安装。

现在门窗系统内涵进入更深入层次，是指为了工程设计、制造、安装达到设定性能和质量要求的建筑门窗，经系统研发而成的，由材料、构造、门窗形式、技术、性能这一组要素构成的一个整体。

材料指型材、增强、附件、密封、五金、玻璃。

构造指各材料组成的节点构造、角部以及中竖框和中横框连接构造、拼樘构造、安装构造、各材料与构造的装配逻辑关系等。

门窗形式指包括门窗的形状、尺寸、材质、颜色、开启形式、组合、分格等功能结构，纱窗、遮阳、安全防护等延伸功能构造。

技术指系统门窗工程设计规则、系统门窗的加工工艺及工装、系统门窗的安装工法。

性能包括安全性、适用性、节能性、耐久性。

可以看出，系统门窗和门窗系统的共同特点是它们都强调的是全局、全面和全程。

系统门窗的要求就是与时俱进的，K（传热系数）值 2.4 是系统门窗，K 值 1.0 是系统门窗，K 值小于 0.8 也是系统门窗，但是 K 值小于 0.8，人们又特别给它起了个名字，叫它"被动式门窗"，于是又产生了一个被动式的门窗概念。

1.5　被动建筑与被动门窗

1.5.1　被动房的核心理念

被动建筑是从国外翻译过来的，乍听起来很不起眼，总给人没有一种"高大上"的感觉，但它却是当今节能建筑最高水平的代表，因此也有人叫被动式超低能耗建筑。所谓被动式是与主动相对的，是对人们主动开机取暖或降温而言，是不需要依赖开机取暖或减少依赖。

如果从技术的角度来解释"被动房"，那就是：被动房是建筑节能理念和各种技术产品的集大成者，通过充分利用太阳能、地热能等可再生能源使采暖消耗的一次能源不超过

$15 \times 10^3 \mathrm{W/m^2}$ 的房屋。如此低的能耗标准，是通过高隔热隔声、密封性强的建筑外墙和可再生能源得以实现。

进一步讲，被动式房屋指将自然通风、自然采光、太阳能辐射和室内非供暖热源得热等各种被动式节能手段与建筑围护结构高效节能技术相结合建造而成的低能耗房屋建筑。这种建筑在显著提高室内环境舒适性的同时，可大幅度减少建筑使用能耗，最大限度地降低对主动式机械采暖和制冷系统的依赖。被动式房屋在冬季可以实现在没有传统供暖设施的条件下室内有20℃的温度，并且可以将夏季的空调负荷与能耗降低至原来四分之一以下。

被动房的核心第一是超低能耗，第二是舒适，因此被动房的节能，不是纯粹的高节能指标，而是达到相同舒适效果下的低能耗，即高能效，没有第二条，就无法屏蔽能耗，例如，被动房是节能的，但是，被动房相对你现在住的房子也许是非常不节能的，电费可能还要高出一大截，这里面就有一个房屋寿命和行为效应问题。如果居民的生活品质要求不高，极寒极热的天气状况，人们更乐意靠吃苦耐寒挺过去。这种"行为节能"比被动房要"节能"得多，但少了核心之二即舒适两字，和被动房的要求是不相同的。

但是，你想把你家里普通节能的房子做成这个目标需求的话，你得把每个房间都装上空调，必须有新风设备持续不断的开机运行，所有房间的空调24h持续不断的运作，才能实现如被动房一样的恒温恒湿恒氧的体验感，这个时候，你会发现你家的电表飞速地旋转，电耗猛然间上升了十几倍甚至几十倍。当然，被动房所采用的技术和施工认证体系，保障各部品部件具有更长的使用寿命，这也符合可持续发展理念。毕竟，延长建筑物寿命才是最大的建筑节能。如果你住的房子没几年就要维修改造一下，那成本维护费也是你不想看到的。

被动房的节能率指标是很高的，肯定比75%要高出一大截的水平。按照我国节能发展速度来看，未来十年，也许我国有大部分地区就要执行被动房这种能耗水平，被动房是我国建筑节能发展的必然趋势。

1.5.2　被动房对被动门窗的要求

作为被动房最关键的部品之一，外窗不但要满足保温、隔热要求，还要满足得热和采光要求。同传统意义上的节能外窗相比，被动式房屋的出现对外门窗提出了非常严格的要求。不仅是对传热系数和遮阳系数的要求，而且是对窗的得热系数、采光系数以及抗风压性、水密性、气密性和安装系统提出了严格规定。

（1）对外窗透明部分的基本性能要求，玻璃的透明部分性能是最为复杂的，需同时满足如下要求：

1）玻璃系统的传热系数应满足 $K \leqslant 0.8 \mathrm{W/}$ （$\mathrm{m^2 \cdot K}$）。

2）玻璃的太阳能总透射比 $G \geqslant 0.35$。

3）玻璃的选择性系数 S，愈大愈好。并满足 $S = TL/g \geqslant 1.25$ 的要求；其中 TL 是可见光透射比。

在这种条件下，房屋的外门窗的透明材料只可能选用Low-E中空玻璃或真空玻璃等透明材料。因为只有Low-E才能对阳光具有我们所期望的选择性。Low-E玻璃红外线反射率高，表面辐射率低，遮阳系数范围广，兼具"最大限度允许可见光进入"和"控制太阳能"两种性能的玻璃。Low-E中空玻璃具有传热系数低和能够反射红外线的特点，其主要功能是降低室内外远红外线的辐射能量和太阳能辐射能量的传递，从而维持室内温度。

低辐射（Low-E）玻璃生产工艺分为两种：一种是采用真空磁控溅射方法，在玻璃表面上镀含有一层或两层银层的膜系，称为离线 Low-E 玻璃；另一种是采用化学气相沉积方法，在玻璃表面上镀半导体氧化物（如掺氟的氧化锡等）的膜系，称为在线 Low-E 玻璃。Low-E 玻璃的表面辐射率很低。在线 Low-E 玻璃的表面辐射率值低于 0.25；离线 Low-E 玻璃的表面辐射率低于 0.15。其主要功能是降低室内外远红外线的辐射能量和太阳能辐射能量的传递，从而维持室内温度，节省暖气、空调费用开支。表面辐射率和红外线反射率是对应的。表面辐射率越低，红外线反射率就越高，即保温节能效果越好。物体的表面辐射是针对红外线吸收而言的。任何物体对红外线都有吸收和反射现象。低辐射，即红外线低吸收，也就是红外线高反射。

（2）对型材的选择

房屋外门窗框的型材传热系数 K 应依据现行国家标准《建筑外门窗保温性能分级及检测方法》（GB/T 8484）规定的方法测定，并符合 $K \leqslant 1.3\text{W}/(\text{m}^2 \cdot \text{K})$ 规定。这项规定既保障了外窗整体的传热系数能够控制在一定范围以内，又保障了在使用过程中，冬季室内一侧型材表面温度高于露点温度。目前市场上可供选材的只有木材或塑料型材。

在建筑市场上，同德国相比，我国最先进生产厂商所提供的被动房专用木窗并不差。被动房木窗生产过程有比较繁杂的处理加工过程。参观过被动房木窗生产线之后，其繁复的生产工艺类似于同仁堂药厂的店训："炮制虽繁必不敢省人工；品质虽贵必不敢减物力"。虽然我国已经能生产被动式外窗，但这样的工厂还属凤毛麟角。

（3）窗框的密封材料选择

我国工程用窗普遍忽视窗的密封材料。被动式房屋的外窗应采用三道耐久性良好的密封材料密封。我国目前建筑市场上普遍应用的还是黑色的易老化的橡胶类密封材料。如果被动房采用性能不好的外窗密封材料，其后果非常严重。轻则窗本身在冬季室内一侧结露，重则丧失被动房应有的室内环境温度。目前，我国能够生产被动房外窗的厂商多采用的是国外优质的密封材料。

（4）玻璃间隔条

高性能玻璃间隔条在我国还是一个产业空白，我国相关标准还未建立。铝制玻璃间隔条易造成室内结露。玻璃间隔条应使用隔热性能优秀、耐久性良好的暖边间隔条。

（5）窗透明部分的设计要求

从现有的被动式房屋示范试点建筑上看，我国建筑师普遍喜欢的对外窗透明部分进行较多的分隔，且透明部分的尺寸过于随意。这种分隔对过去的一般的建筑外窗不算什么，不会引起太多的价格上涨，而对被动式房屋的就会产生较严重的后果。

一是被动式房屋所用外窗的透明部分的性能要优于型材，过多的分隔会降低整窗的性能；二是透明部分一般采用三玻二腔充氩气，或是真空玻璃，过多的尺寸会造成生产线上难以形成规模化批量生产，生产厂商无法做库存，从而造成其生产成本的提高；三是过多的分隔本身就造成了其加工和材料成本的上升，导致造价的升高；四是一旦用户的玻璃损坏了，难以买到能用的产品。而简洁明了的外窗设计成功的避免了以上一系列问题。

（6）对外窗的气密、水密和抗风压性能要求

外门窗应具有良好的气密、水密和抗风压性能。依据现行国家标准《建筑外门窗气密、水密、抗风压性能分级及检测方法》（GB/T 7106），其气密性等级不应低于 8 级、水密性等级不应低于 6 级、抗风压性能等级不应低于 9 级。

（7）对窗的安装的要求

同普通房屋外窗一般安装在窗洞口内不同，被动房外窗一般安装外墙外侧。这种安装方式可以减少20%左右的热损失。外窗与墙体的连接有防水透气膜、防水隔气膜和密封胶组成的完整密封连接系统。

总之，"主动式住宅"，无论是在夏天，还是在冬天，都需要靠能源设施来"主动"提供能量，都得消耗大量的"一次能源"。"被动式住宅"正好相反。"被动式住宅"，通俗地讲，可以说是仅仅靠住宅本身的构造设计，就能到达舒适的室内温度，满足"冬暖夏凉"的要求，不需要单独再另外安装供暖设施的住宅，即不需要"主动"提供能量的一种房屋。这种"被动式住宅"仅消耗运行一台吹风机的能量，就可以供给需要的所有热量和热水。"被动式住宅"使用了超厚的保温、隔热、断热材料，在住宅的上面、下面、左面、右面、前面、后面，六个方向上，进行了围护和密封。

外墙上的门扇和窗户，无论是窗框，还是中间使用的采光玻璃，都是使用具有现代保温构造特点的产品。采光玻璃，使用低辐射的多层中空玻璃，有些甚至还会安装使用双层窗扇的窗户。"被动式住宅"由于围护密封性能强，势必会导致室内的空气容易混浊。长期生活在不够清新的室内空气环境中，将会直接影响居住者的身体健康。所以，"被动式住宅"往往还会安装耗电量非常少的"能量回收通风系统 ERV（Energy Recovery Ventilation）"。

"被动式住宅"的建造，适合住宅体量比较紧凑的情况，不太适合大体量的住宅。

从 K 值 2.4 到 K 值 0.8 是与时俱进的，是逐步发展的，不管多大，为了健康发展，都必须同时进行标准化、系统化、信息化、工业化和产业化。要创新与标准交替。必须知道，"量身定做"和标准化、系列化并不矛盾，"量身定做"时就要考虑标准化和系列化。

1.6　门窗行业的五化

当前，我国建筑门窗幕墙行业的发展趋势是"五化"趋势，即标准化、系统化、信息化、工业化和产品化。建筑外窗产品的标准化、系统化和工业化是提高建筑外窗生产水平和工程质量的关键，对提高生产效率、降低成本和减少能耗有很大意义。

不少省份相继推出了一系列技术规程，例如江苏省推出《居住建筑标准化外窗系统应用技术规程》。首次规定了10个标准化外窗系统的标准化尺寸和10种标准化基本窗型。这是实施标准化外窗系统的关键之举。之前建筑外窗的尺寸和窗型五花八门、千变万化，设计人员随意设计，给生产制作和安装施工带来一系列问题。经调查规程中规定的标准化10个尺寸和10种窗型，也是居住建筑应用最多的尺寸和基本窗型。做出这样的规定基本能满足地区居住建筑的需要。对不适用于标准化外窗系统技术的材料自然淘汰；沿袭几十年来的湿法安装工艺也被自然淘汰；改变有史以来从墙外侧安装外窗的方式，使室内安装外窗的方式成为现实；使建筑外窗成品窗商品化成为可能。

在知识经济时代，信息资源是重要的战略资源，因此世界各国企业界都把加快信息化建设作为自己的发展战略。我国建筑门窗幕墙企业也要适应这种趋势，充分发挥信息资源、信息网络、信息技术、信息产业、信息人才、信息法规环境与信息安全七大要素作用，切实推进信息化工作，使信息化成为推动建筑门窗幕墙行业可持续健康发展的重要力量。

当前建筑门窗幕墙行业企业信息化还具有广阔的提升空间，企业信息化也具有巨大的潜力。行业必须适应信息化的发展趋势，采用分步实施，重点突破的方式，推动企业信息化工作。应重点做好以下几个方面的工作：

（1）生产过程信息化。应重点在设计、制作、安装、使用和维护等方面提高企业信息化水平。

（2）管理过程信息化。办公自动化（OA）、材料需求计划（MRP）、企业资源计划（ERP）、管理信息系统（MIS）、客户关系管理系统（CRM）、决策支持系统（DSS）、专家系统（E5）等在别的行业应用已经相当普遍。

（3）BIM 在门窗幕墙行业的应用。建筑信息模型（Building Information Modeling，BIM）是近年来出现在建筑业中的一个新名词。它是引领建筑业信息技术走向更高层次的一种新技术，它的全面应用，将为建筑业的科技进步产生不可估量的影响。同时，也将为建筑业的发展带来巨大的效益，使设计乃至整个工程的质量和效率显著提高，成本降低。它也将使建筑行业各个环节和专业之间的信息实现集成和协作，对建筑行业的信息化建设具有划时代的意义。

（4）电子商务。电子商务（Electronic Business）是通过使用互联网等电子工具使公司内部、供应商、客户和合作伙伴之间，利用电子业务共享信息，实现企业间业务流程的电子化，配合企业内部的电子化生产管理系统，提高企业的生产、库存、流通和资金等各个环节的效率的商业模式。

BIM 这个技术本身就是工业 4.0 当中的一个环节。

工业 4.0 主要强调的是工业化。如果一个产品要想实现它的工业化，那么它的前提必须是实现标准化。

将来的订单不一定来自大规模的十万平方米、几十万平方米的建筑项目，而是一栋楼、一栋楼地来。

项目一栋楼一栋楼地来，导致我们的行业企业将面临一个趋势——订单的碎片化。这个趋势将对我们门窗的加工生产提出新的要求，门窗企业肯定要考虑如何来适应这种需求的变化。

当碎片化订单量大的时候，如何协调设备和产能进行生产计划和原材料组织，我国门窗企业的这种智能化生产将极大提升企业的生产能力和产品质量。很可能没有智能化生产的条件，企业都无法应对这种订单碎片化的局面，至少是竞争能力大大地缺失。

由于市场蛋糕的逐步缩小，加之这些设计上的变化，未来整个行业竞争的态势、整个竞争的格局都会出现变化，出现市场整合和企业整合。整合的方式，包括行业内门窗企业和门窗型材企业之间的整合，也包括行业外的整合，如玻璃企业和门窗企业之间的整合，目前已经出现几个行业之间的交叉整合的势头。

我国门窗行业现在还处于工业 3.0 时代，工业 4.0 时代和工业 3.0 时代的差异：工业 3.0 时代讲究的是流水线工艺、按顺序操作，中央集中控制，有线通信，无法实时监控产品的位置信息；工业 4.0 时代强调单元化工艺，各个单元自律操作、分散控制、无线通信、实时监控产品的位置信息，能够实现各个设备之间的整合。

产品商业化是五化的最高形式，标准化产品的成熟可以使工作效率提高、耗能减少，因此是建筑外窗行业发展的最高目标。

1.7　常用节能门窗

任何产品，只要能在市场上占有一席之地，就有其生存的优势，对节能门窗来说有下列产品。

1.7.1　木门窗

实木窗的优势：

（1）保温性能好。窗户是建筑物散发热量最多的部位，可以说是围护结构中的薄弱环节。根据建筑部门的研究测量，一般建筑物能耗40%是从窗户散发的。热量的传递有传导、对流和辐射三种形式。传导主要发生在窗框和窗扇，对流发生在门窗的密封处和缝隙处，辐射主要发生在玻璃表面。由于木材是优良的保温材料，导热系数极低，阻断了热桥。现代木窗的结构又有效地保证了气密性和雨水渗漏性。因此高性能的木窗可以降低15%的建筑能耗。在寒冷的冬天室内温度在20℃以上而室外温度在−25℃以下采用高性能纯实木窗，会减少热量的传递而降低了能耗。

（2）隔声性能好。窗户的隔声性能影响居住者的生活质量和私密性。现代城市的交通噪声和喧哗使窗的隔声性能高显得更为重要，而室内谈话和行为，有时需要保持隐私，所以现代住宅和办公楼对窗户的隔声性能有相当高的要求。现代高性能实木窗优于特殊的结构和材料的特点，隔声性能优良，可降低噪声25dB左右，如有特殊需要，还可以进一步提高隔声性能。

（3）美观性、装饰性能好。在诸多建筑材料中，木材的视觉效果和触觉效果最好，木材的天然色彩宜人，不同的树种有不同的风格和色调，不同于钢窗、铝窗、塑窗亮晶晶、冷冰冰的感觉，它可以创造出十分和谐宜人的环境。

（4）纯实木顺纹集成材，有着很高的抗压以及抗弯强度，因而具有防变形和抗老化性能。

（5）高质量的密封条与框体紧密结合，具有特别的隔热、隔声和装修作用，再加上木质是热的不良导体，具有杰出的节能作用。

1.7.2　断桥隔热铝合金门窗

断桥隔热铝合金门窗以其强度高、保温隔热性好，刚性好，防火性好，采光面积大，耐腐蚀性好，综合性能高，使用寿命长，装饰效果好等突出优点，越来越受市场的青睐。高档的断桥隔热铝合金门窗，已经成为家居用窗的首选产品。"断桥隔热铝"这个名字中的"桥"是指材料学意义上的"冷热桥"，而"断"字表示动作，也就是"把冷热桥打断"。具体地说，因为铝合金是金属，导热比较快，所以当室内外温度相差很多时，铝合金就可以成为传递热量的一座"桥"，这样的材料做成门窗，它的隔热性能就不佳了。而断桥铝是将铝合金从中间断开的，它采用隔热条将断开的铝合金连为一体，这样热量就不容易通过整个材料了，材料的隔热性能也就变好了，这就是"断桥隔热铝"名字的由来。断桥隔热铝合金门窗一般来讲包含两个主体：断桥隔热铝型材和中空玻璃。

断桥隔热铝合金门窗的优点：

（1）断桥隔热铝合金门窗保温隔热性好。采用隔热型材内外框软性结合，边框上采用三元乙丙胶条密封，关闭严密，气密、水密性特佳，保温性能优越；窗扇采用中空玻璃结构，使窗户真正显示出隔声、隔热、保温、功能卓越，大量节省采暖和制冷费用，当隔热条宽度不小于24mm，采用三玻二腔中空或5Low-E + 12 + 5玻璃时，整窗传热系数 K 值经检测不大于2.4W／（$m^2 \cdot K$），节能效果显著，几年的节能费用足以弥补前期的投资。

（2）断桥隔热铝合金门窗防水功能。利用压力平衡原理设计有结构排水系统，设排水口，排水畅通，水密性好。

（3）断桥隔热铝合金门窗防结露、结霜。断桥铝型材可实现门窗的三道密封结构或更多，合理分离水汽腔，成功实现气、水等压平衡，显著提高门窗的水密性和气密性，达到窗净明亮的效果。

（4）断桥隔热铝合金门窗防蚊虫纱窗设计。隐形纱窗，可内外选择安装使用，具有防蚊虫，苍蝇，尤其适合北方多蚊虫地区。也可选择防盗纱窗，具有防盗功能。

（5）断桥隔热铝合金门窗防盗、防松动装置。配上独特的多点五金锁具，保证窗户在使用中的稳固与安全。

（6）断桥隔热铝合金门窗防噪隔声。其结构经精心设计，接缝严密，试验结果：空气隔声量达到隔声30~40dB，能保证在高速公路两侧50m内的居民不受噪声干扰，毗邻闹市也可保证室内宁静温馨。

（7）断桥隔热铝合金门窗防火功能。铝合金为金属材料，不易燃烧，具有30min的耐火完整性能。

（8）断桥隔热铝合金门窗防风沙、抗风压。内框直料采用空心设计、抗风压变形能力强，抗振动效果好。可用于高层建筑及民用住宅，可设计大面积窗型，采光面积大；这种窗的气密性比任何铝、塑窗都好，能保证风沙大的地区室内窗台和地板无灰尘。

（9）断桥隔热铝合金门窗强度高不变形，免维护。断桥铝门窗体抗拉伸和抗剪切强度及抵御热变形能力强度高，坚固耐用，断桥铝型材不易受酸碱侵蚀，不易变黄褪色，几乎不必保养。

（10）断桥隔热铝合金门窗多种色彩，极具装饰性。可达到门窗的室内外表面同颜色，满足客户对色效偏好，色域空间美学需求，符合建筑师的个性化设计要求。铝型材采用流线型设计，造型豪华气派。

（11）断桥隔热铝合金门窗在生产过程中不仅不会产生有害物质，所有材料均可回收循环再利用，属绿色建材环保产品，符合人类可持续发展。

（12）断桥隔热铝合金门窗开启形式多，舒适耐用。有平开式、内倾式、上悬式、推拉式、平开和内倾兼复合式等，适用公共建筑、住宅小区和市政工程；优质五金配件耐用，操作手柄人性化设计，美观舒适，开启方便灵活，每一个使用动作经过检验，疲劳试验次数达数万次以上，滑动轻松自如、无声，成熟完善的门窗加工工艺，高精密程序控制加工中心进行生产，质量稳定有保障。

（13）断桥隔热彩色铝合金门窗的组成结构是结合了木窗的环保，铁窗、钢窗的牢固安全，塑钢门窗保温节能的共性。其结构比普通铝窗复杂，成本较高，普通彩色铝合金门窗不具有隔热条，不保温不节能，只是在表面做喷涂处理。

（14）断桥隔热铝合金门窗的型材断面壁厚严格遵循国家标准。壁厚要求都必须在1.4~2.0mm，因为壁厚薄关系到组装技术和组成门窗的牢固安全问题。

1.7.3　塑料门窗

塑料门窗是以氯乙烯（PVC）树脂为主要原料，加入一定比例的稳定剂、改性剂、紫外线吸收剂等助剂经挤出机挤出成型，然后通过切割、焊接等方式组装而成门窗。为增加型材的强度，在型材的空腔里添加钢衬（增强型钢），所以被称为塑钢门窗。与其他门窗相比，塑钢门窗有其独有的性能和特点，具体表现如下：

（1）外观性能。塑钢窗造型美观、色泽明快，装饰性好，品种色彩各式各样，有平开窗、推拉窗、中悬窗以及多方位开启窗，有白色、棕色、古铜色等各种颜色。同时，塑钢门窗表面光滑，手感细腻，可增加居室的豪华性和艺术气氛，更进一步的满足人们的要求。

（2）保温节能。PVC型材的多腔式结构具有良好的隔热性能，传热系数甚小，仅为钢材的1/357、铝材的1/1250。据有关部门调查比较：使用PVC门窗比使用传统金属门窗的房间，冬季室内温度提高4~5℃，而夏季温度则同比降低。据测算，如果我国有15%的新建住宅用双玻塑料门窗代替旧门窗，则北方每个采暖期可节能6.6万吨标准煤；南方每年夏季可节约空调用电1.3亿kW·h。PVC门窗的生产也符合国家节能的要求，生产单位体积的PVC型材的能耗是钢材的1/4.5、铝材的1/8。

（3）耐候性。由于塑料型材的生产配方加有紫外线吸收剂及耐低温冲击的改性剂，从而提高了耐候性能；长期使用于温度剧变的环境中，不老化、变质、脆化、变色。塑钢门窗在我国地跨热、亚热、温三带，以其优良的综合性能覆盖我国建筑门窗的全境，应用范围之广也就不言而喻。

（4）耐腐蚀性。塑钢门窗耐酸、碱等化学成分的侵蚀，具有不锈、不霉烂等特性，特别适合于海洋性气候、湿度较大的地区以及污染杂质含量高的工业地区使用；改性UPVC采用特殊配方，原料中添加光稳定剂、热稳定剂、抗紫外线吸收剂和耐低冲击改性剂等助剂，可在50°~70℃使用，烈日暴晒、潮湿都不会使其出现变质。据了解，国外最早的PVC塑料门窗已使用40年，其材质完好，按此推算，正常环境条件下，PVC塑料门窗使用寿命可达50年，是钢窗的10倍左右。

（5）防火性、电绝缘性。塑钢门窗所用的PVC材料，能遇火自熄，不助燃，其防火性优于木窗。同时PVC材料又是良好的绝缘体，不导电，绝缘性优于钢铝窗，安全性高。

（6）抗风压强度。塑钢门窗组装中在主要的受力部位内部采用钢衬补强，钢衬的厚度及型材系列可根据当地的风压值、建筑物的高度、洞口大小、窗型设计来选择，以保证建筑门窗的要求。一般高层建筑选择大断面推拉窗或内平开窗，低层建筑选用外平开窗或较小断面推拉窗。

（7）气密性。PVC门窗在安装时所有缝隙处均装有橡塑密封条或毛条，框扇角部和框梃的焊接连接，消除了机械装配式窗的连接处渗透的弊病，所以气密性远远高于机械装配式门窗。尤其是新式的多道密封设计的平开窗系列密封性能更加优秀，气密性能达8级。

（8）水密性。PVC门窗型材具有独特的多腔式结构，有独立的排水腔，无论是框还是扇的积水都能有效排出。框扇角部和框梃的焊接连接，消除了机械装配式窗的连接处渗漏的弊病。新式的多道密封设计的平开窗系列其水密性可达到4~5级。

（9）隔声性。PVC塑料型材本身具有良好的隔声效果。据有关资料介绍，要达到同样降低噪声的要求，安装铝门窗建筑物与交通干道的距离必须在50m之外，而安装PVC塑料门窗距离就可缩短到16m。塑钢门窗拥有这么多优势，曾经一度是居住建筑主流的产品技术，即便是现在欧洲，塑钢门窗也是高节能建筑最常用的门窗类型。我国曾在 20 世纪 90 年代末出现了严重的塑钢门窗质量问题，人们逐渐对塑钢门窗产生了一些偏见，认为塑钢门窗就是假货最多的低端产品代名词。但是随着当前我国建筑节能的进一步升级，占据当前市场主流的铝合金门窗可能分出一部分份额给塑钢门窗。

（10）养护不需涂漆，基本上不需维修。

（11）防虫蛀。用氯化聚乙烯（CPE）改性的 PVC 塑料门窗材料有防白蚁的特性。

（12）成品尺寸精度。产业化的塑料门窗组装是依靠专用设备保证质量的，成品的外形尺寸精度明显高。

1.7.4　铝木门窗

铝木门窗又可以细分为铝包木门窗、木铝复合门窗、铝木组合门窗等多种形式。铝包木门窗又称德式铝包木门窗，技术源自德国，简单地说就是在木窗的基础上，外挂铝材，使内木与外铝能够和谐统一。它是在保留纯实木门窗特性和功能的前提下，用铝合金型材通过机械方法复合而成的框体。两种材料通过高分子尼龙件连接，充分照顾了木材和金属收缩系数不同的属性。外铝内木，达到双重装饰效果，室内是温馨、自然的实木门窗，与室内装修风格完美搭配，而室外铝型材作为保护外衣又与建筑外立面相得益彰，即维护了建筑物的整体美，又加强了实木窗抗日晒、抗风吹雨淋等性能，使得门窗使用性能更加稳定。

铝木门窗的优点：

（1）节能性（保温隔热性）。在门窗业界有一个专业术语：传热系数 K 值（又称传导系数或保温系数，在欧美国家称之为 U 值），传热系数 K 值越大，传递的热量越多，流失的能量也越多；反之，传递的热量越少，流失的能量也越少。它是衡量门窗保温隔热性能最为专业的技术参数，和铝合金窗、塑钢窗（PVC 窗）相比，铝包木门窗在保温隔热性能上优点突出。铝包木门窗中的木材的框体传热系数仅为 1.3，远远低于铝合金窗和塑钢窗，因此铝包木门窗才是真正意义上的节能门窗。

（2）隔声私密性。铝包木门窗由于木材比之铝合金或塑料能很好地吸收声波的振动，测试表明，顶级铝包木窗能使室外噪声降低 35dB，所以铝包木窗的隔声性能将超过任何其他种类的门窗。

（3）环保性。节省工耗能源。据欧洲最新研究数据显示，加工相同体积或面积的铝合金窗、塑钢窗、铝包木窗，加工能耗对比比例为：20:8:1，铝合金窗框体来源于不可再生的铝矿土，塑钢窗来源于不可再生的石油，铝包木窗主体大部分来源于可再生的木材，只有少量铝合金作为木窗的外衣，只要合理开采，是取之不尽用之不竭的资源。

（4）防火性能。木材的熔点为 250℃，但由于其良好的隔热性及燃烧后形成的碳化层，不会将高温传到没燃烧的另一侧引起其他物品燃烧，防护性能较好。

（5）使用寿命长。铝型材本身抗腐蚀能力就强，表面处理后耐候性更强，实践证明，木材经过材性处理后，性能更加优秀，寿命远非几十年之久，铝木复合具有明显优势。

（6）家居装饰性。塑钢窗和铝合金窗色彩与从前相比虽然丰富了许多，甚至可以做成仿照木材的纹理，但与铝包木门窗相比，冰冷呆板，视觉、触觉体验差。铝包木门窗室内侧木材有天然的独一无二的纹理，温和自然亲切，与室内的装修、实木家具浑然天成，满足了现代人崇尚自然、追求回归的心理需求。

（7）体现豪宅档次和艺术内涵。在北美、欧洲，铝包木窗是最豪华和最高档次的窗户，只要是高档住宅，绝大部分必然使用铝包木窗，是否使用铝包木窗基本上已成为衡量住宅档次和身份的象征；制作精良的铝包木窗是现代化科技、优良的材料、精湛的工艺的完美结合，定制的门窗不仅仅是具有优良功能的产品，而且是具有丰富艺术内涵、工艺精湛的艺术品。

（8）投资保值性。提高豪宅附加值，使用高端铝包木门窗后，虽然比铝合金窗、塑钢窗等其他种类门窗成本增加了一些，但房屋的附加值大幅提升，物业增值幅度大大超过了其他房屋。

1.7.5　铝塑复合门窗

铝塑复合门窗优点：

（1）保温性好。采用隔热型材内外框软性结合，边框采用一胶条、双毛条的三密封形式，关闭严密，气密、水密性特佳，保温性能优越；窗扇采用中空玻璃结构，使窗户真正显示出隔声、隔热、保温，功能卓越。

（2）隔声性好。其结构经精心设计，接缝严密，试验结果，隔声30dB，能保证在高速公路两侧50m内的居民不受噪声干扰。

（3）耐冲击。由于铝塑复合型材外表面为铝合金，因此它比塑钢窗型材耐冲击。

（4）气密性好。铝塑复合窗各隙缝处均装多道密封毛条或胶条，气密性好。防结露、结霜：合理分离水汽腔，成功实现气、水等压平衡，达到窗净明亮的效果。

（5）水密性好。门窗设计有防雨水结构，将雨水完全隔绝于室外，利用压力平衡原理设计有结构排水系统，水密性好。

（6）防火性好。铝合金为金属材料，不燃烧。

（7）防盗性好。铝塑复合窗，配置优良五金配件及高级装饰锁，使盗贼束手无策。

（8）免维护。铝塑复合型材不易受酸碱侵蚀，不会变黄褪色，几乎不必保养。

（9）门窗多种色彩，极具装饰性。可达到门窗的室内外表面不同颜色，满足客户对色效偏好，色域空间美学需求，符合建筑师的个性化设计要求。铝型材采用流线型设计，造型豪华气派。

（10）在生产过程中不仅不会产生有害物质，所有材料均可回收循环再利用，属绿色建材环保产品，符合人类可持续发展要求。

1.7.6　铝塑共挤门窗

铝塑共挤门窗，顾名思义，是铝衬与塑料紧密复合为一体的型材门窗，其型材制作，是用含有回收铝的铝衬做骨架，将厚度约4mm的表面硬结皮微发泡塑料复合在铝衬表面上，达到内金属衬与外塑料结为一体的效果。因此，该门窗把传统的金属门窗和塑料门窗融为一体，同时兼容了金属门窗和塑料门窗的优点，并进一步发扬了这两种门窗结合后的更大优势。

（1）铝塑共挤门窗复合保温隔热性好。采用微发泡硬结皮型材内铝衬软性结合，边框上采用三元乙丙胶条密封，关闭严密，气密、水密性特佳、保温性能优越；窗扇采用中空玻璃结构，使窗户真正显示出隔声、隔热、保温，功能卓越，大量节省采暖和制冷费用，传热系数 K 值检测 $1.4 \sim 2.7$，节能效果显著，几年的节能费用足以弥补前期的投资。

（2）铝塑共挤门窗防水功能。利用压力平衡原理设计有结构排水系统，设排水口，排水畅通，水密性好。

（3）铝塑共挤门窗防结露、结霜。铝塑共挤型材可实现门窗的三道密封结构，合理分离水汽腔，成功实现气、水等压平衡，显著提高门窗的水密性和气密性，达到窗净明亮的效果。

（4）铝塑共挤门窗防蚊虫纱窗设计。隐形纱窗，可内外选择安装使用，具有防蚊虫、苍蝇，尤其适合北方多蚊虫地区。也可选择防盗金刚纱窗，具有防盗功能。

（5）铝塑共挤门窗防盗、防松动装置。配上独特的多点五金锁具，保证窗户在使用中稳固与安全。

（6）铝塑共挤门窗防噪声尤佳。其微发泡结构经精心设计，接缝严密，试验结果，空气隔声量达到隔声 30～45dB，能保证在高速公路两侧 30m 内的居民不受噪声干扰，毗邻闹市也可保证室内宁静温馨。

（7）铝塑共挤门窗耐火节能功能。经实测已通过耐火 0.5h 检测检验。

（8）铝塑共挤门窗防风沙、抗风压。内框直料采用燕尾槽设计，抗风压变形能力强，抗振动效果好。可用于高层建筑及民用住宅，可设计大面积窗型，采光面积大；这种窗的气密性比任何铝、塑窗都好，能保证风沙大的地区室内窗台和地板无灰尘。

（9）铝塑共挤门窗强度高不变形，免维护。铝塑共挤门窗一体化抗拉伸和抗剪切强度及抵御热变形能力强度高，坚固耐用铝塑共挤型材不受海盐腐蚀，不易变黄褪色，几乎不必保养。

（10）铝塑共挤门窗型材多种色彩，极具装饰性。可达到门窗的室内外表面不同颜色，满足客户对色效偏好、色域空间美学需求，符合建筑师的个性化设计要求。铝塑共挤型材采用流线型设计，造型豪华气派。

（11）铝塑共挤门窗型材是绿色建材，循环经济。铝塑共挤门窗在生产过程中不仅不会产生有害物质，所有材料均可回收循环再利用，属绿色环保产品，符合人类可持续发展要求，切合十三五发展战略。

（12）铝塑共挤门窗开启形式多，舒适耐用。有平开式、内倾式、上悬式、推拉式、平开和内倾兼复合式等，适用于公共建筑、住宅小区和市政工程；优质五金配件耐用，操作手柄人性化设计，美观舒适，开启方便灵活，每一个使用动作经过检验，疲劳试验次数达数万次以上，滑动轻松自如、无声，成熟完善的门窗加工工艺，高精密程序控制加工中心进行生产，质量稳定有保障。

1.7.7　玻璃钢门窗

玻璃钢门窗的优势：

（1）轻质高强。玻璃钢型材的密度在 $1.7g/m^3$ 左右，仅为钢材的 1/4 左右，而强度却很大，其拉伸强度 350～450MPa，与普通碳钢接近，弯曲强度 388MPa、弯曲弹性模量 20900MPa，因而不需用钢衬加固。"北京圣峰阳光"牌玻璃钢窗经检测，抗风压性能达到 5.3kPa，超过国家标准 GB/T 7106—2008 标准中 8 级水平。

（2）节能保温。玻璃钢型材传热系数为 0.39W/（$m^2 \cdot K$），只有金属的 1/100～1/1000，是优良的绝热材料。加之，玻璃钢型材为空腹结构，和所有的缝隙均有胶条、毛条密封，因此隔热保温效果显著。经检测，玻璃钢平开窗（单框单中空玻璃 Low-E 玻璃窗）传热系数 $K = 2.2W/$（$m^2 \cdot K$），属国家标准《建筑外门窗保温性能分级及检测方法》（GB/T 8484—2008）标准中 6 级水平；玻璃钢平开窗（单框三玻两腔 Low-E 中空玻璃窗）传热系数 $K =$

1.8W/（m² · K），属国家标准《建筑外门窗保温性能分级及检测方法》（GB/T 8484—2008）标准中7级水平。

（3）密封性能佳。玻璃钢门窗在组装过程中，角部处理采用胶粘加螺接工艺，同时全部缝隙均采用橡胶条和毛条密封，加之特殊的型材结构，因此密封性能好。经国家建筑工程质量监督检验中心、北京市建筑五金水暖产品质量监督检验站、北京市建设工程质量检测中心分别检测，其中气密性达到国家标准 GB/T 7106—2008 标准中 5 级水平；水密性达到国家标准《建筑外门窗气密、水密、抗风压性能分级及检测方法》（GB/T 7106—2008）标准中 3 级水平。

（4）健康、绿色环保、节能效果显著。玻璃钢门窗型材经检测结果符合《建筑材料放射性核素限量》（GB 6566—2010）中建筑主体材料的指标要求，检验结果 0.2，内照射指数 0.2，外照射指数 0.2。

（5）隔声效果好。经国家建筑工程质量监督检验中心检测，"北京圣峰阳光"牌玻璃钢双玻和三玻窗空气声计权隔声量 R_w 分别达到 36dB 和 39dB，隔声性能等级为 4 级。

（6）耐腐蚀。玻璃钢是优良的耐腐蚀材料，对酸、碱、盐及大部分有机物、海水以及潮湿都有较好的抵抗能力，对微生物的作用也有抵抗性能。其具有的这种特性尤其适合使用于多雨、潮湿和沿海地区，以及有腐蚀性介质的场所。

（7）尺寸稳定性好。玻璃钢型材的线胀系数为 $7.3 \times 10^{-6}/℃$，低于钢和铝合金，是塑料的 1/15。因此，玻璃钢门窗尺寸稳定性好，温度的变化不会影响门窗的正常开关功能。

（8）耐候性好。玻璃钢属热固性塑料，树脂交联后即形成三维网状分子结构，变成不熔体，即使受热也不会熔化。玻璃钢型材热变形温度在 200℃ 以上，耐高温性能好。而耐低温性能更佳。

（9）绝缘性能好。玻璃钢是良好的绝缘材料，它不受电磁波影响，不反射无线电波，透微波性好，能够承受高电压而不损坏。因此，玻璃钢门窗对野外临时建筑物及通信系统的建筑物具有特殊的用途。

（10）减振性能好。玻璃钢型材的弹性模量为 20900MPa，用它制成的门窗具有较高的减振频率，玻璃钢中树脂与纤维界面的结合，具有吸振和抗振能力，避免了结构件在工作状态下共振引起的早期破坏。

（11）极具装饰性。色彩丰富，玻璃钢型材硬度高，可涂装各种涂料，制成各种颜色的门窗，以适应不同风格及档次的建筑物外立面效果，可达到门窗的室内外表面不同颜色，满足客户对色效偏好、色域空间美学需求，符合建筑师的个性化设计要求。

第二篇 系统门窗节能设计与制作

第2章 系统门窗节能的总体设计

2.1 系统门窗节能设计要求

2.1.1 设计的已知条件

设计的初期还属概念设计阶段，设计人员应和客户充分交流，了解客户的已知条件才能充分协调，对系统产品的定位，外观确认和性能的确定做到有依有据，也能准确进行深化、细化，概括起来这些已知条件包括客户的使用环境、人文状况、节能需求、物理性能要求、技术能力、经济条件和建筑寿命等。

2.1.1.1 使用环境

客户已定，环境即已了然，对保温隔热要求便基本确定，因此心中必须有地域环境的总概念。

（1）地域类型

地域环境对保温和隔热的要求可见表2-1。

表2-1 中国地域环境分布中地区及人口分布

分区名称	分区指标	设计要求	地区（%）	人口（%）
严寒地区	最冷月均≤−10℃	保温	45	11.9
寒冷地区	最冷月均−10~0℃	保温为主，隔热	30	27.3
夏热冬冷地区	最冷月均0~10℃ 最热月均25~30℃	隔热为主，保温	15	47.3
夏热冬暖地区	最冷月均>10℃ 最热月均25~29℃	隔热	5	10.2
温和地区	最冷月均0~13℃ 最热月均18~25℃	保温	5	3.2

从表2-1中可以看出，要求保温地区占全国95%以上，其中0℃以下保温地区占全国75%，人口占39.2%。这些地区是要求必须考虑保温的地区，防止热量向户外传递，可采用隔热措施。有隔热要求地区占50%，这些地区以防太阳辐射为主，防止热量进入室内，制冷能耗占建筑能耗的41%~45%，良好的隔热窗型在夏季可节省71%左右的制冷电力，

可采用可遮蔽的外窗设计。

（2）气象资料

主要提供该地域的风速情况，如某地区的风速资料（见表2-2），气象资料将为系统门窗的抗风压要求提供依据。

表2-2　风速与风向汇总表

区站号	年份	年极大风速/（m/s）	年极大风速风向	年极大风速月份	年极大风速日期
58337	2011	17.1	NW	4	27
58337	2012	22.5	NNE	8	8
58337	2013	16.5	SW	8	15
58337	2014	14.0	NW	7	31
58337	2015	13.5	W	4	12
58337	2016	15.5	SW	8	10

注：海拔高度26.8m（黄海），气压表感应部分海拔高度30.8m，风速感应器距地面高度10.5m。

2.1.1.2　人文状况

人文状况是指当地人们习惯，例如，窗户的立面要求、开启形式要求、窗种要求、材料要求等。例如是用推拉窗还是用平开窗，是习惯用塑料的还是铝合金的，是铝包木还是铝塑复合等。

人文状况还决定当地的建筑风格和构造类型，门窗作为建筑围护结构，不仅要与建筑物的功能结合在一起，也要与建筑物的风格、色彩、造型结合起来，与整栋建筑成为一体。因此，门窗的材料、线条、分格方案等要满足建筑物的功能设计和美学艺术的要求，形成与建筑物造型、美学艺术、建筑环境紧密结合的统一体。门窗的立面造型、质感、色彩等应与建筑外立面及周围环境和室内环境协调。

人们有追求大窗的趋势。近年来，为满足人们采光、观景、装饰和立面设计要求，建筑门窗洞口尺寸越来越大，不少住宅建筑甚至安装了玻璃幕墙。人们在追求通透、明亮的大立面、大分格、大开启窗的同时，应协调解决好大立面窗与保温隔热节能的矛盾。我国居住建筑和公共建筑节能设计标准均对窗墙面积比有相应的规定。门窗的宽、高构造尺寸应根据天然采光设计确定的房间有效采光面积和建筑节能要求的窗墙面积比等因素，并考虑玻璃原片的成才率等综合确定。

门窗的立面分格尺寸大小要受其最大开启尺寸和固定部分玻璃面板尺寸的制约。开启扇允许最大高、宽尺寸由具体的门窗产品特点和玻璃的许用面积决定。门窗立面设计时应了解拟采用的同类门窗产品的最大单扇尺寸，并考虑玻璃板的材料利用率，不能盲目决定。

门窗开启形式和开启面积比例应根据各类用房的使用特点决定，并应满足房间自然通风，以及启闭、清洁、维修的方便性和安全性的要求。

2.1.1.3　节能需求

不同地域对传热、隔热、保温要求是不尽相同的，对窗户的传热系数 K 值的要求也是有差异的，因此设计时要注意用户的地域特点。

建筑外部以自然能源为主（太阳、风），内部以人工资源为主（电能、燃料等），有些需要抑制，有些需要置换、利用，也有些需要吸纳，进行系统设计。

门窗作为建筑外围护结构的一部分，应按照建筑气候分区对建筑基本要求确定其热工性能。门窗使用能耗约占建筑空调能耗的一半以上，是建筑节能的重中之重。

我国《严寒和寒冷地区居住建筑节能设计标准》（JGJ 26—2010）、《夏热冬冷地区居住建筑节能设计标准》（JGJ 134—2010）、《夏热冬暖地区居住建筑节能设计标准》（JGJ 75—2012）和《公共建筑节能设计标准》（GB 50189—2005）都对建筑外门窗的热工性能提出了要求。

门窗作为建筑节能构件应按以上技术理念及要求进行开发设计。处理好门窗的隔热构件、散热构件和防热构件的协调。

2.1.1.4　物理性能要求

制订系统门窗的物理性能，还要依据建筑物的总性能来设计，因此系统门窗设计者必须对整个建筑物抗风压性能、水密性、气密性、保温性能、空气隔声性能、遮阳性能和采光性能有所了解。

门窗的使用安全性和持久性也要考虑。

2.1.1.5　技术能力

系统门窗是要靠门窗制造商的技术能力来保证的，主要包括原材料质量、设备加工精度、组装水平和安装水平。

系统门窗设计者应对门窗制造商的技术能力提出要求，从材料、型材制造技术和要求、门窗组装技术、门窗安装技术提出要求，以便达到系统门窗的设计能力。

2.1.1.6　经济条件和产品寿命

确切地说系统门窗的配置是由客户经济条件决定的，现在系统门窗的传热系数 K 值从 0.8 到 2.0 都能做，为什么不一下子做到 0.8 呢，这也是和经济条件有关。被动窗和被动房的整体造价是很高的，当然寿命也是很长的。系统门窗设计既要考虑不低于当地节能要求，又要考虑在经济条件允许的情况下尽量提高窗户的节能能力，还要考虑与整体建筑匹配。

房屋和窗的寿命是非常重要的，离开寿命的设计，是最大的浪费和耗能，因此系统门窗的设计要符合建筑物总体耐久性的要求。

2.1.1.7　国家标准和地方标准

国家标准和地方标准，特别是地方标准是非常重要的已知条件。设计人员在进行系统门窗设计时，一定要注意国家标准和地方标准的有关规定。这样才能处理好个性化与标准化的关系，例如在确定主面和开启形式时，要知道地域的常用形式，山东省民用建筑外窗工程技术规范中规定了当地主要形式。现摘要见表 2-3。

表 2-3　标准规格窗洞口的标志尺寸系列　　　　　　　（单位：mm）

宽＼高 选用洞口	600	900	1200	1500	1800	2100
1200	√	√	√	√	√	√
1500	√	√	√	√	√	√
1800	√	√	√	√	√	√
2100	/	/	/	√	√	√

注：1. "√"表示选用的标准洞口。

2. 江苏省居住建筑标准化外窗系统图集进一步进行了细化。

2.1.2　系统门窗总体设计的主要内容

系统门窗总体设计的主要内容如下：

（1）门窗的洞口尺寸确定。

（2）设计门窗的材料种类、立面和开启形式。

（3）型材系列选择。

（4）玻璃系统配置。

（5）物理性能设计。

（6）热工性能设计。

（7）全生命周期的技术纲要。

2.2　系统门窗的总体设计

2.2.1　型材材质确定

型材分为铝合金、塑钢、玻璃钢和铝木复合，如何选择型材主要受用户习惯、爱好和经济条件约束，当然也要和建筑风格匹配。对型材、玻璃、五金件、密封件、配套件等进行定性选择。隔热断桥铝型材包括穿条式、注胶式和混合式。穿条式强度高，但防泄漏性能略差；注胶式密封性能好，但温度高时性能会变差；混合式比前两种要优，但成本要高。

2.2.2　门窗型式确定

2.2.2.1　外窗形状和尺寸

在和用户交流中，外形和尺寸是主要对象，窗户的大小，受以下诸多因素影响：

（1）窗墙比，行业内有具体要求。

（2）人们的视景要求，从这个理念出发，越来越多的人追求大窗户，但是大窗户的保温性能要受影响，当然要保证节能保温成本定会上升。

（3）用户的经济条件，在满足上述要求基础上，窗户尺寸要向标准化系列靠拢，不少地区都规定了外窗系统的洞口尺寸，表2-4为常用居住建筑标准化外窗系统的洞口尺寸，设计者一定要注意当地标准要求。居住建筑标准化外窗系统中标准化外窗包括单樘标准化窗和由单樘标准化窗组合的窗。

表 2-4　常用居住建筑标准化外窗系统洞口尺寸

洞口高度/mm	洞口宽度/mm
1200	600、900、1200、1500
1500	600、900、1200、1500、1800
1800	600、900、1500、1800
2100	600、900、1500、1800

注：表中宽度600mm用于平开、上悬、上下提拉窗；宽度900mm用于上悬、上下提拉窗；洞口高度2100mm和对应的宽度尺寸仅用于飘窗。

2.2.2.2　窗型与外观设计

门窗的型式设计包括门窗的开启构造类型和门窗产品规格系列两个方面。

门窗的开启构造类型很多，但归纳起来大致可将其分为旋转式（平开）开启门窗、平移式（推拉）开启门窗和固定门窗三大类。其中旋转式门窗主要有外平开门窗、内平开门窗、内平开下悬门窗、中悬窗、上悬窗、立转窗等；平移式门窗主要有推拉门窗、上下推拉窗、内平开推拉窗、提升推拉门窗、推拉下悬门窗、折叠推拉门窗等。采用何种门窗开启构造形式和产品系列，应根据建筑类型、使用场所要求和门窗窗型使用特点来确定。

（1）外平开窗。外平开窗是我国目前广泛使用的一种窗型，它的特点是构造简单，使用方便，气密性、水密性、保温性较好，适用于低层公共建筑和住宅建筑。外平开门窗一般采用滑撑作为开启连接配件，采用单点（适用于小开启扇）或多点（适用于大开启扇）锁紧装置锁紧。

（2）内平开窗。内平开窗通常采用合页作为开启连接配件，并配以撑挡以确保开启角度和位置，锁紧装置同外平开窗。内平开窗同外平开窗一样，具有构造简单、使用方便、气密性、水密性、保温性较好，造价低廉的特点，同时相对安全，适用于各类公共建筑和住宅建筑。但内平开窗开启时，开启扇开向室内，占用室内空间，对室内人员的活动造成一定影响，同时对窗帘的挂设也带来一些问题，在设计选用时须注意协调解决这一问题。

（3）推拉门窗。推拉门窗最大的特点是节省空间、开启简单、造价低廉。目前在我国得到广泛使用。但其水密性和气密性相对较低，但是经过结构优化设计也能用在要求水密性、气密性和保温性能较高的建筑上。推拉门窗通常采用装在底部的滑轮来实现窗扇在窗框平面内沿水平方向滑移，采用钩锁、碰锁等多点锁紧装置锁紧。

（4）上悬窗。上悬窗通常采用滑撑作为开启连接配件，另配撑挡作开启限位，紧固锁紧装置采用七字执手（适用于小开启扇）或多点锁（适用于大开启扇）。

（5）内平开下悬门窗。此窗型是具有复合开启功能，外观精美，功能多样，综合性能高。通过操作简单的联动执手，可分别实现门窗的内平开（满足人员进出、擦窗和大气通风量需要）和下悬（满足通风、换气需要）开启，以满足不同的用户需求。当其下悬开启时，在实现通风换气的同时，还能避免大量雨水进入室内和阻挡部分噪声。当其关闭时，其窗扇的四边都会被联动锁固在窗框上，具有优良的抗风压性能和水密、气密性。但其造价相对较高，另外，设计时同样需要协调考虑由于内平开所带来的空间问题。

一般情况下，在进行门窗型式设计时，应按工程的不同需求，尽可能选用标准门窗型式，以达到方便设计、生产、施工和降低产品成本的目的。如：江苏省 2014 年起规定在居住建筑中标准化外窗（包括外遮阳一体化窗）系统应用量不应小于外窗面积总量的 60%。同一工程中，非标准化外窗立面、材料、安装方式和性能应与标准化外窗系统一致。

在门窗型式选用时应充分考虑下列因素合理选取：

1）选取与地理环境、建筑型式相适应的门窗型式和系列。

2）满足门窗抗风压性能、水密性、气密性和保温性能等物理性能要求。

在进行门窗型式设计和选用时，应根据各地气候特点与建筑设计要求，正确合理地选择建筑外门窗型式。如北方严寒地区冬季气候寒冷，建筑门窗首要考虑的是门窗的保温性能和气密性，应选用最高气密、保温性能门窗。而南方夏热冬暖地区多狂风暴雨，气候炎热，应注重门窗的抗风压性能、水密性和门窗的遮阳性能，可选用满足抗风压性能和水密性要求的遮阳型门窗。

当标准窗型不能满足要求时，可根据要求另行对标准窗型进行部分型材的修改设计甚至全部重新设计，但因新窗型设计需进行一系列的研发程序（型材设计、开模、型材试模、样窗试制、型式试验、定型等），将会大大增加工程成本和延缓工程工期，所以是否必须采用新设计窗型应综合考虑工程要求、工程造价预算以及工期等方面因素后慎重决定。

门窗所用玻璃、型材的类型和色彩种类繁多,门窗色彩组合是影响建筑立面和室内装饰效果的重要因素,在选择时要综合考虑以下因素:建筑的性质和用途;建筑外立面基准色调;客户喜好需求;室内装饰要求;门窗造价等,同时要与周围环境相协调。

门窗可按建筑的需要设计出各种立面造型,如平面型、折线型、圆弧型等。在设计门窗的立面造型时,同样应综合考虑与建筑外立面及室内装饰相协调,同时考虑生产工艺和工程造价,如制作圆弧型门窗,需将型材和玻璃拉弯,当采用特殊玻璃时会造成玻璃成品率低,甚至在门窗使用期间造成玻璃不时爆裂,影响门窗的正常使用,其造价也比折线型门窗的造价高很多。另外当门窗需要开启时,也不宜设计成圆弧形门窗,所以在设计门窗的立面造型时,应综合考虑装饰效果、工程造价和生产工艺等因素以满足不同的建筑需要。

门窗立面分格要符合美学特点。分格设计时,主要应根据建筑立面效果、房间间隔、建筑采光、节能、通风和视野等建筑装饰效果和满足建筑使用功能要求,同时兼顾门窗受力计算、成本和玻璃成材率等多方面因素合理确定。

门窗立面设计时要考虑建筑的整体效果,如建筑的虚实对比、光影效果、对称性、协调性等。立面风格根据需要和平开推拉特点可设计为独立窗,也可设计为各种类型的组合窗和条形窗。

门窗立面分格,既要有一定的规律,又要体现变化,还要在变化中求规律,分格线条疏密有度;等距离、等尺寸划分显示了严谨、庄重;不等距划分则显示韵律、活泼和动感。

至少同一房间、同一墙面门窗的横向分格线条要尽量处于同一水平线上,竖向线条尽量对齐。在主要的视线高度范围内(1.5~1.8m)最好不要设置横向分格线,以免遮挡视线。

要注意分格比例协调性,就单个玻璃板块来说,长宽比宜接近黄金分格比来设计,而不宜设计成正方形和长宽比达1:2以上的狭长矩形。

门窗立面分格设计时主要应考虑的因素:

(1)建筑功能和装饰的需要。如门窗的通风面积和活动扇数量要满足建筑通风要求;门窗的采光面积应满足《建筑采光设计标准》的要求,同时应满足建筑节能要求的窗墙面积比、建筑立面和室内的装饰要求等。

(2)门窗结构设计计算。门窗的分格尺寸除了根据建筑功能和装饰的需要来确定外,它还受到门窗结构计算的制约,如型材、玻璃的强度计算、挠度计算、五金件承重计算等。当出现理想的风格尺寸与门窗结构计算出现矛盾时,解决方法有调整分格尺寸和变换所选定的材料或采用相应的加强措施。

(3)玻璃原片的成材率。玻璃原片尺寸通常为宽2.1~2.4m,长3.3~3.6m,各玻璃厂的产品原片尺寸不尽相同,在进行门窗分格尺寸设计时,应根据所选定玻璃厂家提供的玻璃原片规格,确定套裁方法,合理调整分格尺寸,尽可能提高玻璃板材的利用率,这一点在门窗厂自行进行玻璃裁切时显得尤为重要。

(4)门窗开启形式。门窗分格尺寸,特别是开启扇尺寸同时还受到门窗开启形式的限制,各类门窗开启形式所能达到的开启扇尺寸各不相同,主要取决于五金件的安装形式和承重能力。如采用摩擦铰链承重的外平开窗,开启扇宽度通常不宜超过750mm,过宽的开启扇会因窗扇的在自重作用下发生坠角导致窗扇的开关困难。合页的承载能力强于摩擦铰链,所以当采用合叶连接承重时可设计制作分格较大的平开窗扇。

（5）推拉窗如开启扇设计过大过重，超过了滑轮的承重能力，也会出现开启不畅的情况。所以在进行门窗立面设计时，还需根据门窗开启形式和所选取的五金件通过计算或实验确定门窗开启扇允许的高、宽。

2.2.3　抗风压性能设计

抗风压性能指门窗在正常关闭状态时，在风压作用下不发生损坏（如开裂、面板破损、局部屈服、粘结失效等）和五金件松动、开启困难等功能障碍的能力，以 kPa 为单位。抗风压性能分级及指标值 P_3 见表2-5。

表2-5　抗风压性能分级　　　　　　　　　　　　　　（单位：kPa）

分级	1	2	3	4	5
指标值	$1.0 \leqslant P_3 \leqslant 1.5$	$1.5 \leqslant P_3 \leqslant 2.0$	$2.0 \leqslant P_3 \leqslant 2.5$	$2.5 \leqslant P_3 \leqslant 3.0$	$3.0 \leqslant P_3 \leqslant 3.5$
分级	6	7	8	9	
指标值	$3.5 \leqslant P_3 \leqslant 4.0$	$4.0 \leqslant P_3 \leqslant 4.5$	$4.5 \leqslant P_3 \leqslant 5.0$	$\geqslant 5$	

门窗在各级抗风压性能分级指标值风压作用下，主要受力构件相对（面法线）挠度值应符合表2-6 的规定。

表2-6　门窗主要受力构件相对（面法线）挠度要求　　　　　（单位：mm）

支撑玻璃种类	单层、夹层玻璃	中空玻璃
相对挠度	$\leqslant L/100$	$\leqslant L/150$
相对挠度最大值	20	

注：L 为主要受力构件的支承跨距。

《铝合金门窗工程技术规范》（JGJ 214—2010）及《塑料门窗工程技术规程》（JGJ 103—2008）规定，外门窗的抗风压性能指标值（P_3）应按不低于门窗所受的风荷载标准值（W_k）确定，且不小于 1.0kN/m²。门窗主要受力杆件在风荷载作用下的挠度限制应符合表 2-6 的规定。

进行节能门窗的物理性能设计中，还要参考各省市制定的地方标准。如北京市、天津市、河北省等制定的建筑节能门窗工程技术标准中规定：建筑节能门窗的抗风压性能应经计算确定，且 6 层及以下抗风压性能指标 P_3 不应小于 2.5kPa，7 层及以上抗风压性能指标 P_3 不应小于 3.0kPa。浙江省、安徽省制定的建筑节能门窗应用技术规程将外门窗的抗风压性能指标分为：基本风压≤0.45 时，1～6 层建筑 P_3 大于等于 1.5kPa，7 层及以上建筑 P_3 大于 2.0kPa；基本风压 >0.45 时，1～6 层建筑 P_3 大于 2.0kPa，7 层及以上建筑 P_3 大于 2.5kPa。江苏省规定抗风压性能多层建筑 P_3 不应小于 2.0kPa，7 层及以上建筑 P_3 不应小于 2.5kPa。

抗风压强度是通过当地的基本风压计算的。

垂直于建筑物表面上的风荷载标准值，应按下列规定确定：

计算主要受力结构时，应按下式计算：

$$W_k = \beta_z \mu_s \mu_z W_o \qquad (2\text{-}1)$$

式中　W_k——风荷载标准值（kN/m²）；

β_z——高度 z 处的风振系数；

μ_s——风荷载体型系数；

μ_z——风压高度变化系数；

W_o——基本风压（kN/m^2）。

计算围护结构时，应按以下公式计算：

$$W_k = \beta_{gz}\mu_{sl}\mu_z W_o \qquad (2-2)$$

式中　β_{gz}——高度 z 处的阵风系数；

μ_{sl}——风荷载局部体型系数。

（1）基本风压 W_o。

风压和风速的关系式为：

$$W_o = pv^2/2 = rv^2/(2g) \qquad (2-3)$$

根据《建筑结构荷载规范》（GB 50009—2012）取风压系数为 1/1600，则风压与风速的关系为 $W_o = v^2/1600$（$kN \cdot s^2/m^2$）。

基本风压是根据各地气象台多年的气象观测资料，取当地比较空旷的地面上离地 10m 高处，统计所得的 50 年一遇 10min 平均最大风速 V_o（m/s）为标准确定的风压值。对于特别重要的建筑或高层建筑可采用 100 年一遇的风压。《建筑结构荷载规范》（GB 50009—2012）中，已给出了各城市、各地区的设计基本风压值，在设计时仅需按照建筑物所处的地区相应取值。最小不应小于 0.3kPa。

（2）风压高度变化系数。

1）对于平坦或稍有起伏的地形，风压高度变化系数应根据地面粗糙度类别按表 2-7 确定。地面粗糙度可分为 A、B、C、D 四类；A 类指近海面和海岛、海岸、湖岸及沙漠地区；B 类指田野、乡村、丛林、丘陵以及房屋比较稀疏的乡镇；C 类指有密集建筑群的城市市区；D 类指有密集建筑群且房屋较高的城市市区。

表 2-7　风压高度变化系数 μ_z

离地面或海平面高度/m	地面粗糙度类别			
	A	B	C	D
5	1.09	1.00	0.65	0.51
10	1.28	1.00	0.65	0.51
15	1.42	1.13	0.65	0.51
20	1.52	1.23	0.74	0.51
30	1.67	1.39	0.88	0.51
40	1.79	1.52	1.00	0.60
50	1.89	1.62	1.10	1.69
60	1.97	1.71	1.20	0.77
70	2.05	1.79	1.28	0.84
80	2.12	1.87	1.36	0.91
90	2.18	1.93	1.43	0.98
100	2.23	2.00	1.50	1.04
150	2.46	2.25	1.79	1.33

（续）

离地面或海平面高度/m	地面粗糙度类别			
	A	B	C	D
200	2.64	2.46	2.03	1.58
250	2.78	2.63	2.24	1.81
300	2.91	2.77	2.43	2.02
350	2.91	2.91	2.60	2.22
400	2.91	2.91	2.76	2.40
450	2.91	2.91	2.91	2.58
500	2.91	2.91	2.91	2.74
≥550	2.91	2.91	2.91	2.91

2）对于山区的建筑物，风压高度变化系数除可按平坦地面的粗糙度类别由表 2-7 确定外，还应考虑地形条件的修正，修正系数 η 应按下列规定采用：

①对于山峰和山坡，修正系数应按下列规定采用：

顶部 B 处的修正系数可按下式计算：

$$\eta_b = \left[1 + k\tan\alpha(1 - z/2.5H) \right]^2 \tag{2-4}$$

式中　$\tan\alpha$——山峰或山坡在迎风面一侧的坡度；当 $\tan\alpha$ 大于 0.3 时，取 0.3；

　　　k——系数，对山峰取 2.2，对山坡取 1.4；

　　　H——山顶或山坡全高（m）；

　　　z——建筑物计算位置离建筑物地面高度（m）；当 z 大于 2.5H 时，取 $z = 2.5H$。

其他部位的修正系数，可按图 2-1 所示，取 A、C 处的修正系数 η_A、η_C 为 1，AB 间和 BC 间的修正系数按 η 的线性插值确定。

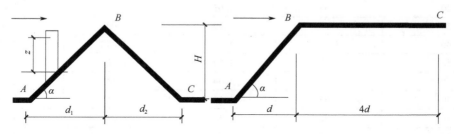

图 2-1　山峰和山坡的示意

②对于山间盆地、谷地等闭塞地形，η 可在 0.75 ~ 0.85 选取。

③对于与风向一致的谷口、山口，η 可在 1.20 ~ 1.50 选取。

3）对于远海海面和海岛的建筑或构筑物，风压高度变化系数除可按 A 类粗糙度类别确定外，还应考虑表 2-8 给出的修正系数。

表 2-8　远海海面和海岛的修正系数

距海岸距离	η
<40	1.0
40 ~ 60	1.0 ~ 1.1
60 ~ 100	1.1 ~ 1.2

（3）风荷载局部体型系数 μ_{sl} 计算

风力在建筑物表面上的分布是很不均匀的，它取决于其平面形状、立面体型和高宽比。通常，在迎风面上产生风压力（正风压），在侧风面和背风面产生风吸力（负风压），迎风面的风压力在建筑物中的中部最大，侧风面和背风面的风吸力则在建筑物的角区最大。为此，用体型系数 μ_s 来表示不同体形建筑物表面风力的大小。门窗属建筑围护构件，设计计算门窗的风荷载标准值时，风荷载体型系数按《建筑结构荷载规范》（GB 50009—2012）规定的风荷载局部体型系数 μ_{sl} 计算。

需要注意的是，对门窗最易产生大的破坏作用的负风压极值往往出现在建筑物侧风面和背风面的角部，对此部位，规范规定的局部风压体型系数为 −1.8，同时，对封闭式建筑物还需考虑其内表面 ±0.2 内压的叠加。所以，当计算建筑角部的门窗风压时，通常需按 −2.0 的局部风压体型系数来进行计算。

（4）高度 z 处的阵风系数 β_{gz}

由于风速是脉动的，所以作用在建筑物上的风压为平均风压加上由脉动风引起的导致结构风振的等效风压。对于门窗这类围护结构，由于其刚性一般较大，在结构效应中可不必考虑其共振分量，仅在平均风压的基础上乘上相应的阵风系数，近似考虑脉动风瞬间的增大因素。阵风系数与地面粗糙度、围护结构离地面高度有关，具体数值见表 2-9。

表 2-9 阵风系数 β_{gz}

离地面高度/m	地面粗糙度类别			
	A	B	C	D
5	1.65	1.70	2.05	2.40
10	1.60	1.70	2.05	2.40
15	1.57	1.66	2.05	2.40
20	1.55	1.63	1.99	2.40
30	1.53	1.59	1.90	2.40
40	1.51	1.57	1.85	2.29
50	1.49	1.55	1.81	2.20
60	1.48	1.54	1.78	2.14
70	1.47	1.52	1.75	2.09
80	1.46	1.51	1.73	2.04
90	1.46	1.50	1.71	2.01
100	1.43	1.50	1.69	1.98
150	1.42	1.47	1.63	1.87
200	1.41	1.47	1.59	1.79
250	1.40	1.45	1.57	1.74
300	1.40	1.43	1.54	1.70
350	1.40	1.42	1.53	1.67
400	1.40	1.41	1.51	1.64
450	1.40	1.41	1.50	1.62
500	1.40	1.41	1.50	1.60
550	1.40	1.41	1.50	1.59

（5）风荷载体型系数

风荷载体型系数参见《建筑结构荷载规范》（GB 50009—2012）计算。

房屋和构筑物与该体型不同时，可按有关资料采用；当无资料时，宜由风洞试验确定；对于重要且体型复杂的房屋和构筑物，应由风洞试验确定。

（6）高度 z 处的风振系数 β_z 可参见风荷载体型系数《建筑结构荷载规范》（GB 50009—2012）计算。

（7）风荷载标准值 W_k。门窗风荷载标准值 W_k 为 50 年一遇的阵风风压值。一般情况下，以风荷载标准值 W_k 为门窗的抗风压性能分级值 P_3，即 $P_3 = W_k$。在此风压作用下，门窗的受力杆件相对挠度应满足表 2-6。

但是，抗风压性能分级的确定还要考虑其他因素，在同一地区，传热系数要求提高抗风压强度等级也要提高。

保证抗风压强度的主要措施是增加框型材、扇型材和中梃的刚度与强度，详见本书第 3 章结构设计。

2.2.4　水密性设计

门窗的水密性是指外门窗正常关闭状态时，在风雨同时作用下阻止雨水渗透的能力，单位为 Pa。

国家标准《建筑外门窗气密、水密、抗风压性能分级及检测方法》（GB/T 7106—2008）、《铝合金门窗》（GB/T 8478—2008），对铝合金门窗水密性分级进行了规定，以发生严重渗漏压力差值的前一级压力差值作为水密性分级指标值，分级自 1 至 6 分为 6 级。铝合金门窗水密性分级及指标值应符合表 2-10 规定。

表 2-10　门窗水密性分级及指标值　（单位：Pa）

分级	1	2	3	4	5	6
指标值 P	$100 \leqslant P \leqslant 150$	$150 \leqslant P \leqslant 250$	$250 \leqslant P \leqslant 350$	$350 \leqslant P \leqslant 500$	$500 \leqslant P \leqslant 700$	$P \geqslant 700$

注：第 6 级应在分级后同时注明具体检测压力差值。

外门窗试件在各种性能分级指标值作用下，不应发生水从试件外侧持续或反复渗入试件室内侧，发生喷溅或流出试件界面的严重渗漏现象。

门窗水密性设计指标即门窗不发生雨水渗漏的最高风压力差值（ΔP）的计算，应根据建筑物所在地的气象观测数据和建筑设计需要确定门窗设防雨水渗漏的最高风力等级，并按照风力等级与风力的对应关系，确定水密性设计风速（V_o）值。铝合金门窗水密性设计指标（ΔP）应按下式计算：

$$\Delta P = 0.9\rho\mu_z V_o^2 \tag{2-5}$$

式中　ΔP——任意高度 z 处的瞬时风速风压力差值，Pa；

　　　ρ——空气密度，t/m^3。可按国家标准《建筑结构荷载规范》（GB 50009—2012）附录 E 的规定进行计算；

　　　μ_z——风压高度变化系数；

　　　V_o——水密性设计用 10min 平均风速，m/s。

当缺少气象资料无法确定水密性设计风速时，水密性设计值也可按照下式计算：

$$\Delta P \geqslant C\mu_z W_o \tag{2-6}$$

式中　ΔP——任意高度 z 处的瞬时风速风压力差值，Pa；

　　　C——水密性设计计算系数，对于热带风暴和台风地区取值为 0.5；其他非热带风暴

　　　　　和台风地区取值为 0.4；

　　　μ_z——风压高度变化系数；

　　　W_o——基本风压，kN/m^2。

　　水密性的优劣直接影响建筑门窗产品的正常使用。因此，必须合理设计门窗结构，采取有限的结构防水和密封防水措施，保证水密性设计要求。

　　将计算得到的风压力差值（ΔP）与水密性分级中分级值相对应，确定所设计门窗的水密性等级，根据门窗水密性设计需要将风力等级与风速的对应关系简化为表 2-11。其中，设计时风速一般取中值。

表 2-11　风力等级与风速对应关系

风力等级	4	5	6	7	8	9	10	11	12
风速范围/（m/s）	5.5~7.9	8.0~10.7	10.8~13.8	13.9~17.1	17.2~20.7	20.8~24.4	24.5~28.4	28.5~32.6	32.7~36.9
中值/（m/s）	7	9	12	16	19	23	26	31	>33

　　铝合金推拉窗的水密性设计主要体现在两个方面：一方面是下滑型材室内一侧的高边挡水；另一方面是下滑的排水。推拉窗下滑内侧挡水性能决定整窗的水密性，理论上 10mm 水柱所产生的压强（P）为 98Pa。那么要设计出水密性为 4 级以上（$350 \leqslant P < 500$）推拉窗，则挡水板设计高度至少为 350/9.8＝35.7mm 以上。实际值能否达到设计要求，就取决于下滑的具体设计和制作工艺。

　　如上所述，随着对保温性能要求的提高，水密性要求也要提高。

　　为保证水密性的主要措施是框扇型材截面的设计和框扇配合的结构方案，最后落实框扇型材设计以及密封元件材料的设计，详见第 3 章结构设计。

2.2.5　气密性设计

　　气密性指门窗在正常关闭状态时，阻止空气渗透的能力，以 $m^3/(m \cdot h)$ 或 $m^3/(m^2 \cdot h)$ 为单位，分别表示单位开启缝长空气渗透量和单位面积空气渗透量。气密性采用在标准状态下，压力差为 10Pa 时的单位开启缝长空气渗透量 q_1 和单位面积空气渗透量 q_2 作为分级指标。气密性分级及指标值 q_1、q_2 如表 2-12 所示。

表 2-12　气密性分级

分级	1	2	3	4	5	6	7	8
单位开启缝长分级指标值 $q_1/[m^3/(m \cdot h)]$	$4 \geqslant q_1 > 3.5$	$3.5 \geqslant q_1 > 3$	$3 \geqslant q_1 > 2.5$	$2.5 \geqslant q_1 > 2$	$2 \geqslant q_1 > 1.5$	$1.5 \geqslant q_1 > 1$	$1 \geqslant q_1 > 0.5$	$q_1 \leqslant 0.5$
单位面积分级指标值 $q_2/[m^3/(m^2 \cdot h)]$	$12 \geqslant q_2 > 10.5$	$10.5 \geqslant q_2 > 9$	$9 \geqslant q_2 > 7.5$	$7.5 \geqslant q_2 > 6$	$6 \geqslant q_2 > 4.5$	$4.5 \geqslant q_2 > 3$	$3 \geqslant q_2 > 1.5$	$q_2 \leqslant 1.5$

《严寒和寒冷地区居住建筑节能设计标准》（JGJ 26—2010）中规定：外窗及敞开式阳台门应具有良好的密闭性能。严寒地区外窗及敞开式阳台门的气密性等级不应低于国家标准《建筑外门窗气密、水密、抗风压性能分级及检测方法》（GB/T 7106—2008）中规定的 6 级。寒冷地区 1~6 层的外窗及敞开式阳台门的气密性等级不应低于国家标准《建筑外门窗气密、水密、抗风压性能分级及检测方法》（GB/T 7106—2008）中规定的 4 级，7 层及 7 层以上不应低于 6 级。

《夏热冬冷地区居住建筑节能设计标准》（JGJ 134—2010）中规定：建筑物 1~6 层的外窗及敞开式阳台门的气密性等级不应低于国家标准《建筑外门窗气密、水密、抗风压性能分级及检测方法》（GB/T 7106—2008）中规定的 4 级，7 层及 7 层以上外窗及敞开式阳台门的气密性等级不应低于 6 级。

《夏热冬暖地区居住建筑节能设计标准》（JGJ 75—2012）中规定：居住建筑 1~9 层外窗的气密性不应低于国际标准《建筑外门窗气密、水密、抗风压性能分级及检测方法》（GB/T 7106—2008）中规定的 4 级；10 层及 10 层以上外窗的气密性不应低于国际标准《建筑外门窗气密、水密、抗风压性能分级及检测方法》（GB/T 7106—2008）中规定的 6 级水平。

《公共建筑节能设计标准》（GB 50189—2015）规定：建筑外门窗的气密性应符合《建筑外门窗气密、水密、抗风压性能分级及检测方法》（GB/T 7106—2008）中第 4.1.2 条的规定，并应满足下列要求：

（1）10 层及 10 层以上外窗的气密性不应低于 7 级。

（2）10 层以下外窗的气密性不应低于 6 级。

（3）严寒和寒冷地区外门窗的气密性不应低于 4 级。

根据居住建筑和公共建筑节能设计标准对外门窗的气密性要求，在进行建筑外门窗气密性设计时，应遵循如下基本规则：

（1）严寒地区外门窗的气密性等级不应低于 6 级。

（2）其他地区对于低层（7 层以下）建筑外门窗的气密性不应低于气密性等级分级的 4 级，对于高层（7 层及以上）建筑外门窗的气密性不应低于气密性等级分级的 6 级。

外门窗的气密性 4 级对应指标值为单位缝长空气渗透量 q_1 为 2.5m³/（m·h），单位面积空气渗透量 q_2 为 7.5m³/（m·h）；6 级对应指标值为单位缝长空气渗透量 q_1 为 1.5m³/（m·h），单位面积空气渗透量 q_2 为 4.5m³/（m·h）。

另外，对于节能性能有特别要求的建筑物，其外门窗的气密性还应满足相应的建筑节能设计要求。

同理，门窗的保温性能的提高时，气密性也要提高。尤其是推拉窗气密性的结构设计非常重要。

保证气密性的结构设计详见第 3 章结构设计。

2.2.6　保温性能设计

门窗的热工性能包括保温性能和遮阳性能。

保温性能通俗讲是指门窗正常关闭状态时，在门窗两侧存在空气温差条件下，门窗阻隔从高温一侧向低温一侧传热的能力。传热能力越强，门窗的保温性能就越差。门窗的保温性能，用传热系数 K 值［W/（m²·K）］表示。门窗的传热系数值在稳定传热条件下，门窗两次空气温差为 $1K$，单位时间内通过单位面积的传热量，分级及指标值见表 2-13。

表 2-13　保温性能分级及指标值　　　　　　　[单位：W/（m²·K）]

分级	1	2	3	4	5
指标值	$K \geqslant 5.0$	$5.0 > K \geqslant 4.0$	$4.0 > K \geqslant 3.5$	$3.5 > K \geqslant 3.0$	$3.0 > K \geqslant 2.5$
分级	6	7	8	9	10
指标值	$2.5 > K \geqslant 2.0$	$2.0 > K \geqslant 1.6$	$1.6 > K \geqslant 1.3$	$1.3 > K \geqslant 1.1$	$K < 1.1$

　　我国地域辽阔，各地气候环境差别巨大，在不同的气候条件下，为满足节能要求，对门窗的性能要求是不同的。

　　《严寒和寒冷地区居住建筑节能设计标准》（JGJ 26—2010）中规定的严寒和寒冷地区居住建筑的窗墙面积比限值和外窗的热工性能参数限值，见表 2-14 和表 2-15。

表 2-14　严寒和寒冷地区居住建筑的窗墙比限值

朝向	窗墙面积比	
	严寒地区	寒冷地区
北	0.25	0.30
东、西	0.30	0.35
南	0.45	0.50

表 2-15　严寒和寒冷地区外窗的热工性能参数限值

气候子区	窗墙面积比	≤3 层建筑	4~8 层的建筑	≥9 层建筑
严寒 A 区	窗墙面积比≤0.2	2.0	2.5	2.5
	0.2<窗墙面积比≤0.3	1.8	2.0	2.2
	0.3<窗墙面积比≤0.4	1.6	1.8	2.0
	0.4<窗墙面积比≤0.45	1.5	1.6	1.8
严寒 B 区	窗墙面积比≤0.2	2.0	2.5	2.5
	0.2<窗墙面积比≤0.3	1.8	2.2	2.2
	0.3<窗墙面积比≤0.4	1.6	1.9	2.0
	0.4<窗墙面积比≤0.45	1.5	1.7	1.8
严寒 C 区	窗墙面积比≤0.2	2.0	2.5	2.5
	0.2<窗墙面积比≤0.3	1.8	2.2	2.2
	0.3<窗墙面积比≤0.4	1.6	2.0	2.0
	0.4<窗墙面积比≤0.45	1.5	1.8	1.8
寒冷 A 区	窗墙面积比≤0.2	2.8	3.1	3.1
	0.2<窗墙面积比≤0.3	2.5	2.8	2.8
	0.3<窗墙面积比≤0.4	2.0	2.5	2.5
	0.4<窗墙面积比≤0.5	1.8	2.0	2.3
寒冷 B 区	窗墙面积比≤0.2	2.8	3.1	3.1
	0.2<窗墙面积比≤0.3	2.5	2.8	2.8
	0.3<窗墙面积比≤0.4	2.0	2.5	2.5
	0.4<窗墙面积比≤0.5	1.8	2.0	2.3

《夏热冬冷地区居住建筑节能设计标准》（JGJ 134—2010）中规定不同朝向外窗墙面积比限值以及不同朝向、不同窗墙面积比的外窗传热系数和综合遮阳系数限值，见表 2-16 和表 2-17。

表 2-16　不同朝向外窗的窗墙面积比限值

朝向	窗墙面积比
北	0.40
东、西	0.35
南	0.45
每套房间允许一个房间（不分朝向）	0.60

表 2-17　不同朝向、不同窗墙面积比的外窗传热系数和综合遮阳系数限值

建筑	窗墙面积比	传热系数 K 值/ $\left[\text{W}/(\text{m}^2 \cdot \text{K})\right]$	外窗综合遮阳系数 SC（东、西向/南向）
体型系数≤0.4	窗墙面积比≤0.2	4.7	-/-
	0.2＜窗墙面积比≤0.3	4.0	-/-
	0.3＜窗墙面积比≤0.4	3.2	夏季≤0.4/夏季≤0.45
	0.4＜窗墙面积比≤0.45	2.8	夏季≤0.35/夏季≤0.4
	0.45＜窗墙面积比≤0.60	2.5	东西南向设置外遮阳，夏季≤0.25/冬季≥0.6
体型系数＞0.4	窗墙面积比≤0.2	4.0	-/-
	0.2＜窗墙面积比≤0.3	3.2	-/-
	0.3＜窗墙面积比≤0.4	2.8	夏季≤0.4/夏季≤0.45
	0.4＜窗墙面积比≤0.45	2.5	夏季≤0.35/夏季≤0.4
	0.45＜窗墙面积比≤0.60	2.3	东西南向设置外遮阳，夏季≤0.25/冬季≥0.6

注：1. 表中的"东、西"代表从东或西偏北30°（含30°）至偏南60°（含60°）的范围；"南"代表从南偏东30°至偏西30°的范围。

2. 楼梯间、外走廊的窗不按本表规定。

《夏热冬暖地区居住建筑节能设计标准》（JGJ 75—2012）中规定各朝向的单一朝向窗墙面积比，南、北不应大于 0.40；东、西向不应大于 0.30。并分北区、南区居住建筑对外窗平均传热系数和平均综合遮阳系数限值进行了规定，其中对南区居住建筑外窗特别强调了外窗的综合遮阳系数限值，而对外窗传热系数没作限值，见表 2-18 和表 2-19。

表 2-18　北区居住建筑建筑物外窗平均传热系数和平均综合遮阳系数限值

外墙平均指标	外窗平均传热系数 K 值	外窗加权平均综合遮阳系数 S_w			
		平均窗地面积比 C_{mf}≤0.25 或平均窗墙面积比 C_{mw}≤0.25	平均窗地面积比 0.25＜C_{mf}≤0.3 或平均窗墙面积比 0.25＜C_{mw}≤0.3	平均窗地面积比 0.3＜C_{mf}≤0.35 或平均窗墙面积比 0.3＜C_{mw}≤0.35	平均窗地面积比 0.35＜C_{mf}≤0.4 或平均窗墙面积比 0.35＜C_{mw}≤0.4
K≤1.5 D≥2.8	4.0	≤0.3	≤0.2	—	—
	3.5	≤0.5	≤0.3	≤0.2	—
	3.0	≤0.7	≤0.5	≤0.4	≤0.3
	2.5	≤0.8	≤0.6	≤0.6	≤0.4

（续）

外墙平均指标	外窗平均传热系数 K 值	外窗加权平均综合遮阳系数 S_w			
		平均窗地面积比 $C_{mf} \leqslant 0.25$ 或平均窗墙面积比 $C_{mw} \leqslant 0.25$	平均窗地面积比 $0.25 < C_{mf} \leqslant 0.3$ 或平均窗墙面积比 $0.25 < C_{mw} \leqslant 0.3$	平均窗地面积比 $0.3 < C_{mf} \leqslant 0.35$ 或平均窗墙面积比 $0.3 < C_{mw} \leqslant 0.35$	平均窗地面积比 $0.35 < C_{mf} \leqslant 0.4$ 或平均窗墙面积比 $0.35 < C_{mw} \leqslant 0.4$
$K \leqslant 1.5$ $D \geqslant 2.5$	6.0	≤0.6	≤0.3	—	—
	5.5	≤0.8	≤0.4	—	—
	5.0	≤0.9	≤0.6	≤0.3	—
	4.5	≤0.9	≤0.7	≤0.5	≤0.2
	4.0	≤0.9	≤0.8	≤0.6	≤0.4
	3.5	≤0.9	≤0.9	≤0.7	≤0.5
	3.0	≤0.9	≤0.9	≤0.8	≤0.6
	2.5	≤0.9	≤0.9	≤0.9	≤0.7
$K \leqslant 1.0$ $D \geqslant 2.5$ 或 $K \leqslant 0.7$	6.0	≤0.9	≤0.9	≤0.6	≤0.2
	5.5	≤0.9	≤0.9	≤0.7	≤0.4
	5.0	≤0.9	≤0.9	≤0.8	≤0.6
	4.5	≤0.9	≤0.9	≤0.8	≤0.7
	4.0	≤0.9	≤0.9	≤0.9	≤0.7
	3.5	≤0.9	≤0.9	≤0.9	≤0.8

表 2-19　南区居住建筑建筑物外窗平均综合遮阳系数限值

外墙平均指标 $(p \leqslant 0.8)$	外窗加权平均综合遮阳系数 S_w				
	平均窗地面积比 $C_{mf} \leqslant 0.25$ 或平均窗墙面积比 $C_{mw} \leqslant 0.25$	平均窗地面积比 $0.25 < C_{mf} \leqslant 0.3$ 或平均窗墙面积比 $0.25 < C_{mw} \leqslant 0.3$	平均窗地面积比 $0.3 < C_{mf} \leqslant 0.35$ 或平均窗墙面积比 $0.3 < C_{mw} \leqslant 0.35$	平均窗地面积比 $0.35 < C_{mf} \leqslant 0.4$ 或平均窗墙面积比 $0.35 < C_{mw} \leqslant 0.4$	平均窗地面积比 $0.4 < C_{mf} \leqslant 0.45$ 或平均窗墙面积比 $0.4 < C_{mw} \leqslant 0.45$
$K \leqslant 2.5$ $D \geqslant 3$	≤0.5	≤0.4	≤0.3	≤0.2	—
$K \leqslant 2$ $D \geqslant 2.8$	≤0.6	≤0.5	≤0.4	≤0.3	≤0.2
$K \leqslant 1.5$ $D \geqslant 2.5$	≤0.8	≤0.7	≤0.6	≤0.5	≤0.4
$K \leqslant 1.0$ $D \geqslant 2.5$ 或 $K \leqslant 0.7$	≤0.9	≤0.8	≤0.7	≤0.6	≤0.5

注：1. 外窗包括阳台门。

　　2. p 为外墙外表面的太阳辐射吸收系数。

《公共建筑节能设计标准》（GB 50189—2015）根据不同地区、不同窗墙比和不同建筑体形系数规定了不同的门窗传热系数和遮阳系数，见表 2-20 和表 2-21。

表 2-20　严寒地区和寒冷地区甲类公共建筑单一立面外窗（包括透光幕墙）热工性能限值

项目		体形系数≤0.3		0.3＜体形系数≤0.4	
		传热系数 K	太阳得热系数 SHGC	传热系数 K	太阳得热系数 SHGC
严寒地区 A、B 区	窗墙面积比≤0.2	≤2.7	—	≤2.5	—
	0.2＜窗墙面积比≤0.3	≤2.5	—	≤2.3	—
	0.3＜窗墙面积比≤0.4	≤2.2	—	≤2.0	—
	0.4＜窗墙面积比≤0.5	≤1.9	—	≤1.7	—
	0.5＜窗墙面积比≤0.60	≤1.6	—	≤1.4	—
	0.6＜窗墙面积比≤0.7	≤1.5	—	≤1.4	—
	0.7＜窗墙面积比≤0.8	≤1.4	—	≤1.3	—
	窗墙面积比＞0.8	≤1.3	—	≤1.2	—
严寒地区 C 区	窗墙面积比≤0.2	≤2.9	—	≤2.7	—
	0.2＜窗墙面积比≤0.3	≤2.5	—	≤2.4	—
	0.3＜窗墙面积比≤0.4	≤2.3	—	≤2.1	—
	0.4＜窗墙面积比≤0.5	≤2.0	—	≤1.7	—
	0.5＜窗墙面积比≤0.60	≤1.7	—	≤1.5	—
	0.6＜窗墙面积比≤0.7	≤1.7	—	≤1.5	—
	0.7＜窗墙面积比≤0.8	≤1.5	—	≤1.4	—
	窗墙面积比＞0.8	≤1.4	—	≤1.3	—
寒冷地区	窗墙面积比≤0.2	≤3	—	≤2.8	—
	0.2＜窗墙面积比≤0.3	≤2.7	≤0.52/－	≤2.5	≤0.52/－
	0.3＜窗墙面积比≤0.4	≤2.4	≤0.48/－	≤2.2	≤0.48/－
	0.4＜窗墙面积比≤0.5	≤2.2	≤0.43/－	≤1.9	≤0.43/－
	0.5＜窗墙面积比≤0.60	≤2.0	≤0.40/－	≤1.7	≤0.40/－
	0.6＜窗墙面积比≤0.7	≤1.9	≤0.35/0.6	≤1.7	≤0.35/0.6
	0.7＜窗墙面积比≤0.8	≤1.6	≤0.35/0.52	≤1.5	≤0.35/0.52
	窗墙面积比＞0.8	≤1.5	≤0.35/0.52	≤1.4	≤0.35/0.52

表 2-21　夏热冬冷地区、夏热冬暖地区以及温和地区甲类公共建筑单一立面外窗（包括透光幕墙）热工性能限值

项目		传热系数 K	太阳得热系数 SHGC
夏热冬冷地区	窗墙面积比≤0.2	≤3.5	—
	0.2＜窗墙面积比≤0.3	≤3.0	≤0.44/0.48
	0.3＜窗墙面积比≤0.4	≤2.6	≤0.40/0.44
	0.4＜窗墙面积比≤0.5	≤2.4	≤0.35/0.40
	0.5＜窗墙面积比≤0.60	≤2.2	≤0.35/0.40
	0.6＜窗墙面积比≤0.7	≤2.2	≤0.30/0.35

（续）

项目		传热系数 K	太阳得热系数 SHGC
夏热冬冷地区	0.7 < 窗墙面积比 ≤ 0.8	≤2.0	≤0.26/0.35
	窗墙面积比 > 0.8	≤1.8	≤0.24/0.30
	窗墙面积比 ≤ 0.2	≤5.2	≤0.52/ –
	0.2 < 窗墙面积比 ≤ 0.3	≤4.0	≤0.44/0.52
	0.3 < 窗墙面积比 ≤ 0.4	≤3.0	≤0.35/0.44
	0.4 < 窗墙面积比 ≤ 0.5	≤2.7	≤0.35/0.40
	0.5 < 窗墙面积比 ≤ 0.60	≤2.5	≤0.26/0.35
	0.6 < 窗墙面积比 ≤ 0.7	≤2.5	≤0.24/0.30
	0.7 < 窗墙面积比 ≤ 0.8	≤2.5	≤0.22/0.26
	窗墙面积比 > 0.8	≤2.0	≤0.18/0.26
温和地区	窗墙面积比 ≤ 0.2	≤5.2	—
	0.2 < 窗墙面积比 ≤ 0.3	≤4.0	≤0.44/0.48
	0.3 < 窗墙面积比 ≤ 0.4	≤3.0	≤0.40/0.44
	0.4 < 窗墙面积比 ≤ 0.5	≤2.7	≤0.35/0.40
	0.5 < 窗墙面积比 ≤ 0.60	≤2.5	≤0.35/0.40
	0.6 < 窗墙面积比 ≤ 0.7	≤2.5	≤0.30/0.35
	0.7 < 窗墙面积比 ≤ 0.8	≤2.5	≤0.26/0.35
	窗墙面积比 > 0.8	≤2.0	≤0.24/0.30

注：对于温和地区，传热系数 K 只适用于温和 A 区，温和 B 区的传热系数 K 不作要求。

乙类公共建筑外窗（包括透光幕墙）热工性能限值规定见表 2-22。

表 2-22　乙类公共建筑外窗（包括透光幕墙）热工性能限值规定

项目	传热系数 K					太阳得热系数 SHGC		
	严寒 A、B 区	严寒 C 区	寒冷地区	夏热冬冷地区	夏热冬暖	寒冷地区	夏热冬冷地区	夏热冬暖地区
单一立面外窗（包括透光幕墙）	≤2.0	≤2.2	≤2.5	≤3.0	≤4.0	—	≤0.52	≤0.48

　　从上述我国相关建筑节能标准对门窗热工性能的要求可以看出，不同气候地区建筑门窗所要达到的保温性能和遮阳性能是完全不同的。所以，门窗设计时应按不同建筑热工设计分区中冬季保温和夏季防热对门窗的不同要求，以及有关建筑节能设计标准的相关规定，合理确定门窗的保温性能和遮阳性能设计指标。

　　保证保温性能的主要措施涉及隔热型材设计，型材组合的气密性等因素，还涉及框扇系统传热、玻璃系统传热、缝隙热损失和遮阳效果等环节。

　　保证保温性能的设计详见第 3 章结构设计。

2.2.7　遮阳性能设计

2.2.7.1　遮阳性能要求

　　遮阳性能是门窗在夏季阻隔太阳辐射热的能力。遮阳性能以遮阳系数 SC 表示。遮阳系数指在给定条件下，太阳辐射透过外门、窗所形成的室内得热量与相同条件下透过相同面积的 3mm 厚透明玻璃所形成的太阳辐射得热量之比。遮阳性能分级及指标见表 2-23。

表 2-23　遮阳性能分级及指标

分级	1	2	3	4	5	6	7
指标值	$0.8 \geqslant SC > 0.7$	$0.7 \geqslant SC > 0.6$	$0.6 \geqslant SC > 0.5$	$0.5 \geqslant SC > 0.4$	$0.4 \geqslant SC > 0.3$	$0.3 \geqslant SC > 0.2$	$SC \leqslant 0.2$

2.2.7.2　遮阳性能设计

夏热冬冷地区门窗设计需兼顾冬季保温和夏季遮阳，夏热冬暖地区门窗节能设计则主要应考虑夏季遮阳。在夏热冬暖地区，通过建筑外窗传入室内的热量中，占窗面积 80% 左右的玻璃得热是第一位的，其次是门窗缝隙空气渗透传热，再次是窗框所传热量。太阳辐射对建筑能耗影响很大，其通过窗户进入室内的热量是造成夏季室内过热和加大空调能耗的主要原因，建筑外窗因太阳辐射得热远比温差得热来得大。因此，对于炎热地区，提高门窗遮阳性能是门窗节能设计的首要任务。

提高铝合金门窗遮阳性能的常用方法主要有以下几点：

（1）设置遮阳效果良好的门窗活动外遮阳，如外卷帘。优先选用遮阳一体化外窗。

（2）采用能有效阻挡太阳能辐射得热玻璃配置。

（3）采用中空玻璃内置遮阳帘。

2.2.8　空气声隔声性能设计

空气声隔声性能是门窗在正常关闭状态时，阻隔室外声音传入室内的能力。《建筑门窗空气声隔声性能分级及检测方法》（GB/T 8485—2008）、《铝合金门窗》（GB/T 8478—2008）对铝合金门窗空气声隔声性能分级进行了规定，外门、外窗以"计权隔声和交通噪声频谱修正量之和（$R_w + C_{tr}$）"作为分级指标值；内门、内窗以"计权隔声量和粉红噪声频谱修正量之和（$R_w + C$）"作为分级指标值，单位为 dB。分级自 1 至 6 分为 6 级。铝合金门窗的空气声隔声性能分级及指标值应符合表 2-24 规定。

表 2-24　铝合金门窗的空气声隔声性能分级及指标值　　　　（单位：dB）

分级	外门、外窗的分级指标值	内门、内窗的分级指标值
1	$20 \leqslant R_w + C_{tr} < 25$	$20 \leqslant R_w + C < 25$
2	$25 \leqslant R_w + C_{tr} < 30$	$25 \leqslant R_w + C < 30$
3	$30 \leqslant R_w + C_{tr} < 35$	$30 \leqslant R_w + C < 35$
4	$35 \leqslant R_w + C_{tr} < 40$	$35 \leqslant R_w + C < 40$
5	$40 \leqslant R_w + C_{tr} < 45$	$40 \leqslant R_w + C < 45$
6	$R_w + C_{tr} \geqslant 45$	$R_w + C \geqslant 45$

注：用于对建筑内机器、设备噪声源隔声的建筑内门窗，对中低频噪声宜用外门窗的指标值进行分级；对中高频噪声仍可采用内门窗的指标值进行分级。

《铝合金门窗工程技术规范》（JGJ 214—2010）中对建筑外门窗空气隔声性能指标计权隔声量（$R_w + C_{tr}$）值规定如下：

（1）临街的外窗、阳台门和住宅建筑外窗及阳台门不应低于 30dB。

（2）其他门窗不应低于 25dB。

（3）如对隔声性能有更高要求，应根据建筑物各类用房允许噪声级标准和室外噪声环境情况，合理确定门窗隔声性能指标。

建筑门窗是轻质薄壁构件，是围护结构隔声的薄弱环节。国家标准《住宅建筑标准》（GB 50368—2005）规定，外窗隔声量 R_w 不应小于 30dB，户门隔声量 R_w 不应小于 25dB。

建筑物的用途不同，对隔声性能的要求不同。因此，工程中具体门窗隔声性能设计，应根据建筑物各种用房的允许噪声级标准和室外噪声环境或相邻房间隔声环境情况，按照外围护墙体或内围护隔墙的隔声要求具体确定外门窗或内门窗隔声性能指标。

《民用建筑隔声设计规范》（GB 50118—2010）对不同用途建筑的外门窗隔声性能提出了具体要求，见表 2-25 ~ 表 2-29。

表 2-25　住宅建筑外窗的空气隔声标准　　　　　　（单位：dB）

构件名称	空气声隔声单值评价量 + 频谱修正量	
临交通干线卧室、起居室的窗	计权隔声量 + 交通噪声频谱修正量（$R_w + C_{tr}$）	≥30
其他窗	计权隔声量 + 交通噪声频谱修正量（$R_w + C_{tr}$）	≥25

表 2-26　学校建筑教学用房外窗和门窗的空气声隔声标准　　　　　　（单位：dB）

构件类型	空气声隔声单值评价量 + 频谱修正量	
临交通干线的外窗	计权隔声量 + 交通噪声频谱修正量（$R_w + C_{tr}$）	≥30
其他外窗	计权隔声量 + 交通噪声频谱修正量（$R_w + C_{tr}$）	≥25
产生噪声房间的门	计权隔声量 + 粉红噪声频谱修正量（$R_w + C$）	≥25
其他门	计权隔声量 + 粉红噪声频谱修正量（$R_w + C$）	≥20

表 2-27　医院建筑外窗和门的空气声隔声标准　　　　　　（单位：dB）

构件名称	空气声隔声单值评价量 + 频谱修正量	
外窗	计权隔声量 + 交通噪声频谱修正量（$R_w + C_{tr}$）	≥30（临街病房）
		≥25（其他）
门	计权隔声量 + 粉红噪声频谱修正量（$R_w + C$）	≥30（听力测试室）
		≥20（其他）

表 2-28　旅馆建筑外门窗的空气声隔声标准　　　　　　（单位：dB）

构件名称	空气声隔声单值评价量 + 频谱修正量	特级	一级	二级
客房外窗	计权隔声量 + 交通噪声频谱修正量（$R_w + C_{tr}$）	≥35	≥30	≥25
客房门	计权隔声量 + 粉红噪声频谱修正量（$R_w + C$）	≥30	≥25	≥20

表 2-29　办公建筑外窗和门的空气声隔声标准　　　　　　（单位：dB）

构件类型	空气声隔声单值评价量 + 频谱修正量	
临交通干线的办公室、会议室外窗	计权隔声量 + 交通噪声频谱修正量（$R_w + C_{tr}$）	≥30
其他门窗	计权隔声量 + 交通噪声频谱修正量（$R_w + C_{tr}$）	≥25
门	计权隔声量 + 粉红噪声频谱修正量（$R_w + C$）	≥20

影响隔声性能的主要环节是框扇系统、玻璃系统、各种缝隙的隔声能力作用的综合结

果，是舒适度要求之一。

提高隔声性能的技术详见第 3 章。

2.2.9　采光性能设计

采光性能指窗户在漫射光照射下透过光的能力，透光折减系数 T_r 作为分级指标。采光性能仅指外窗而言，采光性能分级及指标值 T_r 如表 2-30 所示。

表 2-30　采光性能分级及指标值 T_r

分级	1	2	3	4	5
分级指标值	$0.2 \leqslant T_r \leqslant 0.3$	$0.3 \leqslant T_r \leqslant 0.4$	$0.4 \leqslant T_r \leqslant 0.5$	$0.5 \leqslant T_r \leqslant 0.6$	$T_r > 0.6$

为了提高建筑外窗的采光效率，在设计时要尽量选择采光性能好的外窗。

采光效率的高低，采光材料是关键的因素。随着进入室内光亮的增加，太阳辐射热也会增加，在夏季会增加很多空调负荷，因此在考虑充分利用天然光的同时，还要尽量减少因过热所增加的能耗，所以在选用采光材料时要权衡光与热两方面的得失。

在采光性能设计时，应将采光和节能紧密联系在一起。

根据门窗采光性能要求合理设计门窗窗框与整窗的面积比，门窗玻璃是门窗采光性能的决定因素，应按门窗性能要求的不同合理选配。对于许多需要兼顾采光和遮阳的场合下，选择具有良好遮阳和采光综合性能的外窗玻璃尤为重要，如在南方炎热地区采用具有良好遮阳性能和透光性能的遮阳型 Low-E 中空玻璃，而在北方寒冷地区采用阳光能进入室内的高透 Low-E 中空玻璃。

很多建筑为提高室内的采光性能及室内景观效果采用了较大面积的外窗。由于外窗的热工性能较建筑墙体差很多，所以过大面积的外窗往往导致热量的流失。根据建筑所处的气候分区，窗墙比与建筑外窗的传热系数或遮阳系数存在对应关系，而且一般情况下应满足窗墙比小于 0.7，如果不能满足，应通过热工性能的权衡计算判断。

2.2.10　安全设计

2.2.10.1　防雷设计

门窗作为附属于建筑主体结构的外围护构件，其金属框架不单独做防雷接地，而是利用主体结构本身的防雷体系。对于须防侧击雷的建筑外窗，应使外窗与建筑物防雷体系进行可靠连接，并保持导电通畅。

建筑外窗的防雷设计，应符合现行国家标准《建筑物防雷设计规范》（GB 50057—2010）的规定。一类、二类、三类防雷建筑物，其建筑高度分别在 30m、45m、60m 及以上的外墙窗户，应采取防侧击和等电位保护措施，与建筑物防雷装置进行可靠连接。一般建筑，门窗冲击接地电阻不应大于 10Ω。对于采用共同接地的防雷系统，为保证仪器设备的安全，冲击接地电阻不应大于 1Ω。

门窗外框与洞口墙体连接固定用的连接件可作为防雷连接件使用，应保证该连接件与窗框具有可靠的导电性连接。固定连接件与窗框采用卡槽连接时，则应另外采用专门的防雷连接件与窗框进行可靠的螺钉或铆钉机械连接。

采用穿条式隔热铝型材制作门窗时，必要时可采取相应避雷构造措施进行内外侧铝型材跨接，保证铝合金门窗室外侧型材与建筑物避雷体系可靠连接。

门窗框与建筑主体结构防雷装置连接导体宜采用直径不小于 8mm 的圆钢或截面积不小

于48mm²、厚度不小于4mm的扁钢，并分别与建筑物防雷装置和窗框防雷连接件进行可靠的焊接连接。

门窗外框与防雷连接件连接处，应去除型材表面的非导电防护层，并与防雷连接件连接。

防雷连接导体宜分别与门窗框防雷连接件和建筑主体结构防雷装置焊接连接，焊接长度不小于100mm，焊接处涂防腐漆。

2.2.10.2　玻璃防爆

门窗玻璃（主要是大板面玻璃和着色玻璃）的设计选用，应考虑玻璃品种（吸热率、边缘强度）、使用环境（玻璃朝向、遮挡阴影、环境温度、墙体导热）、玻璃边部装配约束（明框镶嵌、隐框胶接）等各种因素可能造成的玻璃热应力问题，以防止玻璃热炸裂产生。

门窗玻璃除北向窗户外，均按照现行业标准《建筑玻璃应用技术规程》（JGJ 113—2015）的有关规定，进行玻璃防热炸裂设计计算，并采取必要的防玻璃热炸裂措施。

（1）防止或减少玻璃的局部升温。

（2）玻璃在裁切时，其切口部位会产生很多大小不等的锯齿状凹凸，引起边缘应力分布不均匀，玻璃在运输、安装过程中，以及安装完成后，由于受各种作用的影响，容易产生应力集中，导致玻璃破碎。因此，对于易发生热炸裂的玻璃裁割后，应对其边部进行倒角磨边等加工处理。

（3）玻璃的镶嵌应采用弹性良好的密封衬垫材料。

（4）钢化玻璃和半钢化玻璃，应在钢化和半钢化处理前进行倒棱和倒角处理。

（5）玻璃安装时，不应在玻璃周边造成缺陷。对于易发生热炸裂的玻璃，应对玻璃边部进行精加工。玻璃室内侧的卷帘、百叶及隔热窗帘等内遮阳设施，与窗玻璃之间的距离不宜小于50mm。

（6）玻璃室内侧的卷帘、百叶及隔热窗帘等内遮阳设施，与窗玻璃之间的距离不宜小于50mm。

2.2.10.3　耐火性能设计

在某些环境中节能门窗也要有耐火性能，国家现行标准《建筑设计防火规范》（GB 50016—2014）提出了建筑门窗耐火完整性能要求。节能门窗可从下列几方面提高其耐火性能：

（1）塑料型材：具有独立的增强型钢腔（防火腔）、排水腔，型材结构满足防火玻璃和耐火五金件装配要求。

（2）增强型钢：形状宜为矩形或闭合结构，具有良好的防腐处理，外形结构和尺寸与型材腔体吻合。

（3）角部连接件：采用钢质材料，厚度在2.0mm以上，宽度在20mm以上，并与型材装配位置结构配套。

（4）耐火玻璃透明性和耐火性要满足国家标准。

（5）耐火五金件要在设计时间内耐火测试条件下满足结构完整性。

（6）耐火密封件材料必须是防火型环保材料，应与型材和玻璃有良好装配性。

（7）耐火玻璃垫块应具有良好的耐火性能。

（8）耐火膨胀条具有良好的遇火膨胀性和隔热性。

（9）框、扇焊接后应使整窗增强型钢通过角部增强连接件连成一体，达到闭合框架的整体刚性结构。

（10）通过玻璃卡件装配防火玻璃，加装防火型玻璃垫条。通过专用金属玻璃卡件装配玻璃，使玻璃与四周的增强型钢有效连接。

即使建筑外窗需要具备耐火完整性要求，也不应该按非隔热型防火门窗对待，而应该归类为非消防类产品。其耐火完整性性能指标的设计思路、检测技术和验收方式应和建筑门窗应具备的其他各项物理性能指标相互协调，综合考虑。

2.2.10.4　其他安全性能设计

（1）开启门扇、固定门以及落地窗的玻璃，必须符合现行行业标准《建筑玻璃应用技术规程》（JGJ 113—2015）中的人体冲击安全规定。

（2）公共建筑出入口和门厅、幼儿园或其他儿童活动场所的门和落地窗，必须采用钢化玻璃或夹层玻璃等安全玻璃。

（3）推拉窗用于外墙时，必须有防止窗扇向室外脱落的装置。

（4）有防盗要求的外门窗，可采用夹层玻璃和可靠的门窗锁具，推拉门窗扇应有防止从室外侧拆卸的装置。

（5）为防止儿童或室内其他人员从窗户跌落室外，或者公共建筑管理需要，窗的开启扇应采用带钥匙的窗锁、执手等锁闭器具，或者采用花格窗、花格网、防护栏杆等防护措施。

（6）安装在易于受到人体或物体碰撞部位的玻璃应采用适当的防护措施。可采取警示（在视线高度设醒目标志）或防碰撞设施（设置护栏）等。对于碰撞后可能发生高处人体或玻璃坠落的情况，必须采用可靠的护栏。

（7）无室外阳台的外窗台距室内地面高度小于 0.9m 时，必须采用安全玻璃并加设可靠的防护措施。窗台高度低于 0.6m 的凸窗，其防护计算高度应从窗台面开始计算。

建筑物中七层及七层以上的建筑外开窗、面积大于 1.5m² 的窗玻璃、玻璃底边离最终装饰面小于 500mm 的落地窗及倾斜安装的窗上所用玻璃应采用安全玻璃。

2.3　标准化附框设计

标准化附框设计是标准化外窗系统的重要部件，也是系统门窗总体设计的一个重要组成部分，它是实现外窗产品干法安装的关键，因此必须根据工程需要对其提出较多要求，这些要求包括下列内容：

（1）附框必须具有良好的隔热性能，导热系数要低。

（2）附框必须具有良好的物理性能，吸水率低，强度高，膨胀率要小等等。

（3）附框必须耐候性强，耐酸耐碱性强，具有较长的寿命功能。

（4）附框的安装功能体现在尺寸精度要高、安装方便。

（5）附框具有较强的力学功能，有较大的握螺钉力。

2.4　标准化外窗的选择方法

系统门窗能实现按设定性能选用建筑门窗。门窗系统研发的对象不是单个的、标准尺寸的门窗，而是设定性能范围的、一个门窗系统产品族。按照相似设计的原理，在门窗系统的研发过程中，通过研发一个产品族中具有最不利性能条件组合的系统门窗的性能，来覆盖同一产品族中其他不同尺寸系统门窗的性能。然后将所研发的门窗系统用图集或软件表达出来。因此，开发商只需根据建筑物对建筑门窗性能指标、材质、开启形式等要求，选择图集中涵盖所要求的性能指标的某系列门窗产品族，即可获得满足使用要求的系统门窗。而传统建筑门窗，是采用建筑工程的方法，直接使用材料进行简单的门窗工程设计后，制造、安装而成的，没有经过试制、测试阶段。

不少地区都有自己的技术规程，现介绍江苏省《居住建筑标准化外窗系统应用技术规程》（DGJ32/J157—2017），关于外窗标准化设计过程。

居住建筑（包括按居住建筑设计的住宅式公寓）应采用标准化外窗系统，阳台门（含门连窗）以及确因立面设计所需而设计的折线形、弧形、多边形等异形外窗可采用非标准化外窗。同一工程中，非标准化外窗的立面、材料、安装方式和性能指标应与标准化外窗系统保持一致。

用此方法确定的节能标准化外窗，其性能完全可以达到江苏现阶段性能的最低要求。其要求见表2-31。

此方法可以供其他地区参考。

表 2-31　标准化外窗及系统主要性能、技术指标

主要性能		单位	技术指标
气密性不小于 6 级		单位缝长 m³/（m·h）	≤1.5
		单位面积 m³/（m²·h）	≤4.5
水密性不小于 3 级		Pa	≥250
抗风压性能	多层建筑不小于 3 级	kPa	≥2.0
	高层建筑不小于 4 级	kPa	≥2.5
传热系数		W/（m²·K）	≤2.4
东、西、南向玻璃遮阳系数	冬季	—	≥0.6
	夏季	—	符合设计要求

建筑设计单位在设计选用居住建筑标准化外窗系统时应按以下顺序进行。

（1）外形尺寸的确定

标准化外窗的外形尺寸可以通过洞口尺寸标准化进行规范。

居住建筑标准化外窗系统中标准化外窗包括单樘标准化窗和由单樘标准化窗组合的窗，洞口尺寸见表2-4。

（2）居住建筑标准化外窗材料种类和立面形式

标准化外窗产品分类和标记应符合以下规定。

按框扇材料分类及标记代号见表2-32。

表 2-32　框扇材料分类及标记代号

框扇材料	铝合金隔热型材	塑料型材	玻璃钢型材	铝木复合型材
代号	L	S	B	LM

按构造形式分类及标记代号见表2-33。

表 2-33　构造形式分类及标记代号

构造形式	平开	推拉	铝窗卷帘一体化	塑窗卷帘一体化	百叶帘一体化	内置遮阳一体化	中置遮阳双窗一体化
代号	P	T	LY	SY	BY	NZY	ZZY

标准化外窗的主要立面及开启形式宜符合图 2-2 的规定。

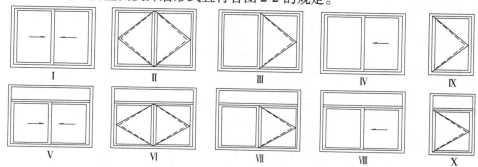

图 2-2　标准化外窗的主要立面及开启形式

注：Ⅰ～Ⅳ用于各系列尺寸；Ⅴ～Ⅷ用于 C180；Ⅸ、Ⅹ单扇窗用于厨房、卫生间。

（3）标准化外窗型材系列确定

根据建筑物抗风压性能、气密性、水密性设计要求，按表 2-34～表 2-37 相对应性能参数选择型材系列。

表 2-34　标准化外窗物理性能设计选用表（铝合金窗）

开启形式	立面形式	框型材宽度/mm	尺寸系列	抗风压性能（级）	气密性（级）	水密性（级）
推拉窗	Ⅰ、Ⅳ	90	C120	4	6*	3
			C150	3	6*	3
		100	C120	5	6*	3
			C150	4	6*	3
	Ⅴ、Ⅷ	90	C150	4	6*	3
			C180	3	6*	3
		100	C150	5	6*	3
			C180	4	6*	3
平开窗	Ⅱ、Ⅲ	60	C120	5	6	4
			C150	4	6	4
		65	C120	6	6	4
			C150	5	6	4
	Ⅵ、Ⅶ	60	C150	5	6	4
			C180	4	6	4
		65	C150	6	6	4
			C180	5	6	4

注：1. 带 * 号数据是指经技术改进后能达到的数据。

　　2. 框型材宽度包括表中尺寸相近系列，如铝合金 60 包括 63。

表 2-35 标准化外窗物理性能设计选用表（塑料窗）

开启形式	立面形式	框型材宽度/mm	尺寸系列	抗风压性能（级）			气密性（级）	水密性（级）
				衬钢 1.5mm	衬钢 2.0mm	衬钢 2.5mm		
推拉窗	Ⅰ、Ⅳ	92	C120	—	4	5	6 *	3
			C150	—	3	4	6 *	3
		108	C120	4	5	6	6 *	3
			C150	3	4	5	6 *	3
	Ⅴ、Ⅷ	92	C150	—	4	5	6 *	3
			C180	—	3	4	6 *	3
		108	C150	4	5	6	6 *	3
			C180	3	4	5	6 *	3
平开窗	Ⅱ、Ⅲ	60	C120	3	4	5	6	4
			C150	—	3	4	6	4
		65	C120	4	5	6	6	4
			C150	3	4	5	6	4
	Ⅵ、Ⅶ	60	C150	3	4	5	6	4
			C180	—	3	4	6	4
		65	C150	4	5	6	6	4
			C180	3	4	5	6	4

注：1. 带 * 号数据是指经技术改进后能达到的数据。

2. 框型材宽度包括表中尺寸相近系列，如塑料 92 包括 95。

表 2-36 标准化外窗物理性能设计选用表（玻璃钢窗）

开启形式	立面形式	框型材宽度/mm	尺寸系列	抗风压性能（级）	气密性（级）	水密性（级）
推拉窗	Ⅰ、Ⅳ	83	C120	5	6 *	3
			C150	4	6 *	3
	Ⅴ、Ⅷ	90	C150	6	6 *	3
			C180	5	6 *	3
平开窗	Ⅱ、Ⅲ	55	C120	5	6	4
			C150	4	6	4
	Ⅵ、Ⅶ	60	C150	6	6	4
			C180	5	6	4

注：1. 带 * 号数据是指经技术改进后能达到的数据。

2. 框型材宽度包括表中尺寸相近系列，如玻璃钢 83 包括 85。

表 2-37 标准化外窗物理性能设计选用表（铝木复合窗）

开启形式	立面形式	框型材宽度/mm	尺寸系列	抗风压性能（级）	气密性（级）	水密性（级）
推拉窗	Ⅰ、Ⅳ	100	C120	5	6 *	3
			C150	4	6 *	3
	Ⅴ、Ⅷ	100	C150	5	6 *	3
			C180	4	6 *	3

（续）

开启形式	立面形式	框型材宽度/mm	尺寸系列	抗风压性能（级）	气密性（级）	水密性（级）
平开窗	Ⅱ、Ⅲ	65	C120	6	6	4
			C150	5	6	4
	Ⅵ、Ⅶ	65	C150	6	6	4
			C180	5	6	4

注：1. 带 * 号数据是指经技术改进后能达到的数据。

　　2. 框型材宽度包括表中尺寸相近系列，如铝合金60包括63。

（4）玻璃配置与一体化类型的确定

根据建筑物传热系数、遮阳系数设计要求，按表2-38、表2-39选择玻璃配置或一体化类型。

表 2-38　部分标准化外窗和遮阳一体化外窗热工性能设计选用表

外窗类型	开启形式	玻璃配置/mm	K	SC	SD		备注
铝合金外窗、铝木复合外窗（以铝为主体）	单层推拉窗	5 + 6Ar + 5 + 6Ar + 5	2.4	0.78	0.20	铝、织物卷帘，百叶帘	110 系列
	单层推拉窗	6 高透 Low-E + 12A + 6	2.4	0.62	0.20	铝、织物卷帘，百叶帘	100 系列
	单层推拉窗	6 高透 Low-E + 12Ar + 6	2.2	0.62	0.20	铝、织物卷帘，百叶帘	100 系列
	单层推拉窗	6 高透 Low-E + 12Ar + 6（暖边）	2.1	0.62	0.20	铝、织物卷帘，百叶帘	100 系列
	双层推拉窗	5 + 12A + 5 + 70 + 5 + 12A + 5	2.0	0.69	0.30	中置遮阳百叶	160 系列
	双层推拉窗	5 + 12Ar + 5 + 70 + 5 + 12Ar + 5	1.9	0.69	0.30	中置遮阳百叶	160 系列
	内外平开窗	6 高透 Low-E + 12A + 6	2.2	0.62	0.20	铝、织物卷帘，百叶帘	60 系列
	内外平开窗	6 高透 Low-E + 12Ar + 6	2.1	0.62	0.20	铝、织物卷帘，百叶帘	60 系列
	内外平开窗	6 高透 Low-E + 12Ar + 6（高性能暖边）	2.0	0.62	0.20	铝、织物卷帘，百叶帘	60 系列
	内外平开窗	5 + 6A + 5 + 6A + 5	2.4	0.78	0.20	铝、织物卷帘，百叶帘	70 系列
	内外平开窗	5 + 6Ar + 5 + 6Ar + 5	2.2	0.78	0.20	铝、织物卷帘，百叶帘	70 系列
塑料外窗、玻璃钢外窗、铝木复合外窗（以木为主体）	单层推拉窗	5 + 6A + 5 + 6A + 5	2.4	0.78	0.20	铝、织物卷帘，百叶帘	108 系列
	单层推拉窗	5 + 6Ar + 5 + 6Ar + 5	2.2	0.78	0.20	铝、织物卷帘，百叶帘	108 系列
	单层推拉窗	6 高透 Low-E + 12A + 6	2.2	0.62	0.20	铝、织物卷帘，百叶帘	108 系列
	单层推拉窗	6 高透 Low-E + 12Ar + 6	2.0	0.62	0.20	铝、织物卷帘，百叶帘	108 系列
	单层推拉窗	6 高透 Low-E + 12Ar + 6（高性能暖边）	1.9	0.62	0.20	铝、织物卷帘，百叶帘	108 系列
	内外平开窗	6 + 12Ar + 6（高性能暖边）	2.4	0.82	0.20	铝、织物卷帘，百叶帘	60 系列
	内外平开窗	6 高透 Low-E + 12A + 6	2.1	0.62	0.20	铝、织物卷帘，百叶帘	60 系列
	内外平开窗	6 高透 Low-E + 12Ar + 6	1.9	0.62	0.20	铝、织物卷帘，百叶帘	60 系列

（续）

外窗类型	开启形式	玻璃配置/mm	K	SC	SD	备注
塑料外窗、玻璃钢外窗、铝木复合外窗（以木为主体）	内外平开窗	5+6A+5+6A+5	2.3	0.78	0.20	铝、织物卷帘，百叶帘	70系列
	内外平开窗	5+6Ar+5+6Ar+5	2.1	0.78	0.20	铝、织物卷帘，百叶帘	70系列

注：1. 铝合金型材穿条式隔热条宽度不应小于24mm，注胶式隔热胶宽度不应小于21mm；塑料窗用型材为3腔以上，以铝为主的铝木复合窗可参照铝合金窗选用，玻璃钢窗和以木为主的铝木复合窗可参照塑料窗选用；窗框、窗扇宽度应根据玻璃制品厚度确定，构造应符合有关产品标准要求；型材隔热条宽度和型材宽度系列可以高于本表，性能以实测为准。

2. 框型材宽度包括表中尺寸相近系列，如铝合金60包括63等。

3. 表中玻璃配置为常规配置顺序，从室外侧至室内侧，未注Low-E的均为白玻；玻璃配置可以高于本表，性能以实测为准。

4. 表中SC为玻璃遮阳系数设计选用值，东、西、南三向住宅室内空间外窗玻璃（冬季）玻璃遮阳系数检测值不应小于0.6，可见光透射率$T \geq 0.6$；SD值为活动式外遮阳系数设计选用值，实际检测值不应大于表中相应参数值。

表 2-39　　内置遮阳中空玻璃制品热工性能设计选用表

配置	中空玻璃传热系数K	遮阳帘伸展状态遮阳系数SD	传热系数K			
			铝合金平开窗	铝合金推拉窗	塑料平开窗	塑料推拉窗
三玻两腔［5+19A（百叶）+5+6A+5］	2.0	0.26	2.3	2.4	2.1	2.2
单腔充氩气高透Low-E暖边［5Low-E+19Ar（百叶）+5暖边］	1.9	0.27	2.2	2.3	2.0	2.1
三玻两腔暖边［5+19A（百叶）+5+6A+5暖边］	1.9	0.26	2.2	2.3	2.0	2.1
三玻两腔充氩气［5+19Ar（百叶）+5+6Ar+5］	1.9	0.26	2.2	2.3	2.0	2.1
三玻两腔充氩气暖边［5+19Ar（百叶）+5+9Ar+5暖边］	1.7	0.26	2.0	2.1	1.8	1.9
三玻两腔高透Low-E［5Low-E+19A（百叶）+5+9A+5］	1.7	0.24	2.0	2.1	1.8	1.9
三玻两腔充氩气高透Low-E暖边［5Low-E+19Ar（百叶）+5+9Ar+5暖边］	1.6	0.24	1.9	2.0	1.7	1.8
单腔高透双银Low-E［5+19A（百叶）+5双银Low-E］	1.8	0.27	2.1	2.2	1.9	2.0
单腔充氩气高透双银Low-E［5+19Ar（百叶）+5双银Low-E］	1.7	0.27	2.0	2.1	1.8	1.9
单腔充氩气高透双银Low-E暖边［5+19Ar（百叶）+5双银Low-E暖边］	1.6	0.27	1.9	2.0	1.7	1.8
三玻两腔高透双银Low-E暖边［5+19A（百叶）+5+9A+5双银Low-E暖边］	1.4	0.24	1.7	1.8	1.5	1.6

（续）

配置	中空玻璃传热系数 K	遮阳帘伸展状态遮阳系数 SD	传热系数 K			
			铝合金平开窗	铝合金推拉窗	塑料平开窗	塑料推拉窗
三玻两腔电控双帘 [5 + 27A（百叶）+ 5 + 27A（织物）+ 5]	1.8	0.23	2.1	2.2	1.9	2.0

注：1. 表中型材是以隔热条宽度为 24mm 的穿条式隔热铝合金型材、三腔以上的塑料型材为基本配置出具的数据。浇注式铝合金型材制作的窗和以铝为主的铝木复合窗可参照铝合金窗选用；玻璃钢和以木为主的铝木复合窗可参照塑料窗选用；窗框、窗扇宽度应根据玻璃制品厚度确定，其构造应符合相关产品标准的要求。
　　2. 表中传热系数 K 为设计参考值，使用中以实测为准。
　　3. 表中遮阳帘伸展状态遮阳系数 SD 为设计参考值，使用中以实测为准；遮阳帘收拢后内置遮阳中空玻璃制品遮阳系数不应小于 0.6，可见光透射率不应小于 0.6。
　　4. 表中未注明电控的，均为磁感应传动方式。
　　5. 表中有遮阳帘的中空层厚度可设为 19mm、21mm、22mm、27mm 等。
　　6. 表中玻璃配置为常规配置顺序，从室外侧至室内侧，未注 "Low-E" 的均为白玻。
　　7. 采用双银 Low-E 玻璃时，考虑遮阳系数，双银 Low-E 玻璃不应放在室外侧。

2.5　系统门窗的全寿命周期理念

　　系统门窗的核心理念就是全寿命周期的系统工作服务体系，贯穿概念设计，产品设计，技术工艺，性能检测，门窗生产安装阶段的全过程、全方位的系统技术。

　　在设计阶段，提供门窗设计与技术服务，协助门窗设计更加满足结构性能的要求，提高系统技术水平，控制成本。

　　在生产阶段，要提供门窗生产工艺与安装工艺的指导与执行，制定门窗工艺标准化，质量控制标准化工作，控制门窗细节，最终提供给客户高质量、高性能的门窗产品，详见图2-3。

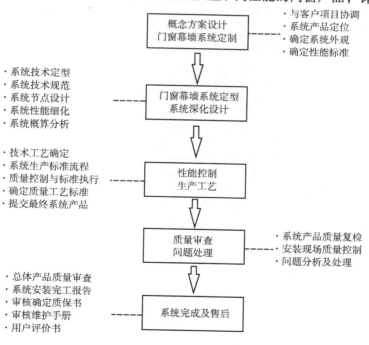

图 2-3　系统门窗全寿命周期内容

2.6　系统门窗研发的技术纲要

　　系统门窗应经过门窗系统研发、门窗系统技术评定、系统门窗工程设计和制造、系统门窗认证、系统门窗安装各环节，系统门窗从研发到安装流程应符合图2-4的规定。

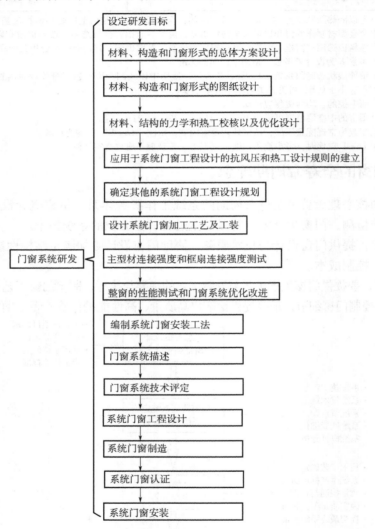

图2-4　系统门窗全过程中的主要环节

第3章 系统门窗节能的结构设计

3.1 门窗节能原理与节能设计

3.1.1 门窗节能原理

从传热学的角度考虑，门窗的能量损失来自三个方面：对流、传导和辐射。对流就是在门窗的空隙间冷热气流运动，导致热量交换，反映的是门窗的气密性；传导是通过玻璃和窗用型材将一面的热量传导到另一面，由分子运动进行热量传递，反映的是门窗内外的温差；辐射是透过窗户的太阳能量，包括直接透过窗户进入室内的热量和玻璃及框扇型材吸收太阳能后，作为一个个独立的小热源，二次传向热量。

门窗能量损失的表现形式为：通过玻璃进入建筑的太阳辐射热量；通过玻璃的传热损失；通过窗扇与窗框的热损失；窗洞口热桥造成的热损失；缝隙空气渗透造成的热损失。影响门窗能量损耗大小的因素很多，主要有以下几方面。

（1）门窗的气密性是指门窗在关闭状态下阻止空气渗透的能力。门窗气密性等级的高低对热量的损失影响极大。室外风力变化会对室温产生不利影响，气密性等级越高，则热量损失就越少，对室温的影响也越小。

（2）门窗的传热系数是指门窗在单位时间内通过单位面积的传热量。传热系数越大，则在冬季通过门窗的热量损失就越大，而门窗的传热系数又与门窗的材料、类型有关。

（3）门窗的隔热性能。隔热是门窗夏季阻止热量传入，保持室温稳定的能力。通常是指围护结构在夏季隔离太阳辐射热和室外高温的影响，从而使其内表面保持适当的能力。

（4）门窗节能途径主要是保温隔热。其措施包括：提高门窗的气密性；提高窗户的保温性能；提高窗户的隔热性能。

（5）门窗的隔热保温能力最终体现在以下三个方面：通过门窗缝隙对流渗透冷热风能耗；门窗内外温差传热能耗；门窗框（扇）型材和玻璃太阳辐射能耗。

门窗作为建筑外围护结构中的开口部位，成为建筑物内外沟通的桥梁；人们需要通过门窗与自然界形成良好的交流，同时又必须确保不因此而受到外界的侵扰；所以门窗应该满足这些基本的设计需求，包括良好的采光、通风、隔热、保温、隔声、安全、通透等基本使用特性；同时从门窗的可靠性角度看，它们还要具备足够气密性、水密性和抗风压性能；从使用的安全性角度看，它们更需要具备防火、防爆、防盗、防有害光、屏蔽、隐私等使用效果；从设计风格上说，门窗更应不拘一格，具备个性化的外观形态，与建筑物协调一致、美观等特点。

3.1.2 节能设计

追根溯源，节能门窗所追求的最基本要素当属门窗的隔热保温性能；高性能的节能门窗的发展也将围绕如何降低整窗传热系数、控制门窗失热效率而进行各个局部工艺技术、构造和材料的研发，逐步探索和应用一些细微节点的精细化设计，获得事半功倍的性能改善和提升，诸如玻璃暖边技术的应用发展，进一步消除了门窗玻璃的热桥问题，控制了门窗的失热途径，门窗也因此获得这些更加优秀的节能特性和使用特性；要想不让室内热量不通过窗户流失，首先要知道热量的流失途径。归纳起来，流失途径主要有玻璃系统、框扇系统、各种缝隙空间、附框以及窗洞口热桥等环节。

热量传递方式即导热、辐射和对流在窗户上的表现是广泛存在的，但是这种传递关系的改变，将为节能提供有效方式，例如，由单层玻璃改变成双层的中空玻璃，由于两片玻璃间空气层的存在，使得室内外热量传递方式发生了改变，由单片玻璃的热传导，转变成辐射和对流传热为主；连接部位的对流损失，将会由于采用密封技术的提高，改变为以导热为主，而密封元件却是一个热的不良导体，因而从根本上提高了门窗的保温性能，总体上讲提高门窗的节能能力，要通过结构改进等实现，这些环节主要包括：

（1）玻璃系统的结构设计。

（2）框扇系统的结构设计。

（3）缝隙密封结构设计。

（4）遮阳系统的设计。

（5）附框的设计。

（6）密封件的设计。

（7）五金件的设计。

3.2　玻璃系统设计

玻璃通常占到整窗面积的 70% ～ 80%，因此，玻璃部分的隔热保温能力对整窗的保温性能影响至关重要，如果使用单层玻璃，室内外热量直接通过传导的方式进行传递，在计算整窗传热系数时，玻璃系统的影响为 62% ～ 74%。由于种种原因，国家和许多地区在节能门窗规定中单层玻璃已被限制或禁止使用，本书只介绍玻璃组合，即中空玻璃，主要是双层玻璃、三层玻璃和四层玻璃。见图 3-1 ～ 图 3-3。

图 3-1　双层玻璃　　　　　　图 3-2　三层玻璃　　　　　　图 3-3　四层玻璃

为了提高节能效率，改善玻璃的保温性能，降低门窗玻璃的传热系数，我们可以通过以下几种途径进行玻璃的综合优化设计。

1. 使用充入惰性气体的中空玻璃

中空玻璃的传热系数，与气体的热导相关，因此，将中空玻璃空腔内充入大分子、粘滞度高的惰性气体，如氩气、氪气、氙气等，这些惰性气的密度比空气大，气体流动性差，导热系数低，由于气体对流及传导而传递的热量大大降低。表 3-1 是不同气体的特性指标。

表 3-1　气体特性指标

气体	密度 $\rho/$ (kg/m^3)	动态黏度 $u/$ $[10^{-5}kg/(m \cdot s)]$	导热系数 $[10^{-2}W(m \cdot K)]$	比热容 $[10^3 J/(kg \cdot K)]$
氩气	1.76	2.10	1.63	0.52
氟化硫	6.60	1.42	1.20	0.61
氪气	3.69	2.33	0.87	0.25

从表 3-1 中数据可知，氪气的导热系数最低，对中空玻璃的保温性能改善效果最好。对于 6Low-E + 12A + 6 的中空玻璃，充入氪气可以使玻璃传热系数降低 0.6W $(m^2 \cdot K)$ 左右，但氪气价格非常昂贵，单位面积增加成本甚至在百元以上，不具备经济性，不易被广泛推广使用，但在某些高端产品及特种工业玻璃领域中有所使用。

氩气作为廉价的惰性气体，可以直接从空气中分离得到，同时还具备较好的热工性能，因此在建筑节能门窗玻璃中得以广泛使用。

充入惰性气体的中空玻璃必须确保其良好的密封特性，以避免昂贵的、高效的惰性气体不会随着使用时间延长而泄漏，带来中空玻璃性能的衰减；一般来说，对于充入惰性气体的中空玻璃，如果使用硅酮结构胶作为次密封胶的话，就必须采取严格的措施控制丁基胶宽度、丁基胶涂敷量、间隔条接口背封等加工工艺，正常工艺下生产的中空玻璃，气体年泄漏率不应超过 1%。同时必须按照最新的《中空玻璃》（GB/T 11944—2012）规定进行气体密封耐久性检测。

2. 调整中空玻璃的腔体厚度

我们通过分析可以知道，中空玻璃的传热系数的影响因素有充入气体的物理性能、气体浓度、气体层厚度、两片玻璃腔体内表面温度差等因素相关，当然也与玻璃的表面辐射率、玻璃的厚度等因素有关；所以，对于既定的两片基片玻璃，调整两片玻璃的间距，即设定不同的间隔条宽度，可以获得玻璃的最佳传热系数，当然这个最佳传热系数是依据不同的环境条件而有明显差异的。

我们通常说，12A 到 16A 的中空间隔条宽度，可以获得极佳的中空玻璃传热系数，如图 3-4 为中空玻璃传热系数随气体层厚度、标准边界条件的变化情况。

3. 使用低辐射镀膜玻璃

低辐射镀膜玻璃指 Low-E 节能玻璃。

Low-E 节能玻璃作为建筑外的外围护结构所选用的关键材料，主要原因在于：建筑围护结构所要实现的功能性包括保温、

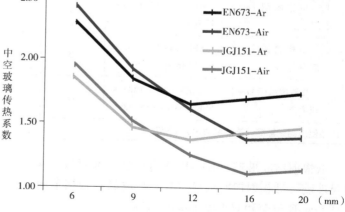

图 3-4　中空玻璃传热系数随气体层厚度、标准边界条件的变化情况

遮阳、美观，而 Low-E 玻璃能够平衡这几大要素之间的矛盾；它既可以实现建筑的保温，避免大量的热量通过玻璃流失，又可以实现良好的遮阳特性，让更多的太阳光谱中可见光部分进入到室内，而让更少的太阳辐射的热量通过玻璃进入；同时，它有具备更加宽泛的选择空间，各种各样的性能参数匹配、多种色彩以满足不同区域、不同建筑风格的设计需求。Low-E 膜通过其功能层的光谱选择性，实现了对太阳辐射的有效利用；太阳辐射中的热量直接透过玻璃及玻璃吸收再次辐射通过的量越低，玻璃的隔热性能就越好，遮阳性能就越优秀；物体的热辐射被玻璃吸收再次辐射的比例越小，辐射率越低，玻璃的保温性能就越好。

高性能 Low-E 中空玻璃可以获得极低的传热系数。表 3-2 是各种不同中空玻璃组合获得的参数比对。

表 3-2　玻璃组合获得的参数对比

序号	玻璃种类	产品配置 （Production unit）	性能（competitive performance）				
			可见光透过率 TL（%）	可见光室外反射率（Re-intemal）（%）	可见光室内反射率（Re-extema）（%）	遮阳系数 SC	U 值/[W/(m²·K)]
1	单白玻	6PLANILUX 钢化	89.3	8.1	8.1	0.78	5.7
2	单阳光控制	6ST167 钢化	66	19	19	0.77	5.6
4	双白中空	6 + 12Ar + 6	80.2	14.2	14.2	0.86	2.7
5	三白双中空	6 + 12Ar + 6 + 12Ar + 6	72.4	19.8	19.8	0.77	1.7
6	在线高透 Low-E 中空	6SE + 12Ar + 6	73	16	17	0.71	1.7
7	单银遮阳 Low-E 中空	6KT164 + 12Ar + 6	57	14	10	0.53	1.6
8	双银遮阳 Low-E 中空	6SEN163II + 12Ar + 6	58	15	10	0.53	1.6
9	单银遮阳 Low-E 双中空	6KT164 + 12Ar + 6 + 12Ar + 6	51	16.7	16.1	0.48	1.2
10	双银遮阳 Low-E 双中空	6SEN163II + 12Ar + 6 + 12Ar + 6	53	18	21	0.36	1
11	D 双银遮阳 Low-E 双中空	6SEN163II + 12Ar + 6SEN163II + 12Ar + 6	38	18	19	0.29	0.7

产品使用同一标准计算的参数比较 EN673

低辐射镀膜玻璃（Low-E 玻璃）是一种对波长 4.5 ~ 25μm 的远红外线有较高反射比的镀膜玻璃。低辐射镀膜玻璃（Low-E 玻璃）根据不同型号一般分为：高透型 Low-E 玻璃、遮阳型 Low-E 玻璃和双银型 Low-E 玻璃。

（1）高透型 Low-E 玻璃。

1）具有较高的可见光透射率，采光自然，效果通透，有效避免"光污染"危害。

2）具有较低的太阳能透过率，冬季太阳热辐射透过玻璃进入室内增加室内的热能。

3）具有极高的中远红外线反射率，优良的隔热性能，较低 K 值（传热系数）。

适用范围：寒冷的北方地区

（2）遮阳型 Low-E 玻璃

1）具有适宜的可见光透过率和较低的遮阳系数，对室外的强光具有一定的遮蔽性。

2）具有较低的太阳能透过率，有效阻止太阳热辐射进入室内。

3）具有极高的中远红外线反射率，限制室外的二次热辐射进入室内。

适用范围：南方地区

（3）双银型 Low-E 玻璃

它突出了玻璃对太阳热辐射的遮蔽效果，将玻璃的高透光性与太阳热辐射的低透性巧妙地结合在一起，与普通 Low-E 玻璃相比，在可见光头透射率相同的情况下具有更低太阳能透过率。

适用范围不受地区限制，适合于不同气候的地区。

4. 特种玻璃应用

（1）真空玻璃应用

真空玻璃是两片平板玻璃之间使用微小的支撑物隔开，玻璃周边采用钎焊加以密封，通过抽气孔将中间的气体抽至真空，然后密封抽气孔保持真空层的特种玻璃。真空玻璃的保温性能非常优秀，主要是由于真空层的存在大大地消减了热量的对流和传导损失。

节能玻璃进化史见图 3-5。

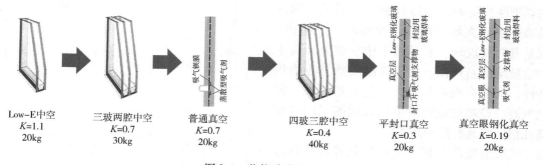

图 3-5　节能玻璃进化史

真空玻璃更适用于屋顶，见图 3-6。

当中空玻璃窗的安装角度为 30°时，其保温效果降低 45%；当安装角度为 60°时，其保温效果降低 30%（原因在于：当安装角度变小时，气体从热侧对流到冷侧距离变短，导致热损失更快）。钢化真空玻璃不论安装在屋顶的天窗还是其他任何位置，其保温性能不随安装角度的变化而降低。

对于真空玻璃本身而言，具备极低的传热系数。但对于真空玻璃整窗系统，我们需要认真对待玻璃边部的热桥问题。真空复合中空玻璃若真正发挥其综合性能的优势，玻璃边部建议使用暖边间隔条，以解决边部热桥问题，从而实现整窗更加优秀的保温性能。

（2）气凝胶中空玻璃应用

在中空玻璃腔体内，不充入空气或其他惰性气体，也不抽成真空状态，而是填充透明的

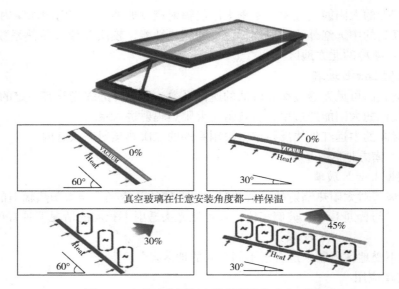

图 3-6　中空玻璃倾斜安装保温性能大大下降

固体保温材料，这样的途径仍然可以获得保温性能更佳的中空玻璃。硅气凝胶材料具备非常低的导热性，其硅粒子中包含有多微孔材料，而且比可见光的波长小得多。气凝胶中空玻璃导热性能检测资料如图 3-7 所示。

气凝胶玻璃是一种以气凝胶为主要原料的新型建筑材料，可以代替各种玻璃。两片玻璃，中间夹填气凝胶，这样的"三明治"就是气凝胶玻璃。它是基于中空玻璃又高于中空玻璃的新产品。由于气凝胶既具有绝热特性，又具有吸声特性，且具有透光性，因此气凝胶玻璃的绝热效果比普通的双层玻璃高几倍，且具有降噪效果。

气凝胶玻璃有许多优点却是普通玻璃远不及的：

1）如热稳定性和耐热冲击能力超过石英玻璃，即使在 1300℃ 高温状态下将它放入水中，也不会破裂。

2）它的密度很小，仅为 0.07 ~ 0.25g/cm³，是普通玻璃的几十分之一。

3）具有比矿物棉更好的隔热保暖性能。它不燃烧，是良好的防火材料。

4）还具有良好的隔声性能，比一般金属和玻璃高 4 倍以上。

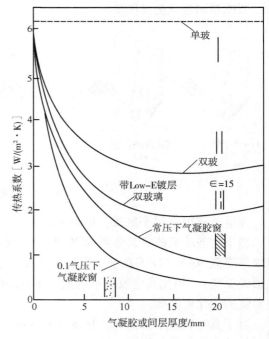

图 3-7　气凝胶玻璃与 Low-E 中空玻璃传热系数

目前正在研发的多种更高性能的气凝胶玻璃产品，具备更高的可见光透过率，更低的传热系数，更好的隔声性能及更加优良的可靠性和耐久性；厚度 27mm 的气凝胶中空玻璃可以

获得 U_g 值在 0.7W/（$m^2 \cdot K$）左右，但该产品的发展还受到价格以及产能等因素的制约。

（3）光控玻璃

阳光控制镀膜玻璃是对波长 350～1800mm 的太阳光具有一定控制作用的镀膜玻璃。一般是在玻璃表面镀一层或多层诸如铬、钛或不锈钢等金属或其化合物组成的薄膜，使产品呈丰富的色彩，对于可见光有适当的透射率，对红外线有较高的反射率，对紫外线有较高吸收率。与普通玻璃比较，降低了遮阳系数，即提高了遮阳性能。

（4）电控玻璃

电控智能变色遮阳玻璃门窗及幕墙一体化是将门窗/幕墙和外遮阳系统一体化的一款产品。它能根据人的意愿，通过遥控或调节控制旋钮调整玻璃的透光及隔热率。既能达到最佳的节能效果也不影响建筑物外立面，且维修清洁容易、使用寿命长。在夏天它可以变成乳白色，拦截由太阳射到室内的热量，起到外遮阳作用，有遮阳不遮光的特点；在冬天可以保持透明，让阳光照进室内，便于取暖和采光。

电控智能变色遮阳玻璃门窗及幕墙一体化，它能根据人的意愿，通过开关按钮调整玻璃的透光率，对外遮阳和节能功能进行自动控制。它在不通电时为透明色，其主要技术指标为遮阳系数为 0.78；通电时为乳白色，遮阳系数为 0.3；K 值达到 1.8。

5. 暖边间隔条的应用

寒冷的冬季，大量的热量会通过窗户流失到室外造成能源浪费。热量的流失途径主要有：玻璃传热损失，玻璃边部的线性传热损失，窗框的传热损失以及其他连接部位的密封失热。我们通过前面的分析，解决了玻璃的节能设计问题，但这仅仅是解决了节能门窗系统的一个局部设计。为获得最佳的门窗保温性能，就必须确保门窗各个组成部分均具备相当优良的保温性能，同时最大限度地避免局部连接位置的热桥问题。

玻璃板之间的间隔条的传热方式是导热，因此一定要用不良导体，推荐用玻纤增强型材料，玻纤增强型暖边间隔条材料是真正的暖边间隔条，而且也是目前公认的隔热性能最好的间隔材料。

目前国内市场常见的多种品牌暖边间隔条，其材质、工艺各不相同，所表现出的性能也是良莠不齐。表 3-3 列举了各种暖边间隔材料的导热系数。铝的导热系数为 160W/（$m \cdot K$），因此作为性能最优的玻纤增强型暖边材料，其热工性能比传统的铝条提升了 1000 多倍，比其他各种暖边材料提升 100% 以上，具备明显的性能优势。

表 3-3　常用中空玻璃暖边间隔条材料的导热系数 λ［单位：W/（$m \cdot K$）］

材料	不锈钢 （200/300）	聚丙烯塑料	热熔聚异丁烯胶	硅酮微孔材料	玻纤增强丙烯腈与 苯乙烯聚合物
λ	15	0.19	0.20	0.17	0.14

使用暖边间隔条主要有如下意义：

1）实现整窗的节能设计，提升门窗系统的综合保温性能。暖边间隔条可以最大限度地降低玻璃边部线性传热损失，从而大大改善整窗的保温性能。

2）使用暖边间隔条可以预防整窗边部结露，增加居住舒适度。因为暖边间隔条的低导热性能，可以使玻璃边部获得极佳的保温特性，避免热量通过边部线性传热流失。

假定环境条件如下：室外温度：-10℃，室内温度：20℃，相对湿度：50%，室内环境

露点温度 $T_{dw} = 9.27℃$；使用三玻两腔 Low-E 中空玻璃 $U_g = 0.7W/（m^2 \cdot K）$，框材选用优质断桥铝型材 $U_f = 1.2W/（m^2 \cdot K）$；玻璃间隔条分别使用铝管和 SWISSPACER U 暖边间隔条，模拟结果温度曲线如图 3-8 和图 3-9 所示。

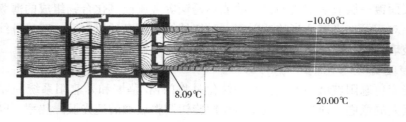

图 3-8　使用铝管间隔条的中空玻璃温度曲线

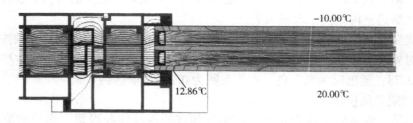

图 3-9　使用 SWISSPACER U 暖边间隔条的中空玻璃温度曲线

通过模拟温度曲线可知，使用冷边间隔条，室内玻璃边部温度为 8.09℃，低于室内露点温度 $T_{dw} = 9.27℃$，因此会形成凝露；改用暖边间隔条后，室内玻璃边部温度为 12.86℃，温度升高近 5℃，且高于 $T_{dw} = 9.27℃$，因此不会凝露。

3）高质量暖边间隔条的应用获得最优化的外观设计

玻纤增强型非金属刚性暖边属于亚光质感，表层光泽漫反射，不存在任何炫光影像。同时具备多种颜色的选择，可以满足不同类型、不同色彩和风格的窗框型材的搭配，成就完美的整窗外观效果，使得暖边成为门窗的点睛之笔、装饰亮点，整体完美品质。

3.3　框扇系统设计

3.3.1　基于保温隔热性能的框扇设计

在计算整窗传热时，框扇系统的影响为 20% ~ 30%，为了提高整窗保温性能，框扇这个环节通常采用下列措施：

1. 增加型材截面高度

增加型材截面高度是提高框扇保温能力的有效措施。

对于塑料型材来说，直接增加高度尺寸，通过其他环节匹配就可以，但对于断热铝型材来说，型材高度的改变通常是通过隔热条长度 L 来实现，见图 3-10。实践证明，隔热条长度 L 的增加型材的传热系数将减小见图 3-11。

2. 改变型腔数量

增加型腔数量是减小传热系数的最直接手段。型腔数量增多，

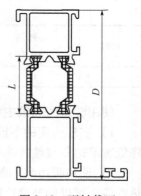

图 3-10　型材截面

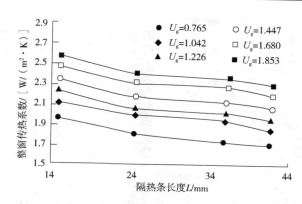

图 3-11　60~90mm 的窗框高度下对应的不同隔热条长度的整窗传热系数

框材的传热系数变小，增加一层腔室可使传热系数降低 4%，当然给挤出模具的设计制作带来一定难度，成本也增加。因此，要根据需要进行系统设计。

常用的 60~83 的塑料型材型腔见图 3-12。

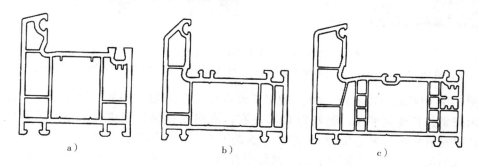

图 3-12　不同型腔塑料型材断面
a）三腔 60 系列　b）四腔 65 系列　c）六腔 83 系列

对于断桥铝型材来说，通常是改变隔热条形状和腔数，见图 3-13。隔热条的腔数增多隔热能力将会提高。

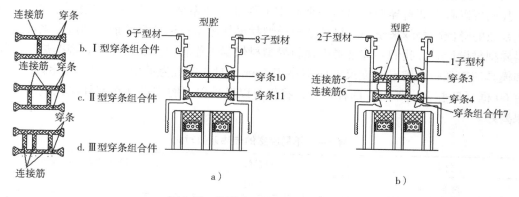

图 3-13　隔热条形状和腔数的改变
a）常用型材结构　b）多腔型材结构

腔室对于保温性能影响见图 3-14。

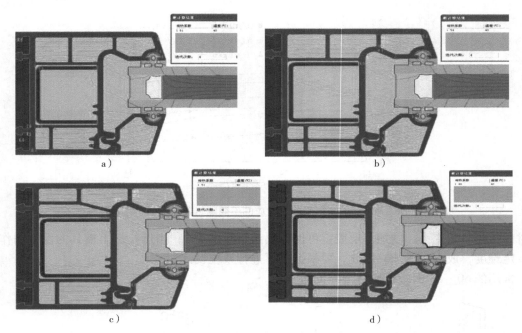

图 3-14　腔室对保温性能的影响

a）三腔室 60 框　　b）四腔室 60 框（四腔在室内侧）　　c）四腔室 60 框（四腔在室外侧）　　d）五腔室 60 框

从图 3-14 中我们可以看出，60 三腔室平开框传热系数为 1.61W/（m² · K）。温度曲线在腔室内密集并且变化平缓，温差为 10℃ 左右，说明腔室保温隔热效果好。温度曲线在钢衬腔内几乎没有显示，温差仅为 3℃ 左右。这是因为钢衬是热的良导体，温度在钢衬腔内变化很小。我们可以通过减小钢衬腔来提高保温性能，但同时降低了抗风压性能。所以我们在门、窗塑料异型材设计时需综合考虑，针对不同地区的气候特点在保温性能和抗风压性能上有所侧重。温度曲线在胶条和玻璃间隔条底部处汇集，说明这些部分温差大、是门窗保温的薄弱环节。这也提醒我们在门窗使用时需选用质量好的玻璃和五金件等。

表 3-4 是根据图 3-14 计算不同腔室 60 框的传热系数汇总表。

我们可以看出塑料异型材增加一个腔室可降低传热系数 4% 左右，但随着腔室的增加，传热系数的降低趋势越来越小。另外塑料异型材增加腔室也给模具的加工制造带来难度。在塑料异型材设计时，我们要综合考虑塑料异型材保温性能和模具加工难易。根据热工性能分析和模具加工经验，腔室厚度尺寸应不小于 4mm。对比四腔室 60 框（四腔在室内侧）、四腔室 60 框（四腔在室外侧）两种型材，我们可以发现保温腔室设计在室外侧比室内侧保温效果要好。

表 3-4　不同腔室的传热系数对比

型材类型	传热系数 K 值	相对三腔室 60 框降低比率
三腔室 60 框	1.61	0
四腔室 60 框（四腔在室内侧）	1.54	4.3%
四腔室 60 框（四腔在室内侧）	1.51	6.2%
五腔室 60 框	1.49	7.5%

3. 塑料异型材壁厚、尺寸对保温性的影响

改变型材壁厚和尺寸具有多种作用，型材的抗风压强度当然要提高，而且型材的隔热能力也提高，见图 3-15。

塑料异型材壁厚一般按照《门、窗用未增塑聚氯乙烯（PVC-U）型材》（GB 8814—2004）标准中的规定来进行设计。A 类型材为 2.8/2.5mm，B 类型材为 2.5/2.0mm。壁厚对提高型材焊接强度、低温落锤冲击、弯曲弹性模量等有直接的影响。目前国内最为流行的门、窗用塑料异型材尺寸为 60 平开、80 推拉。但是否增加塑料异型材尺寸生产企业更多地从经济性考虑，而不完全是从功能性考虑。

图 3-15 中右图为在 60 标准框的基础上，提高壁厚为 3.0/2.5/1.5mm 所得到的 60 厚壁框。从图中可以看出，60 厚壁框的传热系数为 1.61W/（m²·K），与 60 标准框的传热系数一样。这说明壁厚对保温性能几乎没有影响。图 3-15 中左图为四腔室 70 框，壁厚和 60 标准框一致，都为 2.5/2.0/1.2mm，其传热系数为 1.41W/（m²·K）。与结构相近的四腔室 60 框（四腔在室外侧）的传热系数 1.51W/（m²·K）对比，四腔室 70 框的传热系数降低了 0.1W/（m²·K），降低比率为 6.6%。这说明塑料异型材尺寸对保温性能影响很大。

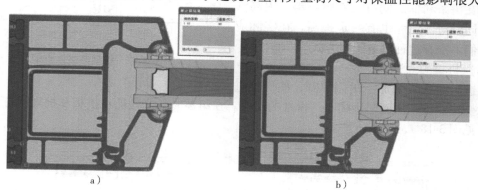

图 3-15　壁厚、尺寸对保温性能的影响
a）70 框　b）60 厚壁框

4. 改变密封结构

应该说框扇的组合结构也是影响保温性能的重要方式，见图 3-16。密封腔由单腔变成双腔气密性提高，保温性能也随着提高。

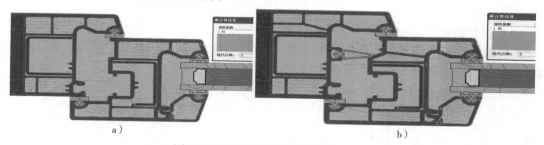

图 3-16　密封结构对保温性能的影响
a）60 两密封平开窗　b）60 三密封平开窗

平开系列塑料门窗大多为两密封结构。两密封门窗容易加工，五金件安装空间大。但由于排水的需要，框、扇型材上需要铣排水孔、气压平衡孔，故框、扇组成的空间并非完全封

闭的，不能算真正意义上的保温腔，实际是水、气共混腔室。而三密封结构是在框、扇型材上增加一道密封胶条。相对于两密封结果，三密封门窗工艺复杂，设计时需特别考虑五金件安装位置及尺寸。三密封门窗中间的密封胶条将水、气分离，形成独立的室外侧水密腔室和室内侧气密腔室。

图 3-16 左图为采用 60 标准型材组成的两密封门窗，传热系数为 1.62W/（m²·K）。图 3-16 右图为在 60 标准型材的基础上增加一道密封，框、扇型材外形和尺寸为适应三密封结构的需要略有变化。60 三密封门窗传热系数为 1.45W/（m²·K）。与 60 两密封门窗相比，60 三密封门窗的传热系数降低了 0.17W/（m²·K），降低比率为 10.5%。可以看出，增加密封层数可显著提高塑料异型材的保温性能。

5. 从辅型材设计上考虑节能方法

（1）拼条的改进

拼条本身就简单，改进的地方很少，我们只能在安装时改进组装后的气密性。如图3-17，装配时在拼条和框之间打入密封材料，提高气密性，同时对保温性也有一定提高。在实际应用时我们不推荐这种拼条组装方式。

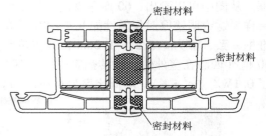

图 3-17　拼条改进示意图

（2）拼板的改进

改进后的拼板增加了内侧单臂，使气体进入室内变得曲折，从而起到提高气密性的功能。在组装时最好还能在拼板和框之间打上密封材料。见图 3-18。

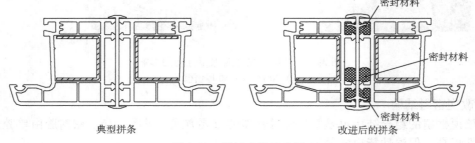

典型拼条　　　　　　　　　　　改进后的拼条

图 3-18　拼板改进示意图

（3）拼管的改进

拼管改进主要在两方面：增加一个腔室，减小拼管本身的传热系数；增加胶条口，组装后对门窗的气密性有很大提高。见图 3-19。

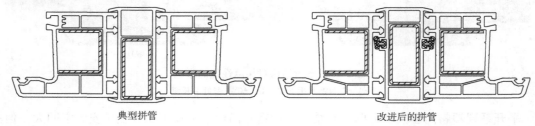

典型拼管　　　　　　　　　　　改进后的拼管

图 3-19　拼管改进示意图

（4）转角的改进

转角的改进同拼管差不多，还是在两方面：增加一个腔室，减小型材本身的传热系数；增加胶条口，提高组装后对门窗的气密性。见图 3-20 和图 3-21。

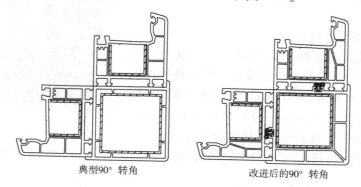

典型90°转角　　　　　　　　改进后的90°转角

图 3-20　转角改进示意图 1

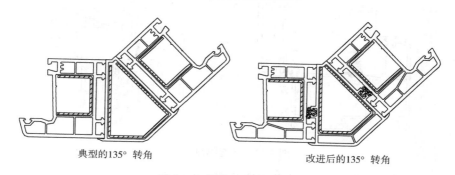

典型的135°转角　　　　　　　改进后的135°转角

图 3-21　转角改进示意图 2

（5）自由转角的改进

圆管由单腔室增加到多腔室，型材的传热系数得到了减小；圆管座由两腔室增加到三腔室；圆管座整体外形采用外包式，组装后的门窗空气进入室内的路径变的曲折、加长；一道密封增加到两道密封，门窗气密性、水密性都得到了提高。见图 3-22。

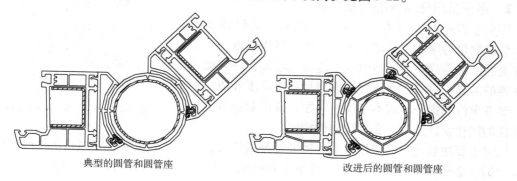

典型的圆管和圆管座　　　　　　　改进后的圆管和圆管座

图 3-22　自由转角改进示意图

6. 采用双断桥结构

基于保温性能的框、扇设计，其有效举措之一就是采用双断桥结构。图 3-23 所示的双断桥结构是注胶式的，聚氨酯注胶材料的隔热能力比穿条尼龙材料隔热能力强，因此框扇型材的隔热能力更优秀。根据试验双断桥的框、扇的传热系数比单断桥的传热系数要小。

7. 型腔内填充保温材料

在型材内填充隔热材料是提高型材保温能力的有效措施之一。如图 3-24 所示，右图填充隔热材料型材的传热系数 U_5 约为 0.85W/（m²·K），左图没有填充隔热材料型材的传热系数 U_5 约为 1.0W/（m²·K），在提高保温能力的同时还提高了型材的抗风压能力。

图 3-25 则根据不同目的多处填充隔热材料。

图 3-23　双断桥结构型材

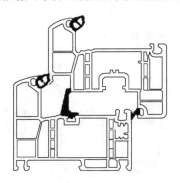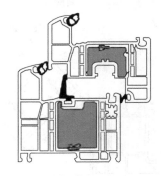

图 3-24　填充隔热材料

总之，优秀的隔热型材来自每种举措的并用，例如在同一型材上增加型材高度、多腔配置，中间增加密封环节，采用更厚的高性能的中空玻璃，安装与隔热腔吻合的隔热填充材料，根据不同 K 值要求自由选择，可得到性价比较好的产品配置。

3.3.2　基于抗风压强度的框扇设计

许多参数的改变具有协同效应，例如，框材高度的改变、型腔数量的增加不但能提高型材的抗风压强度，也能提高保温性能，但是高度和型腔也不能随意增加，一方面要考虑性能的需要，另一方面还要考虑型材制造难度和成本的提高，要考虑性能提升与成本平衡的问题，提出兼备节能性与经济性的优化设计途径，获得最佳性价比。

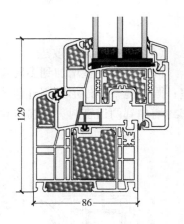

图 3-25　多处填充隔热材料

同时也要注意地方区域性要求，例如江苏居住建筑标准化外窗系统应用技术性能中明确规定：铝合金平开窗的框材高度不得小于 60mm，塑料平开窗的框材高度不得小于 60mm，铝合金推拉窗的框材高度不得小于 90mm，塑料推拉窗的框材高度不得小于 92mm。

从增加抗风压强度出发，聚酯合金增强塑料型材具有许多优点，一方面增加了型材的抗风压强度，另一方面隔热能力提高，而且重量还减轻。见图 3-26。

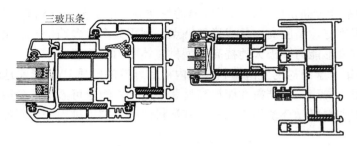

图 3-26　聚酯合金增强塑料型材

改变型材壁厚和尺寸具有多种作用，型材的抗风压强度当然要提高，而且型材的隔热能力也提高。

采用增强纤维的型材无须放置钢衬，将杜绝热桥产生，在保证整窗的传热系数减小的同时，还减轻 30% 重量，见图 3-27。

研制型材材料是提高型材抗风压强度的常用方法。例如金属材料和增强纤维材料由于材料本身就有很大的稳定性和坚固性，因此不需增加钢衬。

系统门窗中使用的型材不少是覆膜型材，所谓覆膜型材，就是在塑钢表面上涂一层表面材料，正是这种看似不起眼的材料，才是真正的幕后英雄。例如德国雷诺丽特膜，由于其由 PMMA 材料制成，拥有 SST 太阳热能屏蔽技术，隔绝紫外线，抗污抗老化，在德国的应用使得门窗拥有 40 年以上的寿命，大大节省了建筑材料的使用。

同时具备强度高、刚性强和保温性好的窗户还有铝塑共挤型材窗户，优点之一就是省料。

以 1.5m×1.8m 窗型为例，常用门窗型材每平方米材料用量见表 3-5，可以看出，铝塑共挤窗每平方米比塑料

图 3-27　安放隔热型材

门窗节约 30% 塑料，比铝合金门窗节约 50% 的材料，大大节约了生产门窗所需的材料，而且铝塑共挤型材门窗生产所用铝均为废旧回收铝，实现废旧材料的可循环利用。从这点出发，它是绿色建材。

表 3-5　1500mm×1800mm 门窗材料用量表

型号/系列	塑料/kg	铝/kg	钢/kg
塑钢窗 60 系列	6.5		4.8
铝塑共挤窗 60 系列	5.0	3.2	
断桥铝合金窗 60 系列		7.6	

铝塑全包覆共挤型材的优点如下：

1）铝合金内衬和发泡、硬质 PVC 及 ASA 等耐候层多种材料挤压复合成型，集多种材料优势为一体，克服了单体材料自身的缺点，发挥了各种单体材料的优点，其高强度、耐腐蚀、保温节能、绿色隔声、抗结露的特点大大提高了门窗的抗风压强度和气密性、水密性、保温性、隔声性。

2）最里层的铝合金断桥内衬，采用成熟的尼龙66隔热条，大大降低了内衬的热传导，利用铝合金材料强度好、精度高、易成形的特点，利用其多腔多筋带有燕尾槽结构的断桥铝合金内衬增强了抗变形能力并极大地提高了型材整体的力学性能。

3）紧贴断桥铝合金内衬的发泡塑料层把内衬和外层的硬质PVC紧紧地结合在一起，其微发泡结构对保温、隔声、抗结露性能提高显著，这一发泡层可添加部分废旧塑料，降低了型材成本，使废旧塑料可循环使用，几乎没有塑料浪费，加工过程绿色环保，使用过程低碳节能。

4）外层的硬质PVC采用成熟的工艺，具有德国塑料型材的品质，紧紧地包裹在发泡层外侧，其光洁度和硬度保证了在后期加工过程中的良品率，由于硬质PVC的耐腐蚀、耐酸碱、耐海盐的特性，大大提高了整体门窗的使用寿命。

5）最外层的装饰层可采用室外共挤ASA技术、氟碳喷涂、外扣铝板、室内木纹转印、覆膜等技术，极大地提高了装饰层的内外观效果，分别满足了设计师对外立面和用户对家装感观的不同追求。

铝塑全包覆共挤型材具有多层共挤层见图3-28，常用型材见图3-29。

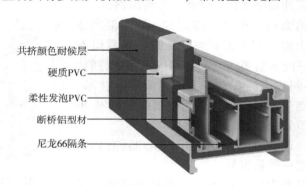

图3-28　铝塑全包覆共挤型材的多层共挤层

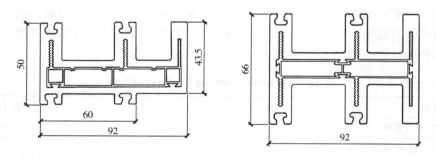

图3-29　常用铝塑全包覆共挤型材

框材的抗风压强度计算不少专著都有叙述，这里不再赘述。

3.3.3　基于气密性的框扇设计

气密性的结构设计和保温性能设计也有协同效应。

门窗热损失大致有三个途径：（1）门窗框扇与玻璃热传导；（2）门窗框扇之间、扇与玻璃之间、框与墙体之间的空气渗透热交换；（3）窗玻璃的热辐射。不论什么材料制成的窗，如能对上述三种热交换进行最有效的阻断，则可称为最好的节能窗。针对上述三点，塑钢门窗主要有以下节能的措施、方法。

1. 组装结构的改变

增加密封次数，提高门窗的气密性，减少对流。

平开系列：在传统两密封结构基础上，增加一道密封，形成三密封结构的高档型材，将水密腔与气密腔完全隔离，提高了门窗的密封性能，大大降低了门窗缝隙渗透耗热量，使其保温性能远远高于两道密封，如图 3-30 所示。平开框、扇之间形成了两个封闭的腔室，其中靠近室外的腔室称为水密室，主要用于排水；靠近室内的腔室称为气密室，主要作用是保温。水密室和气密室分离，各自成为单独的腔室。在保证雨水顺畅排出的情况下，气密性得到了很大的提高，杜绝了因门窗缝隙中空气对流而造成的热量损失。整窗的气密性、隔热保温性能、水密性得到很大提高。根据传热系数的理论计算，塑料门窗增加一道密封层数可使传热系数降低约 10%。

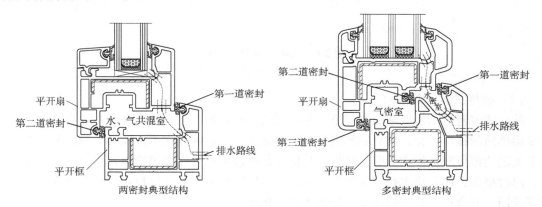

图 3-30　两密封与三密封结构对比

2. 多密封结构的设计

多密封结构有多种方式可以实现，简单归纳起来有三种。第一种我们可以称为整体式，是改变平开框、扇中间部位结构，增加可以放置普通密封胶条的位置，实现多密封结构。第二种我们可以称为插件式，是在平开框、扇之间安装多密封插件，通过插件增加普通密封胶条的配合位置，从而实现多密封结构，这时，框型材是两个型材插接组合而成。第三种我们可以称为大胶条式，是特制密封胶条，通过改变胶条的尺寸形状，从而实现多密封结构。

（1）整体式多密封结构

整体式多密封结构可细分为三类：腔室式、单臂式和凸台式。整体腔室式多密封结构采用在平开框中间部分设计凸出的腔室，配合平开扇上安装的密封胶条形成多密封结构，其优点是型材整体感强，组装简单，密封效果好，如图 3-31 所示。整体腔室式多密封结构的密封胶条也可设计安装在平开框上，密封形式一致。

整体单臂式多密封结构采用在平开框上设计单臂形式，配合在平开扇上安装的密封胶条形成多密封结构，其优点是门窗组装简单，密封效果好，如图 3-31a 所示。

整体凸台式多密封采用密封胶条安装在平开框上凸出的胶条槽，配合平开扇形成多密封结构。其优点是组装简单，密封效果好，多密封结构和平开扇间距大，即使平开扇长时间使用略有下垂也不影响开关，如图 3-32b 所示。

整体式多密封结构的缺点是框、梃做固定窗时需要采用特殊的玻璃垫板，尤其腔室式和单臂式需铣去一部分型材，导致出材率低。另外框、扇玻璃压条因采用不同高度而无法通用，导致模具成本较高。

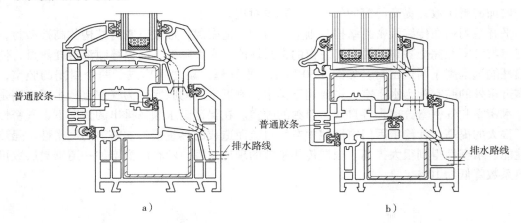

图 3-31　整体式多密封结构
a）整体单臂式　b）整体凸台式

（2）插件式多密封结构

挂肩式多密封结构可细分为三类：左挂肩式、右挂肩式、大挂肩式。左挂肩式多密封结构采用单独的挂肩型材，挂肩底部安装在平开框上，一侧固定在平开框的左侧，配合在平开扇上安装的密封胶条形成多密封结构。其优点是可以采用普通玻璃垫板，做固定窗时简单易行，出材率高，而且排水孔容易加工。其缺点是门窗组装复杂，对挂肩、框型材安装尺寸精度要求高，五金件安装空间变小，如图 3-32a 所示。

右挂肩式多密封采用单独的挂肩型材，挂肩底部安装在平开框上，一侧固定在平开框的右侧，配合在平开扇上安装的密封胶条形成多密封结构。其优点是五金件安装得到保证，可以采用普通玻璃垫板，做固定窗时简单易行，出材率高。缺点是门窗组装复杂，特别是排水路线复杂、排水孔加工工序多，对挂肩、框型材安装尺寸精度要求高，如图 3-32b 所示。

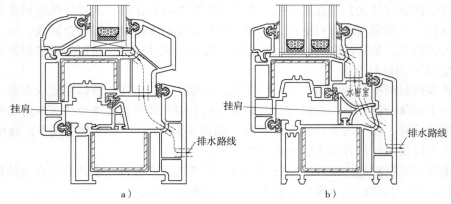

图 3-32　挂肩式多密封结构
a）左挂肩式　b）右挂肩式

（3）大挂肩式多密封结构

大挂肩式多密封结构采用单独的挂肩型材，整体安装在平开框上，配合在平开扇上安装的密封胶条形成多密封结构。其优点是可以采用普通玻璃垫板，做固定窗时简单易行，出材率高。缺点是门窗组装复杂，对挂肩、框型材安装尺寸精度要求高。如图 3-33a 为大挂肩三密封结构，图 3-33b 为大挂肩四密封结构。

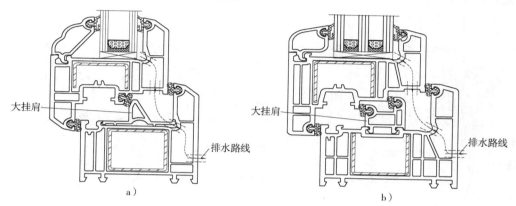

图 3-33　挂肩式多密封结构

a）大挂肩式三密封结构　b）大挂肩式四密封结构

（4）大胶条式多密封结构

大胶条多密封结构是将特制的大胶条直接安装在平开框上，配合平开扇形成多密封结构。其优点是门窗组装简单，密封效果好，出材率高。缺点是对特制胶条需要单独设计购买，且对胶条的材质、使用性能要求高，需保证长时间使用不失去密封效果，有时需要采用特殊的玻璃垫板。如图 3-34a 所示，为大胶条三密封结构，图 3-34b 为大胶条四密封结构。

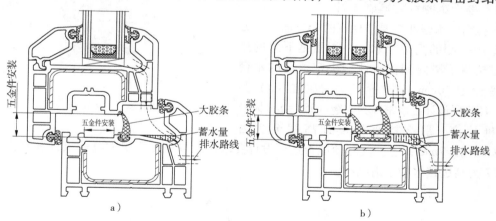

图 3-34　大胶条式多密封结构

a）大胶条式三密封结构　b）大胶条式四密封结构

3. 推拉窗的多层密封

推拉型材一般为三轨推拉，自带纱窗，保温腔比平开型材少，框扇采用毛条密封，隔热保温性能比平开型材略差，但所需五金件少，仅使用滑轮、月牙锁等少量五金件，经济性比平开型材好，可组装成左右推拉、上下提拉、固定等窗型，主要应用于建筑物外门窗。因其较高的性价比，在华中、华南、西南等地使用特别普及。由于推拉门窗采用的是毛条密封，中间始终有间隙，保温隔热性能一般，所以提高其密封层数显得更为重要。如图 3-35 所示，在推拉框中增加了一个导轨，相当于增加了一道密封，在一定程度上提高了门窗的密封性能，进而提高了保温性能。

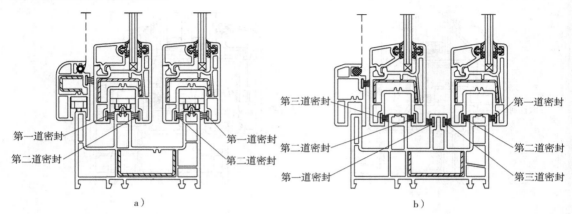

图 3-35 推拉型材组装结构的改进

a）普通推拉典型结构 b）多密封典型结构

4. 十道密封结构

十道密封结构见图 3-36。从模具和加工工艺上看是可以实现的，成本增加不大，但明显地提高了气密性，保温性也得到了提高。

3.3.4 基于水密性的框扇设计

推拉窗的水密性主要体现在两个方面：一方面是室内一侧的高边挡水，一方面是下滑的排水。推拉窗下滑内侧挡水性能决定整窗的水密性，理论上 10mm 水柱所产生的压强（p）为 98Pa。那么要设计出水密性为 4 级（$350 \leqslant p < 500$）以上推拉窗，那么挡水板设计高度至少为

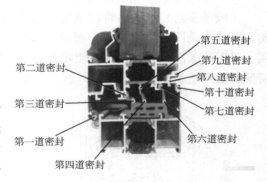

图 3-36 十道密封结构

$350/9.8 = 35.7$mm 以上。实际值能否达到设计要求，就取决于下滑的具体设计和制作工艺。图 3-37 为高边挡水的下滑结构。

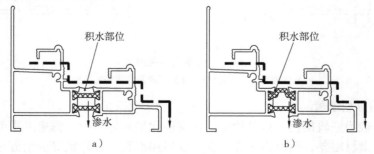

图 3-37 高边挡水的下滑结构

下滑的内外高度差为 42.4mm，设计水密性为 42.4 × 9.8 = 415.5Pa，要达到设计值要求，就必须处理门窗的密封性能，如果气密性不好，在加压检测时就会出现室内溅出水花现象，这种情况下，挡板就没有起到防水的作用，水密性就没有达到设计要求，通常水花溅出的部位为勾企下端或光企角落。所以处理好门窗设计中的气密性非常重要。

众所周知，知道穿条式断桥铝合金型材是通过开齿、穿条、滚压工序，将条形隔热条穿进铝合金型材槽内，并使之被铝合金型材咬合的复合方式，这种复合方式强度是有保证，但很难做到不渗水，下滑穿条上凹槽部位积水有可能通过穿条与型材之间的间隙渗漏下去。图3-38 式样型材穿条若是不注胶就有渗水现象，即使打胶堵也非常困难，因此建议采用穿条 + 注胶工艺。断桥型材先穿条后注胶如图 3-39 所示，所注胶为聚氨酯胶，所制作的型材既有穿条式型材的强度，又有浇胶式型材的防水性能，还能保证型材 100% 不渗水，有需要时还能实现型材内外双色。

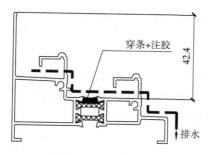

图 3-38　穿条下滑

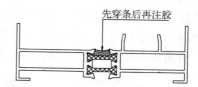

图 3-39　穿条注胶式下滑

图 3-40 为塑料推拉窗高边框型材。

对于推拉塑料窗来说，绝大部分不采用高边框材，这样就必须采用两项措施，一是加大排水系统使其排水更快，二是提高整窗气密性，否则水密性很难达到要求。

3.3.5　几个代表性型材方案

1. 断桥隔热铝合金型材

满足建筑节能规范要求的断热铝合金门窗构造，要求铝合金框扇材之间有断热胶条，同时玻璃需要采用中空玻璃，这类产品，目前在我国也是应用最为广泛的门窗类型，如图 3-41 所示的是注胶式断热铝合金门窗。

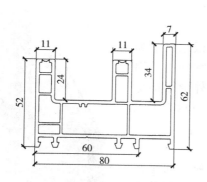

图 3-40　塑料推拉窗高边框型材

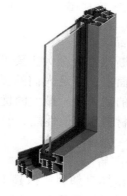

图 3-41　注胶式断热铝合金门窗

2. 塑料型材

这类门窗类型是以塑料型材为主的门窗，该类型的门窗是现行几种流行门窗中保温性能、气密性最优的产品。因为塑料本身的传热性能，以及其可以实现多腔体构造，所以传热性能比起铝合金要好很多，当然该产品价格相对实惠，简而言之就是物美价廉的产品。在欧洲地区，由于对建筑节能要求很严格，塑料门窗是最常用的门窗产品。如图 3-42 所示的是塑钢门窗型材门窗。

3. 玻璃钢型材

玻璃钢门窗的型材是采用中碱玻璃纤维无捻粗纱及其织物作为增强材料，采用不饱和树脂作为基体材料，经过特殊工艺将这两种材料复合，并添加其他矿物填料，再通过加热固化，拉挤成各种不同截面的空腹型材。

图 3-43 是玻璃钢型材门窗。

除了上述几类门窗类型之外，还有一些材料复合而成的门窗类型，这些组合构造实现了不同材料优势性能的互补，具有很好的应用效果。

4. 铝包木门窗

该产品以木材料为主要框扇，以铝合金作为装饰外层，具有木质型材优良的保温传热性能，同时具有铝合金优良的装饰和耐久性能，是一种集装饰耐久和保温节能效果于一体的产品，当然，价格也不便宜。图 3-44 所示为铝包木型材门窗。

图 3-42　塑钢型材门窗　　　图 3-43　玻璃钢型材门窗　　　图 3-44　铝包木型材门窗

5. 木包铝产品

这种产品以断热铝合金为主要型材腔体，以木材作为室内一侧的装饰面层，满足人们的复古需求；室外层是铝合金，具有很好的耐久性。最大的优势为室内外两面都是较好装饰效果的材料，其他性能一般。图 3-45 所示为木包铝型材门窗。

6. 铝塑共挤产品

主要型材类型还是塑料，但是不再辅以衬钢，而是在型材挤压成型的时候已经添加了铝合金的构造，实现共挤成型的效果。旨在提升其强度，在加工性能和变形性能方

图 3-45　木包铝型材门窗

面还存在考验，尚在推广阶段见图 3-46 所示。

7. 新型增强材料塑料门窗型材

塑料型材腔体内不需要再设置衬钢了，而是与塑料共挤成型的一种增强材料。这种新型材料由化工巨头巴斯夫与大连实德集团共同开发，其熔点接近 PVC，可替代现有钢材加固，优化门窗型材挤出工艺，一步法完成生产。高强度 PBT（聚酯合金）是一种轻质增强材料，可为门窗型材提供承受强风所需的力学性能，且与钢铁相比可大幅减少热传递。不需要采用衬钢就能提升塑料型材的强度，这种产品创新也是化工业推动的成果。见图 3-47 所示。

8. 增强纤维复合塑料门窗

这是德国瑞好公司的一款采用增强纤维材料的门窗，表面上看是塑料型材，实际上只是在表层含有一层塑料面层，内层则是那种曾应用于航空领域的增强纤维材料。多道腔体构造，内填充泡沫保温材料，保温性能极佳，是目前少有的几种被动房专用门窗，见图 3-48 所示。

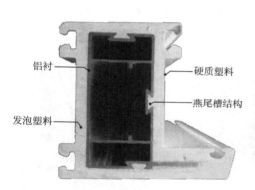

图 3-46　铝塑共挤门窗

图 3-47　增强型材门窗

图 3-48　增强纤维材料的门窗

9. 铝包聚氨酯塑料型材

型材腔体内全部用某种塑料填充的门窗型材类型，从外表看，它就是铝合金样式，但是内核是保温断热性能非常好的聚氨酯塑料。这也是实现被动房效果的门窗类型之一，见图 3-49 所示。

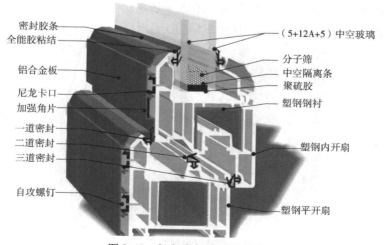

图 3-49　铝包聚氨酯塑料型材

3.3.6　国外型材案例

（1）八腔体的塑料节能门窗，见图 3-50 所示。

八腔体的塑料节能门窗，跟三腔体的相比，优点很多，没有衬钢，它是靠其中聚酯合金材料作为加强筋，八腔体的隔热性能更好，可以卡嵌三玻两中空，整窗的传热系数可以做到 1.0W/（m^2·K）以下，是被动房专用门窗的一种。

（2）铝包塑门窗，见图 3-51 ~ 图 3-53。

国内目前塑钢门窗实现仿金属的效果是靠覆膜或共挤型材。这种在塑钢型材外立面再增加一道铝合金构件的做法用来增强产品的装饰效果和耐久性。

图 3-50　八腔体的塑料节能门窗

（3）铝包塑双层窗中置百叶平开窗，见图 3-52 所示。

图 3-52 是铝包塑平开标准化遮阳一体化窗产品。是在双层窗模式的中置百叶帘，是实打实的门窗遮阳一体化。

（4）铝包塑四层玻璃中置百叶平开窗，见图 3-53 所示。

图 3-51　铝包塑外窗

图 3-52　铝包塑双层窗中置
百叶平开窗

图 3-53　铝包塑四层玻璃
遮阳一体化窗

这种门窗遮阳一体化的玻璃已经做到四片了，不用说，这是为了实现被动房专用而设计的，传热系数非常低，同时遮阳系数可调，不影响采光。

（5）多腔铝包塑遮阳一体化窗，见图 3-54 所示。

图 3-54　多腔铝包塑遮阳一体化窗

从普通的门窗遮阳一体化再升级成铝包塑门窗遮阳一体化，而且是多腔，虽然只是三层玻璃，但传热系数已非常低。

（6）双层双中空玻璃构造，见图 3-55 所示。

这是断桥铝合金型材门窗的中置遮阳中空玻璃一体化窗，突出的是双层双中空玻璃构造，因此它的性能更加优秀。

（7）三玻双中空的推拉门窗，见图 3-56 所示。

这是实现了被动式节能效果的提升推拉塑钢门窗产品，是可以安装三玻双中空的推拉门窗产品。

（8）四片玻璃双层窗，见图 3-57 所示。

图 3-55　双层双中空玻璃构造　　图 3-56　三玻双中空的推拉门窗　　图 3-57　四片玻璃双层窗

这种窗是为被动房专门设计的，四片玻璃，双层窗，其中单片玻璃扇还能打开，维修方便。

（9）铝包塑高节能遮阳一体化窗，见图 3-58 所示。

这是另一种铝包塑高节能门窗遮阳一体化窗。

看到这些国外门窗产品，给我们指出了提升的空间，我们国内五腔体的型材还在摸索中，更复杂的门窗型材更需去开发。

3.4　缝隙密封结构设计

平开窗的窗扇和窗框间一般有橡胶密封条，在窗扇关闭后，密封条被压得很紧，几乎没有空隙，很难形成对流。固定窗由于窗框嵌在墙体内，玻璃直接安装在窗框上，玻璃和窗框采用胶条或者密封胶密封，空气很难通过密封胶条形成对流，产生热损失。因此，采用平开窗和固定窗组合的方式有利于提高门窗的保温性能。

图 3-58　铝包塑高节能遮阳一体化窗

推拉窗虽然优点很多，深受用户欢迎，但最大缺点是密封性差，极大地影响了它在节能门窗中的应用。

不少专著提到推拉窗都建议少用或者不用，因为传统推拉窗是存在严重节能隐患的窗型，推拉窗在欧洲是作为橱窗和室内隔墙窗开发与使用。毛条密封技术虽然能够保证窗扇在推拉中正常开启的灵活性，但是普遍存在密封不严，抗风压性能低，气密性、水密性不达标，保温性能和隔声性能差等问题，尤其在使用一段时间以后，推拉窗的这些问题更为突出。传统推拉窗功能上的缺陷集中表现为密封效果差、安全隐患大、节能效率低三个问题，这使得传统推拉窗难以达到国家愈来愈高的建筑节能标准要求。因此，天津地区早在 2005 年就将推拉窗列入限制使用范围，北京地区则在 2015 年将毛条推拉窗列入限制使用的范围。但是推拉窗又是广大用户喜欢甚至偏爱的窗型，因为它的优点也很多，占用空间小、窗型宜人、结构简单，成本低。关键是创新，只要改进，采用一些措施，推拉窗性能也会很高，不但可以用于高档建筑、别墅，而且还可用于高层建筑。

本书介绍国内对节能推拉窗的研究情况。

3.4.1　110 型高性能推拉铝合金窗

1. 边框和光企之间的密封

传统门窗的密封是扇包框用毛条密封的方式、是双层毛条密封，见图 3-59 右下图，现在采取的是框包扇的方式，即边框和光企之间密封以三元乙丙橡胶条和硅化夹片毛条作为双重密封，另三元乙丙橡胶条起到隔热保温作用，提高了推拉窗的气密性和保温性能。等同于是四道密封，完全起到了相似平开窗的密封效果，并相对提高了推拉窗的密封性能。

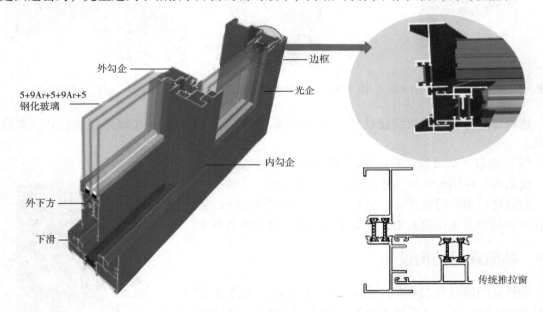

图 3-59　边框与光企的结构

2. 勾企之间的密封

传统的推拉窗勾企的密封是两道毛条密封（见图 3-60 右下图），这种连接气密性比较差。现在采取的新型连接方式为：增加锁紧机构，形成胶条与毛条双层四道密封，使之形成一种面与面的连接（如图 3-60 右上图），完全解决了勾企之间密封差的问题，并相应提高了门窗抗风压性能。

3. 上下滑密封

传统推拉窗的密封是两道毛条密封，密封效果差。现采取在传统两道毛条密封的情况下

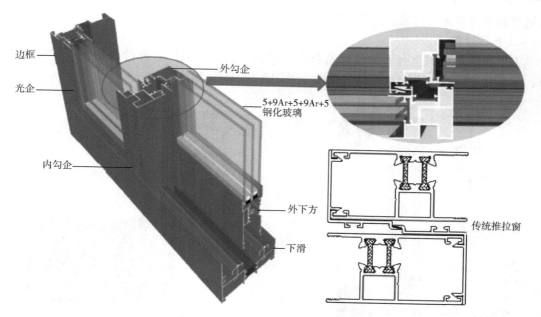

图 3-60　内勾企和外勾企构造图

增加下滑内侧的一道毛条密封，外侧一道做阻风，同时设置上下堵块以提高上下滑之间的密封，堵块既填满上下滑与上下方之间的空间，又要保证推拉力不能太大，见图 3-61。

图 3-61　上下滑堵块

　　上下滑密封主要用于上下方与上下滑直接交接处，是传统推拉窗密封薄弱环节之一。使用改性塑料，做一个整体，上面为直立柔软的片状作为密封，改性塑料具有高强度、高韧度、高抗冲性、耐磨抗震、环保无毒、抗老化、密封性能好、阻燃性能好，有利于提高推拉窗的气密性和保温性能，还可以起到防窗扇脱落作用。

　　上下滑密封主要作用是防止内、外勾企型材腔内的空气流通，容易造成热量损失，这样封堵有利于提高推拉窗的保温性能和气密性。

4. 上下封盖

上下封盖包括勾企上下封盖和光企上下封盖。封盖下面压有弹性材料，形状与导轨吻合，不但提高气密性，而且提高美观性。见图3-62和图3-63。

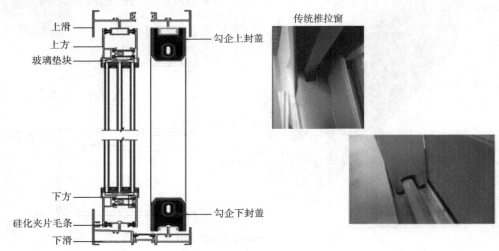

图 3-62　勾企上下封盖

5. 水密性

这里主要是采取加大下滑的内外侧高低差的措施来提高整窗水密性，图3-64是水流方向示意图。

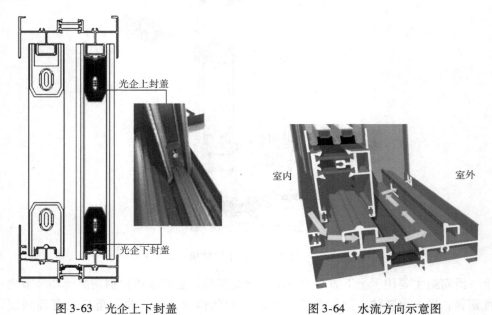

图 3-63　光企上下封盖　　　　图 3-64　水流方向示意图

6. 辅材构造

（1）玻璃。玻璃是门窗中的重要组成部分，很大程度上决定门窗的物理性能，尤其是对门窗的保温性能起到关键性的作用，选择 5 + 9Ar + 5 + 9Ar + 5 的三玻两腔玻璃，下面就 5 + 9Ar + 5 + 9Ar + 5 与 6 + 12A + 6Low-E 玻璃做个对比，见表 3-6（参数来源于苏 J50-2015 图集）。

表 3-6　Low-E 中空玻璃与三玻两空玻璃对比

型号	Low-E 中空玻璃 6 + 12A + 6	三玻两空玻璃 5 + 9Ar + 5 + 9A + 5
物理参数	可见光透射比 t_v：0.72；太阳能总透射比 g_g：0.54；遮阳系数 SC：0.62；中部传热系数 U_g：1.8W/（$m^2 \cdot K$）；隔声降噪性能：4 级 35dB	可见光透射比 t_v：0.75；太阳能总透射比 g_g：0.64；遮阳系数 SC：0.74；中部传热系数 U_g：1.7W/（$m^2 \cdot K$）；隔声降噪性能：5 级，40dB

从表 3-6 可以看出，三玻两腔中空玻璃在传热和隔声性能上较为优越。高性能铝合金推拉窗玻璃制品选择三玻两腔中空玻璃。推拉窗上配置三玻两腔中空玻璃，它的保温隔热能力得到了很大的提高。

（2）玻璃垫块见图 3-65。

玻璃垫块是防止玻璃和铝型材之间的直接接触，防止热量传递，阻止玻璃与扇框槽口内滑动的一项措施，并减缓开关窗扇的震动等作用。

（3）三元乙丙橡胶条。主要用于光企和边框，勾企与勾企之间的密封，在第二代产品中要用胶条替代毛条密封，从而提高门窗的气密性和保温性能。

（4）硅化夹片毛条。它不同于普通毛条，主要用于上下方和上下滑之间的密封，带塑片硅化毛条具有优良的隔声、防水、防风、防尘性能。

（5）中性硅酮密封胶，见图 3-66。

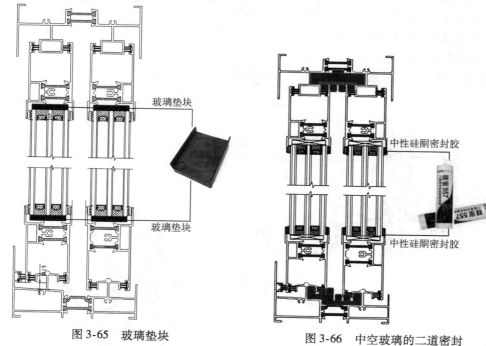

图 3-65　玻璃垫块　　　　　　图 3-66　中空玻璃的二道密封

主要用于中空玻璃的二道密封，中空玻璃和框、扇之间的密封。具有单组分，中性固化；优异的耐候性及耐久性；优异的长效防水性；良好的粘接性，可粘接多种基材，无须底漆等特点，密封效果好。

（6）定位块，见图3-67。

材质为PA66（尼龙），主要是提高推拉窗的气密性，具有固定窗扇的作用，相当于锁紧机构，当产生正负压时，能使毛条具有更好的密封效果。传统的推拉窗中没有此措施，当产生正负压时，窗框和扇框之间的间隙两侧会不一样大，容易造成毛条受压缩，密封效果不好。

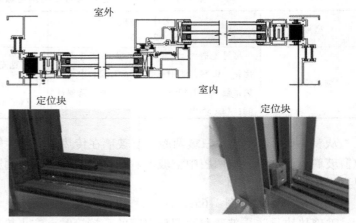

图3-67　定位块

（7）滑轮。是窗框与窗扇之间重要的连接件，是门窗能走多远的风向标。采用材质为PA66（隔热），有利于提高推拉窗的保温性能。轮子上的凹槽与下滑凸起部位做到完美结合，减少间隙，提高气密性和窗扇推拉的稳定性。

通过以上改进措施，整窗性能有很大提高，详见表3-7。

3.4.2　胶条增强型密闭推拉窗

对于推拉塑料窗的效果非常明显。

该产品是针对88型推拉塑料窗进行改造，改造前的结构见图3-68。可以看出，毛条起不到好的密封作用，且易导致灰尘、噪声等污染物质进入室内。

表3-7　110高性能推拉铝合金窗性能

检测项目	性能等级
气密性/［m³/（m·h）］	七级
水密性/Pa	四级
抗风压/kPa	九级
传热系数/［W/（m²·K）］	≤2.0
隔声性能/dB	35

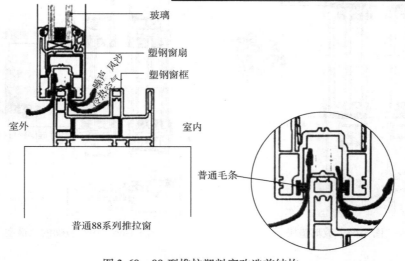

图3-68　88型推拉塑料窗改造前结构

对密封结构进行改进的 88 型系列推拉塑料窗的密封结构如图 3-69 所示。

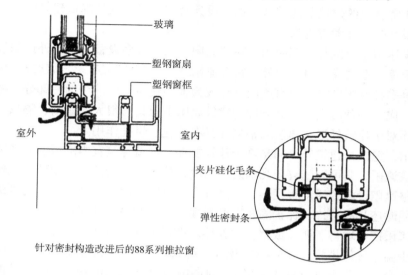

针对密封构造改进后的88系列推拉窗

图 3-69　88 型推拉塑料窗改造后结构

图 3-70 是推拉扇与侧框密封措施。

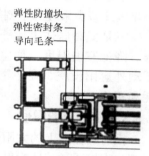

图 3-70　侧面密封措施

通过特殊的截面设计的双密封胶条，密封补充或代替传统的密封毛条密封，实现接触式的胶条密封方式，使密封胶条既要与窗扇进行接触性密封，同时又要将摩擦力控制在合理范围之内。上述措施将推拉窗缝隙全部密闭严实，减少通过推拉窗中冷风渗透所造成的对流损失，从而减少建筑整体能耗。改进后的整窗性能见表 3-8。

在进一步研究的 2 型胶条密闭推拉窗气密性达到北京地方标准 7 ~ 8 级（高于国家标准），水密性 4 ~ 5 级，传热系数 $K = 1.5 \sim 2.4 W/（m^2 \cdot K）$；不拆既有窗改造技术 $K = 1.8 \sim 2.4 W/（m^2 \cdot K）$。

通过试点和检测，在用双玻毛条推拉窗的气密性由改造前的 1 ~ 3 级提升至改造后的 7 ~ 8 级，冬季室内采暖温度可提升 2 ~ 3℃。

表 3-8　胶条增强型推拉窗检测数据

检测项目	实测值
气密性/［$m^3/（m \cdot h）$］	0.2
水密性/Pa	350
抗风压/kPa	3.7
传热系数/［$W/（m^2 \cdot K）$］	1.6 ~ 1.9
隔声性能/dB	30

3.5　遮阳系统设计

在窗外加装遮阳设施，夏天阻挡热能"侵入"，这是绝妙的节能方式。

　　建筑遮阳可以有效地降低建筑空调能耗，营造舒适的建筑室内光线环境和热环境。建筑遮阳是一项非常有效的建筑节能措施。如果设计合理，可有效地降低建筑能耗，建筑遮阳设计要在建筑设计时一并考虑进来。

　　欧美等发达国家建筑几乎都应用了建筑遮阳，而且大多设置了建筑外遮阳设施，住宅建筑多采用遮阳篷、欧式卷帘窗、户外卷帘等遮阳产品。商业建筑、公共建筑采用活动户外百叶、遮阳板等多种遮阳形式。建筑遮阳已经成为他们建筑不可缺少的一部分，融入了建筑设计和文化中，成了一种习惯。设计合理的建筑遮阳不但具有很大的遮阳、隔热、调光、节能实用价值，而对于建筑外形、建筑风格同样具有美化、烘托作用。

　　建筑遮阳，尤其是建筑外遮阳是降低建筑能耗、创造建筑室内舒适的光热环境的重要方式。设置建筑遮阳，其可以随着阳光辐射的角度，建筑室内的需求、季节、气候、时间等不同的条件调整遮阳设施的活动程度，也就是开合、升降或旋转的角度，以达到最佳的光线和温热环境，同时还具有装饰、保护隐私、凸显建筑气质和品位等作用。

　　近几年遮阳产业取得了明显成就，主要体现在以下几个方面：

　　一是减少温室气体排放。如果经过努力，到2025年中国能发展到有一半的建筑应用建筑遮阳，可减少二氧化碳排放量约3亿t。约占中国总排放量的4%，从而对世界温室气体减排事业做出重大贡献，对我国建设生态文明事业做出重大贡献。

　　二是节约建筑用能。如果经过努力，到2025年我国能发展到有一半左右建筑采用遮阳，每年因此减少采暖与空调能耗远超过1亿t标准煤，必将使建筑节能工作取得更大成就。

　　三是提高居住生活舒适性。设置遮阳可避免太阳直射辐射进入室内，改善室内微气候，降低室内温度，使室内凉爽舒适，在夏季少用甚至不使用空调；若采用有保温层的活动外遮阳设施，在冬季夜晚还可以起到保温的作用，减缓室内温度下降，降低采暖能耗和费用。

3.5.1　遮阳节能原理

　　投射到窗户上的太阳辐射热可以分为三个部分：一部分将被反射到周围环境或物体上；一部分直接通过玻璃投射进入室内，该部分得热可以占到建筑太阳辐射得热的80%；还有一部分将被玻璃和窗框等附属结构吸收，随后又分为两部分，一部分通过长波辐射和对流的方式散放到建筑外部，另一部分通过长波辐射和对流方式进入建筑内部。

　　在建筑内遮阳的作用下，进入窗户的太阳辐射热在内遮阳设施将被二次分配，一部分直接透过遮阳设施进入室内，另一部分将被遮阳设施反射到室外；还有一部分将被遮阳设施吸收，通过长波辐射和对流的方式向室内和室外散发。建筑内遮阳的遮阳效果很差，因为热辐射可以直接到达玻璃表面，并透过玻璃进入室内，还会使遮阳构件升温，并以长波辐射和对流的兴衰向室内散热。遮阳构件发出的热属长波辐射，它和来自室内的其他波长辐射一样，难以透过玻璃到达室外，所以不能依靠窗户内部的遮阳设施来降低热辐射的影响。

　　在建筑外遮阳的作用下，太阳辐射热没有直接到达建筑表面，而是在外遮阳设施表面被反射和吸收，只有很少部分通过遮阳设施而达到建筑表面。外遮阳设施吸收了太阳辐射得热之后，温度升高，通过长波辐射的方式向周围环境放热，其中一部分辐射到达了建筑表面，其余则传递给了周围其他物体，进一步降低了建筑表面对太阳的得热。外遮阳与内遮阳的性能对比图3-71所示。

　　发达国家已经有三十多年的发展历史。经验表明，夏季最简单有效且性价比最好的建筑

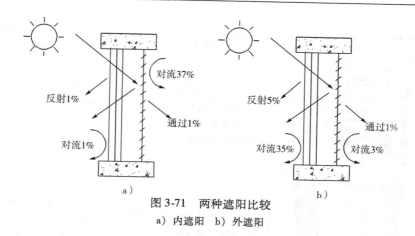

图 3-71　两种遮阳比较

a）内遮阳　b）外遮阳

节能方法就是采用外窗遮阳设施。户内遮阳窗帘在视觉上形成了遮阳假象，实际上热辐射已穿过玻璃，热量在室内积聚并将产生温室效应；而户外遮阳既能挡住阳光，又能通过遮阳材料吸收并反射热辐射，避免了温室效应，因此户外遮阳的节能效果远大于户内遮阳。

3.5.2　建筑遮阳分类

1. 建筑遮阳材料类别

建筑遮阳按材料分类如下：

（1）织物类。常用的遮阳织物为聚酯纤维、玻璃纤维面料，也有少量采用无纺布，是卷帘类遮阳的主体材料。

（2）金属类。常用铝合金、不锈钢和碳素结构钢等制作骨架、轨道、叶片、护罩、卷盘、摇柄等，表面喷塑或氟碳喷涂处理后，组装成遮阳百叶帘、遮阳板、遮阳格栅等产品。

（3）竹木麻类。木材质轻，便于加工，处理后充满艺术性，广泛应用于居住建筑和公共建筑。

（4）塑料类。塑料可注塑成所需要的形状、尺寸，且质轻、耐腐蚀，可用于制作遮阳百叶叶片。

（5）玻璃类。在玻璃上贴膜、涂膜，或在玻璃生产过程中调整配方，制成特种玻璃，以改善玻璃的遮阳系数。还有有色玻璃、反射玻璃、Low-E 玻璃等，近期又发展出热、光、电至变色玻璃，均有不同程度的遮阳作用。

2. 建筑遮阳结构分类

建筑遮阳按结构形式分类包括百叶窗帘、软卷帘和硬卷帘，具体分类见表 3-9 ~ 表 3-11。

表 3-9　百叶帘类产品分类

产品名称	实例照片	产品特点	应用范围
手动百叶帘		帘片水平悬挂在梯绳上，采用手动操作装置，通过拉绳或拉珠实现帘片伸展和收回以及开启和闭合的百叶帘	1. 无导轨的仅适用于 6 层以下建筑 2. 有导轨的可以用于高层建筑 3. 属于中端遮阳产品配置

（续）

产品名称	实例照片	产品特点	应用范围
电动百叶帘		帘片水平悬挂在梯绳上，两侧利用轨道或钢丝绳导向，采用电动装置完成伸展和收回以及开启和闭合的百叶帘	1. 无导轨的仅适用于 6 层以下建筑 2. 有导轨的可以用于高层建筑 3. 属于高端遮阳产品配置
手动转叶百叶帘		帘片不能进行伸展和收回操作，采用手动操作装置实现帘片开启和闭合的百叶帘	1. 无导轨的仅适用于 6 层以下建筑 2. 有导轨的可用于高层建筑 3. 属于中低端遮阳产品配置
电动转叶百叶帘		帘片不能进行伸展和收回操作，采用电动操作装置实现帘片开启和闭合的百叶帘	1. 无导轨的仅适用于 6 层以下建筑 2. 有导轨的可以用于高层建筑 3. 属于中高端遮阳产品配置

表 3-10　软卷帘类产品分类

产品名称	实例照片	产品特点	应用范围
拉珠式软卷帘		采用手动拉珠（绳）装置，带动旋转卷管使软性帘布伸展、收回的卷帘	1. 适用于室内遮阳 2. 适用于低于 6 层建筑的外遮阳 3. 属于低端遮阳产品配置
弹簧软卷帘		采用手动弹簧装置，带动旋转卷管使软性帘布伸展、收回的卷帘	1. 适用于室内遮阳 2. 适用于低于 6 层的建筑外遮阳 3. 属于低端遮阳产品配置
电动软卷帘		采用电动装置带动卷管旋转使软性帘布伸展、收回的卷帘	1. 适用于室内遮阳 2. 适用于低于 6 层的建筑外遮阳 3. 属于中端遮阳产品配置 4. 可用于中空玻璃内置遮阳

表 3-11　硬质卷帘类产品分类

产品名称	实例照片	产品特点	应用范围
手动硬卷帘		采用曲柄装置，使硬质帘片在立面或与水平面夹角大于75°倾斜的方向上以卷取方式伸展、收回的建筑用遮阳装置	1. 适用于各种层高的建筑外遮阳 2. 属于中高端遮阳产品配置
		采用卷盘装置，使硬质帘片在立面或与水平面夹角大于75°倾斜的方向上以卷取方式伸展、收回的建筑用遮阳装置	1. 适用于各种层高的建筑外遮阳 2. 属于中高端遮阳产品配置
电动硬卷帘	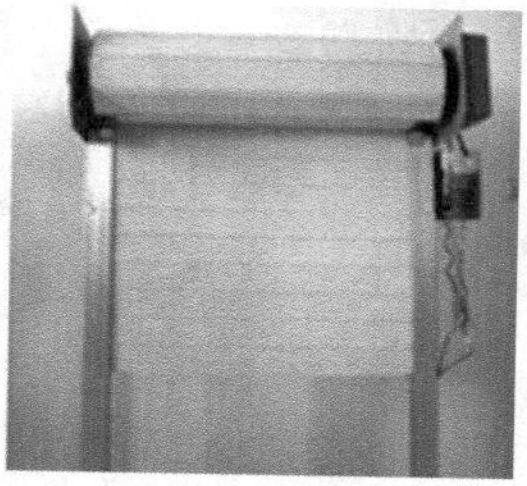	采用电动装置，使硬质帘片在立面或与水平面夹角大于75°倾斜的方向上以卷取方式伸展、收回的建筑用遮阳装置	1. 适用于各种层高的建筑外遮阳 2. 属于高端遮阳产品配置

窗户遮阳采用活动式遮阳，主要有户外卷帘，户外百叶帘，机翼百叶板和内置百叶中空玻璃。

3.5.3　遮阳工程设计

建筑遮阳工程设计应根据当地的地理位置、气候特征、建筑类型、建筑功能、透明围护结构朝向、建筑造型等因素，选择适宜的遮阳形式，并应优先选择外遮阳。不同朝向的遮阳设计部位的优先次序可根据其所受太阳辐射照度，依次选择屋顶水平天窗（采光顶）、西向、东向、南向窗遮阳。

建筑遮阳工程的设计步骤如下：

（1）根据建筑功能、立面造型等需要，结合工程所在地气候条件等因素，初步选择几种遮阳形式。再根据国家或者地方工程所在地节能设计标准中的有关遮阳、采光要求，确定该工程的遮阳参数，包括确定遮阳系数、热舒适性能指标和视觉舒适性能指标等。

（2）建筑外遮阳可设计成水平式遮阳、垂直式遮阳、综合式遮阳或挡板式遮阳等形式，由于太阳高度角和方位角在一年四季循环往复变化着，太阳高度角和方位角不同，遮阳构件产生的阴影区也随之变化，所以应该进行夏季和冬季的阳光阴影分析，确定适合的遮阳形式。若选择外遮阳形式，根据工程设置遮阳的部位、朝向、高度、当地气候条件、工程的经济条件，结合各种遮阳装置的特点及适用条件，确定遮阳装置的形式（固定或者活动、土建一体化或者产品）及设计方案。

（3）遮阳系数与节能设计计算。

此外还要对外遮阳装置进行结构安全计算，进行电气设计及外遮阳与建筑的整合设计。

外遮阳与建筑的整合设计包括物理、性能和外观三个层面的整合：物理层面的整合设计关联材质、空间、附属设施等要素；性能层面的整合设计关联保温隔热、采光、视野、通风等要素；外观层面的整合设计关联造型、尺度、肌理、细部、色彩等要素。

遮阳构件和产品正向着多元化、多功能、高效率的趋势以及轻盈、精致的方向发展。

在遮阳产品中优先选择外遮阳，尤其是选择外遮阳一体化窗。

遮阳一体化窗包括以铝合金卷帘、百叶卷帘、织物卷帘与外窗组合而成的外遮阳一体化窗、内置遮阳中空玻璃一体化窗和中置遮阳一体化双层窗。

3.5.4　门窗遮阳技术应用案例

1. 内置遮阳中空玻璃一体化窗（铝包塑），见图3-72 和图3-73。还可见图3-54、图3-57和图3-58。

图 3-72　铝包塑型材门窗百叶遮阳一体化窗　　　　图 3-73　铝包塑型材门窗百叶遮阳一体化窗

2. 内置遮阳中空玻璃一体化窗（断桥铝型材），见图3-55。

3. 内置遮阳中空玻璃一体化窗（铝包木），见图3-74 ~ 图3-77。

图 3-74　铝包木型材门窗中置百叶遮阳一体化窗　　　图 3-75　铝包木型材中置百叶遮阳一体化窗

图 3-76　铝包木型材门窗百叶一体化窗　　　　图 3-77　铝包木型材门窗百叶遮阳一体化窗

4. 外遮阳一体化窗

外遮阳一体化窗见图 3-78～图 3-86。

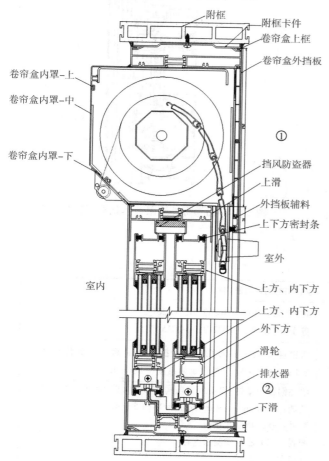

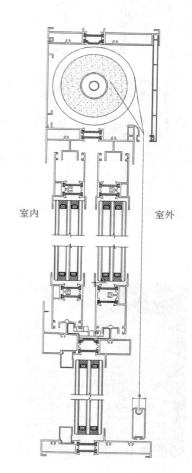

图 3-78　铝卷帘遮阳一体化推拉铝合金窗　　　图 3-79　织物卷帘遮阳一体化推拉
　　　　　　　　　　　　　　　　　　　　　　　　　铝合金窗

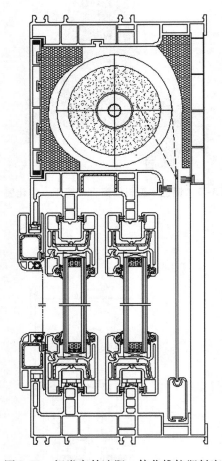

图 3-80　铝卷帘外遮阳一体化推拉塑料窗

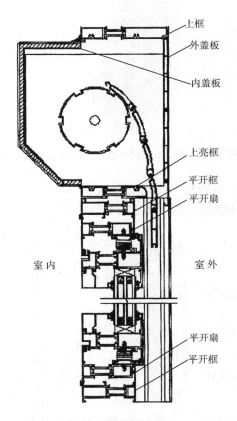

图 3-81　铝卷帘外遮阳一体化平开铝合金窗

上框
外盖板
内盖板
上亮框
平开框
平开扇
室内　　　室外
平开扇
平开框

规格型号	ZY NPLC65—128148
执行标准	JG/T500—2016、DGJ32/J157—2017 苏 J50—2015、DGJ32/J19—2015
技术参数	气密性 6 级、水密性 3 级、抗风压 9 级、整窗传热系数 2.1W/（m² · K）、整窗遮阳系数 0.17/0.42
装配形式	隔热铝合金型材：24mm 穿条式 65 系列 型腔聚氨酯发泡填充 玻璃：5mmLow-e + 9Ar + 5mm + 9Ar + 5mmCL 配件：欧标精配儿童锁 密封：三元乙丙橡胶条密封 开启方式：遥控 + 手动

图 3-82　织物软卷帘外遮阳一体化平开铝合金窗系统

规格型号	ZY TLC100—148148
执行标准	JG/T500—2016、DGJ32/J157—2017 苏 J50—2015、DGJ32/J19—2015
技术参数	气密性 6 级、水密性 3 级、抗风压 9 级、整窗传热系数 2.2W／（m²·K）、整窗遮阳系数 0.17/0.42
装配形式	隔热铝合金型材：24mm 穿条式 100 系列 型腔聚氨酯发泡填充 玻璃：5mmLow-e＋19A＋5mmCL 配件：月牙锁 密封：硅化夹片毛条、三元乙丙橡胶条密封 开启方式：遥控＋手动

图 3-83 织物软卷帘外遮阳一体化推拉铝合金窗系统

规格型号	ZY NPLC65—128148
执行标准	JG/T500—2016、DGJ32/J157—2017 苏 J50—2015、DGJ32/J19—2015
技术参数	气密性 6 级、水密性 3 级、抗风压 9 级、整窗传热系数 2.1W／（m²·K）、整窗遮阳系数 0.17/0.42
装配形式	隔热铝合金型材：24mm 穿条式 65 系列 型腔聚氨酯发泡填充 玻璃：5mmLow-e＋9Ar＋5mm＋9Ar＋5mmCL 配件：欧标精配儿童锁 密封：三元乙丙橡胶条密封 开启方式：遥控＋手动

图 3-84 织物软卷帘外遮阳一体化内平开铝合金窗系统

规格型号	LY TLC100—148148
执行标准	JG/T500—2016、DGJ32/J157—2017 苏 J50—2015、DGJ32/J19—2015
技术参数	气密性 6 级、水密性 3 级、抗风压 9 级、整窗传热系数 2.12W／（m²·K）、整窗遮阳系数 0.12/0.47
装配形式	隔热铝合金型材：24mm 穿条式 100 系列 型腔聚氨酯发泡填充 玻璃：5mmLow-e＋9Ar＋5mm＋9Ar＋5mmCL 配件：月牙锁 密封：三元乙丙橡胶条密封 开启方式：遥控＋手动

图 3-85 铝合金卷帘外遮阳一体化推拉铝合金窗系统

规格型号	LY NPLC100—128148
执行标准	JG/T500—2016、DGJ32/J157—2017 苏 J50—2015、DGJ32/J19—2015
技术参数	气密性 6 级、水密性 3 级、抗风压 9 级、整窗传热系数 2.2W/（m²·K）、整窗遮阳系数 0.12/0.47
装配形式	隔热铝合金型材：24mm 穿条式 100 系列 型腔聚氨酯发泡填充 玻璃：5mmLow-e + 19A + 5mmCL 配件：欧标精配儿童锁 密封：三元乙丙橡胶条密封 开启方式：电动 + 手动

图 3-86　铝合金卷帘外遮阳一体化平开铝合金窗系统

5. 中置遮阳一体化双层窗

中置遮阳一体化双层窗见图 3-87。

6. 其他

（1）内外双卷帘遮阳见图 3-88。

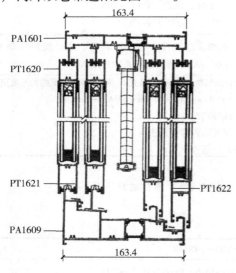

图 3-87　中置遮阳一体化双层窗

图 3-88　内外双卷帘遮阳

（2）推拉窗用内置遮阳见图 3-89。

3.6　附框设计

钢附框在一定程度上解决了湿法安装的缺陷，其优点是强度高、使用成本低，其缺点是金属材质导热快，容易形成冷桥，直接影响了门窗与建筑连接的保温节能性能。钢塑共挤附框则解决了这个问题。

在国家大力推行建筑节能的环境下，新型的节能附框受到市场认可。顾名思义，节能附框除了要满足干法安装工艺对附框的要求外，还要达到保温、节能的效果，其应符合以下

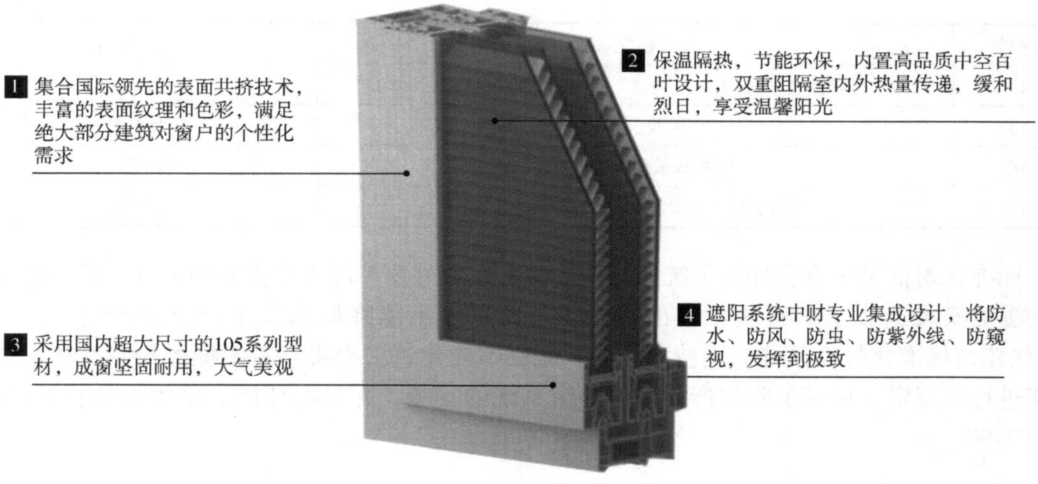

图 3-89　推拉窗用内置遮阳

条件：

（1）节能附框的线胀系数与墙体要相近。混凝土水泥的线胀系数为 1.0（10^{-5}）/℃，若附框与其相差较大，会导致由于热膨胀冷缩而产生的变形量不同，影响建筑门窗与墙体的密封，导致渗水、脱胶等问题。

（2）节能附框的导热系数要小。其材料导热系数（25℃）不应大于 0.2W/（m·K），附框制成品截面宽度方向热阻不应小于 0.28（m^2·K）/W。

（3）节能附框组装完成后，其连接角破坏力不应小于 800N。

（4）节能附框的握螺钉力不应小于 3000N。

目前市场上符合条件的节能附框主要有：木塑附框、玻璃钢附框、钢塑共挤附框，其中木塑附框凭借着性能优异、加工便利、性价比高等优点，市场使用率最高。

标准化附框材料性能指标应符合表 3-12 的规定。

表 3-12　标准化附框材料性能指标

序号	性能	技术指标
1	密度/（g/cm^3）	≥1.2
2	吸水率（%）（24h）	≤0.5
3	吸水厚度膨胀率（%）（72h）	≤0.5
4	硬度 *HRR*	≥58
5	静曲强度/MPa	≥35.0
6	弯曲弹性模量/MPa	≥2400
7	加热后尺寸变化率（%）（60℃，24h）	≤0.1
8	高低温反复尺寸变化率（%）	≤0.3
9	低温落锤冲击	无破裂
10	型材握螺钉力/N	≥3000
11	连接角最大破坏力/N	≥800

（续）

序号	性能		技术指标
12	耐候性（6000h）	静曲强度保持率（%）	≥80
13	耐酸、碱性		无变化
14	甲醛释放量/（mg/L）		$E_1 \leqslant 1.5$
15	截面宽度方向热阻/［（m²·K）/W］		≥0.28

标准化附框是标准化外窗系统的重要部件是实现外窗产品干法安装的关键。目前绝大部分的湿法安装造成了工程项目中出现建筑外窗尺寸不能降低和安全隐患的产生。江苏省《居住建筑标准化外窗系统应用技术规程》根据节能建筑工程实际对附框的隔热性能、物理性能进行了规定，保证了附框产品适应外窗系统的安装，并具有节能、使用寿命长的功能，见图3-90。

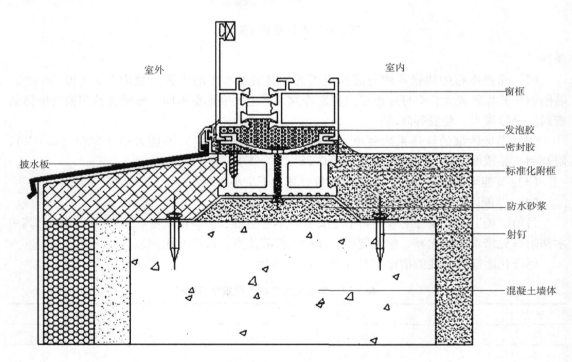

图3-90　标准化附框安装图

标准化附框截面厚度尺寸为24mm±0.5mm，宽度尺寸应小于窗框宽度10%左右。

3.6.1　节能门窗附框产品设计要点

（1）附框与门窗连接的调整范围，根据国家现行施工标准，附框及门窗外框均有施工偏差范围。对于附框及门窗的安装接连件来说，其必须具有相应的调节功能，以便调整两者的误差累计。最大需要6mm的调整量，连接件的调整范围设定为±3mm比较合理。

（2）附框与门窗的连接件的受力，由于风压和重力作用会承担压、拉、剪切力的作用。这就根据风压、尺寸、玻璃等信息，核算出连接件的承载力。

（3）连接及开孔处的防水。门窗在附框上安装时，最为常见的是通过螺钉进行连接。

而螺钉连接需要进行必要的开孔加工，这些开孔位置的防水尤其重要，根据设定的防水的具体性能值，进行实际的防水性能的验证。

前面已经讲过，螺钉连接开孔处的防水性能尤其重要。对于水密螺钉的设计采取了以下两点措施。

在螺钉头与型材之间增加了水密垫圈，通过水密垫圈的压缩来实现水密密封。

在螺钉头部增加一处台阶。此台阶有两个作用，一是在螺钉收紧垫圈压缩时放置垫圈跑偏。二是当台阶接触到型材时，垫圈便不能再被继续压缩，使垫圈的压缩量固定在一个标准的数值，防止因过度压缩造成垫圈破损，以保证水密螺钉具有稳定的防水性能。江苏省规程规定外窗下框不允许开孔，必须通过滑动块和定位螺钉与附框连接，有效防止了外窗漏水情况的发生。

（4）下框连接件的承力方式为滑动块与定位螺钉共同将风荷载受力传递给附框。

滑动块卡入下框的槽口中，左右可以自由滑动，以实现水平方向上的调节和与定位螺钉卡接功能。改变滑动块的移动方向，可以实现外窗框的安装和拆卸目的。

当前我国经济发展进入新常态，作为建筑转型升级成为的重要课题，住宅产业化已是建筑未来发展的必然趋势。运用现代工业化的生产方式代替传统的手工劳动及湿作业的生产方式，从而实现建筑产业的集约发展。而门窗作为建筑中非常重要的一环，门窗产业化的发展具有实现的代表意义。建筑墙体及门窗洞口的标准化和产业化，必然需要门窗标准化和产业化的支持。附框的干法安装方式则实现了门窗产业化与建筑产业化的完美对接，未来门窗行业的产业化发展必定有着美好的前景。

3.6.2　钢塑共挤附框技术

钢塑共挤附框产品采用高温挤塑成型工艺，将塑料特性与钢的特性有机地结合在一起，具有抗老化、防虫、不变形、低传热、耐水性能好、型材强度高等优点。

图 3-91 ~ 图 3-93 是几种典型标准化节能附框。

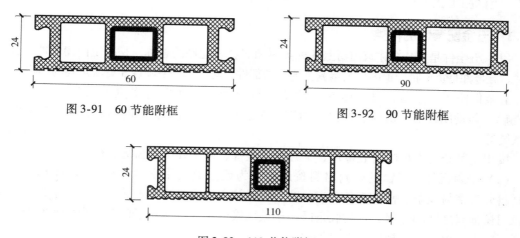

图 3-91　60 节能附框　　　　　　　　　　图 3-92　90 节能附框

图 3-93　110 节能附框

3.6.3　木塑附框技术

木塑附框凭借着性能优异、加工便利、性价比高等优点，市场使用率最高。其典型结构见图 3-94 ~ 图 3-95。

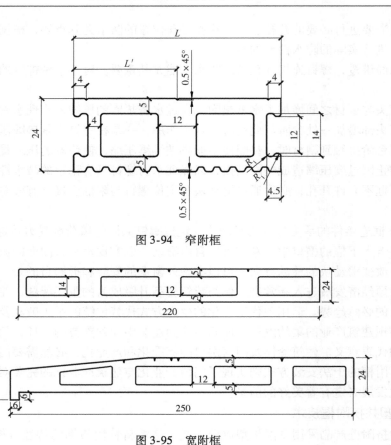

图 3-94　窄附框

图 3-95　宽附框

3.7　五金配套件

3.7.1　五金配套件的种类

（1）五金件是安装在建筑门窗上各种金属和非金属配件的总称，是决定门窗性能的关键性部件。五金件是负责将门窗的框与扇紧密连接的部件，对门窗的各项性能有着重要的影响。

五金件按产品分类。门窗用五金件按产品分为：传动机构用执手和旋压执手。合页（铰链）、传动闭锁器、滑撑、撑挡、插销、多点锁闭器、滑轮、单点闭锁器及平开下悬五金系统等。

按用途可分为推拉门窗五金件、平开窗五金件、内平开下悬窗五金件。

（2）密封元件。门窗的密封材料按用途分为镶嵌玻璃用密封材料和框扇间密封材料。按材料分有密封胶条、密封毛条和密封胶。密封胶主要用于镶嵌玻璃用，密封毛条主要用于推拉门窗框扇之间的密封，密封胶条既用于玻璃镶嵌密封，又用于门窗框扇之间密封，特别是平开门窗，但二者的规格、型号不同。

（3）密封胶。建筑密封胶主要应用于门窗的玻璃镶嵌上。玻璃的镶嵌有干法和湿法之分。干法镶嵌即采用密封胶条镶嵌，湿法镶嵌即采用密封胶镶嵌。

密封胶的相容性即密封与其他材料的接触面不产生不良的物理化学反应的性能。密封胶的粘结性即密封胶在定基材上的黏结性能。

（4）辅助件。门窗用辅助件主要有：连接件、接插件、加强件、缓冲垫、玻璃垫块、固定地角、密封盖等各种堵快。

3.7.2　五金配套件的选用原则

（1）门窗五金件不仅与门窗的性能有关，还与门窗的使用方便性、安全性、装饰性等有关。因此，门窗五金件除满足门窗的抗风压性能、气密性、水密性、保温性能等物理性能外，还要满足下列要求。

1）操作简便、单点控制、门窗开启方式多样化。

2）良好的外观装饰效果，主要五金件多隐藏在铝门窗型材结构之间。

3）承重力强，可做成较大、较重的开启扇。

4）具有良好的防盗性能。

5）防误操作功能、防止由于错误操作损坏门窗和五金件。

6）标准化、系列化、配套完善。

7）可靠性好、寿命长、性价比高。

（2）从性能和使用方面选用。

在选用五金配套件时应要求供货单位提供产品性能符合相应国家标准或行业标准的有效产品检验报告及产品合格证书，且产品在进货时应进行质量抽检。材质好的五金配套件是良好品质节能窗的基本保证。材质差的五金配套件易老化、易裂，进而导致门窗的开启不灵活或无法启闭，并可能带来生命安全的威胁，因此在选择五金配套件时一定要选择有品质保证的产品，不能贪图便宜，因小失大。

对节能门窗的五金配套件配置，应选择锁闭良好的多锁点系统，多锁点五金件的锁点和锁座分布在整个扇窗的四周，当窗扇锁闭后，锁点、锁座牢牢地扣在一起，与铰链（合页）或滑撑配合，共同产生强大的密封压紧力，使密封条弹性变形，从而提供给门窗足够的密封性能，使窗框、扇形成一体，同时保证门窗在受风压的作用下，扇、框变形同步，有效保证密封材料的合理配合，使密封胶条能随时保持受压力的状态下有良好的密封性能。因此，多锁点五金件可以大大提高门窗的密封性能。单锁点只能在窗扇开启侧提供单点锁闭，与铰链（合页）或滑撑配合只能产生 3、4 处锁闭点，在门窗受到正风压，或负风压时，窗在没有锁闭点的位置就会发生变形，因而导致扇、框之间产生缝隙，使得热冷空气通过缝隙循环流动，形成对流。因此，单点锁五金配置时，严重降低了门窗的密封性能，不能使门窗达到节能要求。

（3）从配合结构方面选择，由于我国门窗系统多为引进欧洲门窗系统，如旭格系统，阿鲁克系统、欧标系统等。其中前两者为各自独立发展的特有门窗系统技术，其五金配套槽口为专用槽口，通用性差，五金配件无选择性，必须使用其配套产品。欧标系统的门窗采用欧洲标准五金配套槽口，其配套生产厂家多，使用者对于五金品牌的选择多，适用范围广，通用性好，市场占有率高。

我国目前市场流通的各种系列的门窗五金安装槽口，有欧标 C205 槽口和 U16 型槽口。因此，型材安装槽口不同，相应的五金系统在选择时应注意区别。

1）检查门窗系统槽口是哪种槽口系统，选择相应槽口的五金件。

2）根据门窗的使用功能及实际开启形式确定相应五金配件。

3）选用与本系统槽口相对应的五金件，因欧标槽口根据具体的窗扇大小及重量分为不同的几种类型，因此在选用时需先确定其为几号槽口。

4）合页或铰链的选择，在槽口相对应的前提下，应注意其最大承重力是否满足窗扇的使用条件。

5）考虑五金执手的装饰性。

6）如果窗扇的尺寸过高，合页侧需加设锁紧机构，以保证窗户的各项性能指标。

3.8　设计实例

本节从降低传热系数的因素入手，设计开发符合节能标准的塑料门窗截面及窗型，并利用 Therm 软件对保温性能进行验证。本节所计算的传热系数只是针对门窗的局部，即一侧窗框的横截面，反映的是型材保温性能。整窗的传热系数是采用四周窗框、玻璃等各部分的传热系数按面积进行加权平均计算得到的。经保温性能热工计算分析，并考虑到型材只占门窗一部分面积，所以型材的传热系数要低于整窗传热系数才能达到节能标准要求。

3.8.1　增加型材厚度尺寸及腔室，降低传导热损失

增加型材厚度尺寸及腔室是降低传热系数的最直接的手段。因为空气是热的不良导体，并且腔室垂直于热流方向分布，增加一层腔室可使传热系数降低约 4%。但增加腔室使得挤出模具供料腔、紧固螺钉的摆布位置变小，冷却速度变慢，给挤出模具的设计制造带来一定难度。根据保温性能热工计算分析和挤出模具加工经验，腔室尺寸应不小于 4mm。另外增加型材厚度，将导致门窗型材成本上升。所以我们设计时要综合考虑型材门窗保温性能、模具加工难易程度、生产成本等因素。目前市场上占主流的塑料门窗是 60 平开系列，结构一般为三腔室两密封，传热系数约为 1.8W／（m² · K），如采用 Low-E 双层中空玻璃，整窗传热系数能达到 2.0W／（m² · K）。

为设计符合节能标准的型材门窗，选择采用 75 平开系列，结构为七腔室三密封，其型材组装简图、等温曲线、传热系数如图 3-96。设计时，平开框、扇合理分布钢衬腔、排水腔、保温腔等。根据热工性能分析经验，腔室设置在室外侧更能起到降低传热系数的效果，所以腔室尽可能排布在室外侧。三密封结构采用平行大胶条式，结构紧凑，开启方便；三密封胶条将框扇之间的空间分隔成水密室和气密室，从而提高了密封性能，降低了门窗缝隙渗透耗热量，使其保温性能优于两道密封结构。

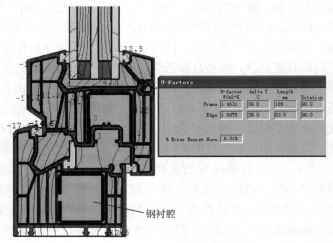

钢衬腔

图 3-96　75 平开七腔室三密封保温计算图

充分考虑到排水需求，框扇排水空间大，排水路线清晰，平开扇外侧凸出、起排水防雨作用。为了能更好地与 75 平开七腔室三密封型材匹配，玻璃系统采用 5 ＋9A ＋5 ＋9A ＋5 结构，玻璃为 5mm 白玻，间隔层充氩气，总厚度为 32mm。从图中可以看出，经 Therm 软件计

算，75 平开七腔室三密封型材传热系数为 1.4631W/（m²·K），达到预期数值。从等温曲线可以看出，温度线分布均匀，充分发挥 PVC 型材高保温性能；0℃线在钢衬腔外侧，室内侧最低点达到 12.5℃，能很好地防止结露，整体保温性能优异。

3.8.2　增加框扇密封层数，降低对流热损失

普通塑料平开门窗为两密封结构。两密封结构的门窗五金件安装空间大，容易加工安装。但由于排水的需要，在型材上需要打排水孔、气压平衡孔。所以框扇组成的空间非完全封闭，不是真正意义上的保温腔，而是水气共混腔室。空气在此空间对流、热量损失大。而增加框扇密封层数，可有效解决这一问题。多密封门窗结构将水气分离，框扇之间形成独立的水密室、气密室，保温性能优于两道密封结构。相对于两道密封结构，多密封门窗工艺复杂，设计时需特别考虑五金件安装位置及尺寸、排水路线及蓄水量的大小。

为了更大限度地提高保温性能降低传热系数，我们采用 70 平开系列，结构为六腔室四密封，其型材组装简图、等温曲线、传热系数如图 3-97 所示。设计理念基本同75 平开方案，但密封结构采用特制大胶条，并充分考虑排水需要、五金件安装尺寸及位置等因素。特制大胶条安装在平开框上，设置两点与平开扇密封配合，使框扇之间形成三个空间，即一个水密室专门排水使用、两个气密室为保温腔室，保温性能显著提高。

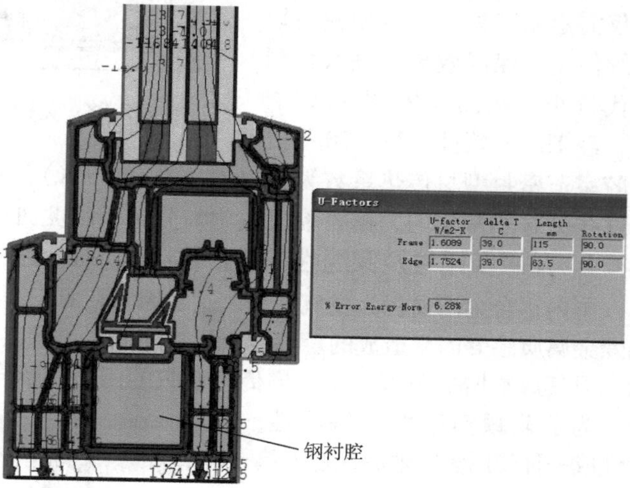

图 3-97　70 平开六腔室四密封保温计算图

玻璃系统仍采用 5 + 9A + 5 + 9A + 5 结构，玻璃为 5mm 白玻，间隔层充氩气，总厚度为 32mm。从图中可以看出，经 Therm 软件计算，70 平开六腔室四密封型材传热系数为 1.6089W/（m²·K），比 75 平开设计方案略差一些。从等温曲线可以看出，温度线分布均匀，0℃线在钢衬腔外侧，室内侧最低点达到 12.5℃，能很好地防止结露。

3.8.3　钢衬结构改进，降低传导热损失

钢衬的主要作用是抵抗风荷载，即抗风压。钢衬设计时需考虑抗风压惯性矩、形状要求、五金件固定、可加工性、通用性和经济性。从图 3-96 和图 3-97 中可以看出，温度曲线在钢衬腔内几乎没有显示，经测量温差仅为 3℃左右。这是因为钢衬是热的良导体，温度在钢衬腔内变化很小。我们可以通过减小钢衬腔来提高保温性能，但同时降低了抗风压性能。

另外一种办法是对钢衬结构进行改进，钢衬分成两段，中间用高强度塑料隔热条连接，保温性能得到提高但成本增加很多。目前出现了第三种钢衬解决方案，即免钢衬塑料门窗结构见图 3-98。其采用共挤出技术，将聚酯合金 PBT 挤出在型材内部代替钢衬。聚酯合金 PBT 本身具有的高强度可以代替钢衬，另外 PBT 与 PVC 具有接近的线胀系数及较好的融合性。由于不再使用金属钢衬，而 PVC 及 PBT 导热系数大大低于金属，内部不再产生热桥效应，塑料型材及门窗传热系数显著降低。

免钢衬塑料门窗设计方案，我们采用 70 平开系列，结构为六腔室三密封，其型材组装简图、等温曲线、传热系数如图 3-98。设计理念基本同上述两个方案，其特点有以下几点。框扇基本尺寸及形式不变，仅将钢衬腔壁厚适当缩小，并设置 2.0mm 厚 PBT 内嵌式共挤层。由于仅调整改动框扇型材内部钢衬腔，模具仅需定制口模，而定型模可以继续使用，保温效果提高大而付出代价小。从图 3-98 中可以看出，经 Therm 软件计算，70 平开

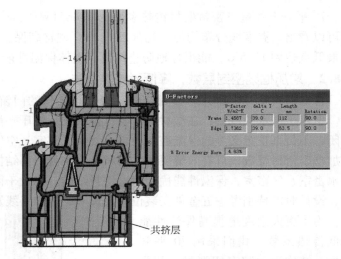

共挤层

图 3-98　免钢衬 70 平开六腔室三密封保温计算图

六腔室三密封型材传热系数为 1.4687W/（$m^2 \cdot K$），降低非常明显。从等温曲线可以看出，温度线分布非常均匀，钢衬腔里也均匀分布了温度曲线，保温性能特别优异。

3.8.4　兼顾实用性及保温性的铝塑铝结构

国内铝合金门窗仍为主流产品，这是因为相对于塑料门窗其有丰富多变的表面色彩、大众偏爱金属质感等因素造成的。铝合金门窗降低传热系数的方法主要为增加隔热条宽度和密封结构，但其成本增加较多。做同样传热系数的门窗，铝合金门窗比塑料门窗增加成本约 1/3。

为了兼顾实用性及保温性，设计成一种使用多腔塑芯代替隔热条的平开窗。其优点是，既保留了铝合金外观及表面彩色化等优点，又利用了 PVC 良好的保温性能。

设计时，铝塑复合部分采用隔热条标准结构。为提高保温性能降低传热系数，塑芯设计为三腔室结构。多密封结构采用大胶条式，胶条安装及配合都在塑芯上。其余设计按照常规设计，可以使用普通五金件。因采用铝合金门窗角码组装方式，不用再装钢衬。图3-99是

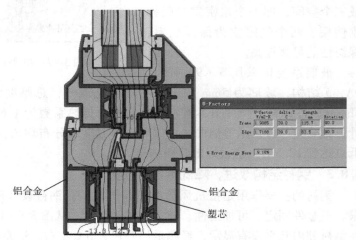

铝合金　　　　　　　铝合金

塑芯

图 3-99　65 平开铝塑铝三密封保温计算图

设计的 65 平开铝塑铝三密封结构，其型材组装简图、等温曲线、传热系数如图 3-99 所示。使用 Therm 软件计算，65 平开铝塑铝三密封型材传热系数为 1.9085W/（$m^2 \cdot K$），比上述三种塑料异型材方案高出不少。从等温曲线可以看出，温度线聚集在塑芯部分，绝大部分保温功能由塑芯承担。铝塑铝结构优缺点明显，综合保温性能、市场接受度，仍为目前较为适用的截面及窗型。

第4章　系统门窗节能的热工设计

4.1　节能门窗的功能组成及制约要素

室内的热量通过窗户的散失是通过框扇系统、玻璃系统、框扇与玻璃的缝隙和窗框与墙体的缝隙进行的，而室外的热量传到室内还多了个遮阳系统；北方寒冷地区又多了个结露、结霜、结冰和淌水问题。因此，系统门窗节能的热工设计应该包括框扇系统和玻璃系统的传热计算、缝隙的传热计算、遮阳系数的计算以及结露性能评价，从而可以计算出整窗的传热系数。

节能门窗的性能提高则是解除框扇系统、玻璃系统、框扇与玻璃的缝隙和窗框与墙体的缝隙的制约。因此框扇系统、玻璃系统、框扇与玻璃的缝隙和窗框与墙体的缝隙结构的优化设计以及遮阳系统的开发将是系统门窗节能设计的永久课题，而热工设计则可以对结构设计给以启发。

目前获取建筑门窗幕墙热工性能的主要手段有实验室测试和模拟计算。采用计算机模拟计算作为评价门窗、幕墙节能性能的主要手段，在欧美等国家已广泛应用并得到社会的认可，但在我国才刚刚开始。在我国实际工程中，门窗的传热系数主要由实验室测试得到，但由于测试的环境条件、单元尺寸与实际工程差别较大，导致测试结果有较大的误差，所以直接将测试的数据用于实际工程也不完全正确。

建筑门窗的节能设计要从热的传递途径着手，即传导、对流、辐射三个方面采取措施。对应热量损失三要素，节能门窗设计就要从型材系统、玻璃系统、五金与空气密封系统、遮阳系统几个方面考虑。

4.2　门窗的节能设计依据及边界条件

对门窗节能的热工计算有不少方法，这些方法大同小异，为统一规范，本书按照中国标准《建筑门窗幕墙热工计算规程》（JGJ/T 151—2008）为主要依据，进行门窗节能的热工设计。

4.2.1　热工设计符号汇总

A——面积；

A_i——第 i 层玻璃的太阳辐射吸收比；

c_P——常压下的比热容；

d——厚度；

D_λ——标准光源（CIED 65，ISO 10526）光谱函数；

E——空气的饱和水蒸气压力；

f——空气的相对湿度；

g——太阳光总透射比；

G——重力加速度；

h——表面换热系数；

H——气体间层高度；

I_i^+（λ）——在第 i 层和第 $i+1$ 层玻璃层之间向室外侧方向的辐射照度；

I_i^-（λ）——在第 i 层和第 $i+1$ 层玻璃层之间向室内侧方向的辐射照度；

I——太阳辐射照度；

J——辐射强度；

l——长度；

L——气体间层长度；

L^{2D}——二维传热计算的截面线传热系数；

$\hat{M}$——气体的摩尔质量；

N——玻璃层数加 2；

Nu——努谢尔特数（Nusselt number）；

p——压力；

q——热流密度；

Q——热流量；

$£$——气体常数；

R——热阻；

Ra——瑞利数（Rayldgh number）S；

SC——遮阳系数；

S_i——第 i 层玻璃吸收的太阳辐射热流密度；

S_λ——标准太阳辐射光谱函数；

t——厚度，温度；

t_{perp}——内空腔垂直于热流的最大尺寸；

T——温度；

T_{10}——结露性能评价指标；

u——邻近表面的气流速度；

U——传热系数；

V——窗或幕墙附近自由气流流速，或某个部位的平均气流速度；

V（λ）——视见函数（ISO/CIE 10527）；

a——材料表面太阳辐射吸收系数；

β——填充气体热膨胀系数；

γ——气体密度；

λ——导热系数；

μ——流体运动黏度；

ε——远红外线半球发射率，方位角度；

ρ——反射比；

δ——斯蒂芬 - 玻尔兹曼常数，$5.67 \times 10^{-8} \mathrm{W}/$（$\mathrm{m}^2 \cdot \mathrm{K}^4$）；

Ψ——附加线传热系数；

τ——透射比。

4.2.2　热工设计注脚汇总（见表4-1）。

表 4-1　注　脚

注脚	名称
ave	平均
air	空气
bot	底部
b	背面
B	遮阳帘（百叶、织物帘）
c	对流
cg	玻璃中心
cold	冷侧条件
crit	临界
CW	幕墙
dif	散射
dir	直射
eff	有效的，当量的
eq	相等的
f	前面或框
g	玻璃或透明部分
h	水平
hot	热侧条件
i	室内
in	室内，或空气间层的入口
m	平均值
mix	混合物
n	环境
ne	室外环境
ni	室内环境
out	室外，或空气间层的出口
p	平板
r	辐射或发射
red	长波（远红外）辐射
s	太阳、源头或表面
std	标准的
surf	表面
t	全部
top	顶部
V	垂直
v	可见光
x	距离

4.2.3　热工设计的边界条件

4.2.3.1　计算环境边界条件

（1）设计或评价建筑门窗定型产品的热工性能时，应统一采用本规程规定的标准计算条件进行计算。

（2）在进行实际工程设计时，门窗热工性能计算所采用的边界条件应符合相应的建筑设计或节能设计标准的规定。

（3）冬季标准计算条件应为：

室内空气温度 $T_{in} = 20℃$；

室外空气温度 $T_{out} = -20℃$；

室内对流换热系数 $h_{c,in} = 3.6W/（m^2 \cdot K）$；

室外对流换热系数 $h_{c,out} = 16W/（m^2 \cdot K）$；

室内平均辐射温度 $T_{rm,in} = T_{in}$；

室外平均辐射温度 $T_{rm,out} = T_{out}$；

太阳辐射照度 $I_s = 300W/m^2$。

（4）夏季标准计算条件应为：

室内空气温度 $T_{in} = 25℃$；

室外空气温度 $T_{out} = 30℃$；

室内对流换热系数 $h_{c,in} = 2.5W/（m^2 \cdot K）$；

室外对流换热系数 $h_{c,out} = 16W/（m^2 \cdot K）$；

室内平均辐射温度 $T_{rm,in} = T_{in}$；

室外平均辐射温度 $T_{rm,out} = T_{out}$；

太阳辐射照度 $I_s = 500W/m^2$。

（5）传热系数计算应采用冬季标准计算条件，并取 $I_s = 0W/m^2$。计算门窗的传热系数时，门窗周边框的室外对流换热系数 $h_{c,out}$ 应取 $8W/（m^2 \cdot K）$，周边框附近玻璃边缘（65mm 内）的室外对流换热系数 $h_{c,out}$ 应取 $12W/（m^2 \cdot K）$。

（6）遮阳系数、太阳光总透射比计算应采用夏季标准计算条件。

（7）结露性能评价与计算的标准计算条件应为：

室内环境温度：20℃；

室内环境湿度：30%，60%；

室外环境温度：0℃，-10℃，-20℃；

室外对流换热系数：$20W/（m^2 \cdot K）$。

（8）框的太阳光总透射比 g_f 计算应采用下列边界条件：

$$q_{in} = a \cdot I_s \tag{4-1}$$

式中　a——框表面太阳辐射吸收系数；

$\quad\quad I_s$——太阳辐射照度（W/m^2）；

$\quad\quad q_{in}$——框吸收的太阳辐射热（W/m^2）。

4.2.3.2　对流换热

（1）当室内气流速度足够小（小于 $0.3m/s$）时，内表面的对流换热应按自然对流换热计算；当气流速度大于 0.3m/s 时，应按强迫对流和混合对流计算。

设计或评价门窗、玻璃幕墙定型产品的热工性能时，室内表面的对流换热系数应符合 4.2.3.1 规定。

（2）内表面的对流换热按自然对流计算时应符合下列规定：

1）自然对流换热系数 $h_{c,in}$ 应按下式计算：

$$h_{c,in} = Nu\left(\frac{\lambda}{H}\right) \tag{4-2}$$

式中　λ——空气导热系数 ［W/（m·K）］；

　　　H——自然对流特征高度，也可近似为窗高（m）。

2）努谢尔特数 Nu 是基于门窗（或玻璃幕墙）高 H 的瑞利数 Ra_H 的函数，瑞利数 Ra_H 按下列公式计算：

$$Ra_H = \frac{\gamma^2 H^3 G c_p \left| T_{b,n} - T_{in} \right|}{T_{m,f} \mu \lambda} \tag{4-3}$$

$$T_{m,f} = T_{in} + \frac{1}{4}(T_{b,n} - T_{in}) \tag{4-4}$$

式中　$T_{b,n}$——门窗（或玻璃幕墙）内表面温度；

　　　T_{in}——室内空气温度（℃）；

　　　γ——空气密度（kg/m³）；

　　　c_p——空气的比热容 ［J/（kg·K）］；

　　　G——重力加速度（m/s²），可取 9.80m/s²；

　　　μ——空气运动黏度 ［kg/（m·s）］；

　　　$T_{m,f}$——内表面平均气流温度。

3）努谢尔特数 Nu 是表面倾斜角度 θ 的函数，当室内空气温度高于门窗（或玻璃幕墙内表面温度（即 $T_{in} > T_{b,n}$ 时，内表面的努谢尔特数 Nu_{in} 应按下列公式计算：

表面倾角 $0° \leqslant \theta < 15°$ 时：

$$Nu_{in} = 0.13 Ra_H^{\frac{1}{3}} \tag{4-5}$$

表面倾角 $15° \leqslant \theta \leqslant 90°$ 时：

$$Ra_c = 2.5 \times 10^5 \left(\frac{e^{0.72\theta}}{\sin\theta}\right)^{\frac{1}{5}} \theta \text{ 的单位采用度（°）} \tag{4-6}$$

$$Nu_{in} = 0.56 (Ra_H \sin\theta)^{\frac{1}{4}} \quad Ra_H \leqslant Ra_c \tag{4-7}$$

$$Nu_{in} = 0.13(Ra_H^{\frac{1}{3}} - Ra_c^{\frac{1}{3}}) + 0.56 (Ra_c \sin\theta)^{\frac{1}{4}} \quad Ra_H > Ra_c \tag{4-8}$$

表面倾角 $90° < \theta \leqslant 179°$ 时：

$$Nu_{in} = 0.56 (Ra_H \sin\theta)^{\frac{1}{4}} \quad 10^5 \leqslant RaH\sin\theta < 10^{11} \tag{4-9}$$

表面倾角 $179° < \theta \leqslant 180°$ 时：

$$Nu_{in} = 0.58 Ra_H^{\frac{1}{5}} \quad Ra_H \leqslant 10_{11} \tag{4-10}$$

当室内空气温度低于门窗（或玻璃幕墙）内表面温度（$T_{in} < T_{b,n}$）时，应以（180° − θ）的代替 θ，按以上公式进行计算。

（3）在实际工程中，当内表面有较高速度气流时，室内对流换热应按强制对流计算。

门窗（或玻璃幕墙）内表面对流换热系数应按下式计算：

$$h_{c,in} = 4 + 4V_S \tag{4-11}$$

式中　V_S——门窗（或玻璃幕墙）内表面附近的气流速度（m/s）。

（4）外表面对流换热应按强制对流换热计算。

（5）当进行工程设计或评价实际工程用建筑门窗产品性能计算时，外表面对流换热系数应按下式计算：

$$h_{c,out} = 4 + 4V_S \tag{4-12}$$

式中　V_S——门窗（或玻璃幕墙）外表面附近的气流速度（m/s）。

（6）当进行建筑的全年能耗计算时，门窗外表面对流换热系数应按下列公式计算：

$$h_{c,out} = 4.7 + 7.6V_S \tag{4-13}$$

门窗附近的风速应按门窗的朝向和吹向建筑的风向和风速确定。

1）当门窗外表面迎风时，V_S应按下式计算：

$$V_S = 0.25V \quad V > 2 \tag{4-14}$$

$$V_S = 0.5 \quad V \leqslant 2 \tag{4-15}$$

式中　V——在开阔地上测出的风度（m/s）。

2）当门窗（或玻璃幕墙）外表面为背风时，V_S应按下式计算：

$$V_S = 0.3 + 0.05V \tag{4-16}$$

3）确定表面是迎风还是背风，应按下式计算相对于门窗（或玻璃幕墙）外表面的风向 γ（图4-1）：

$$\gamma = \varepsilon + 180° - \theta \tag{4-17}$$

当 $|\gamma| > 180°$ 时，$\gamma = 360° - |\gamma|$；

当 $-45° \leqslant |\gamma| \leqslant 45°$ 时，表面为迎风向，否则表面为背风向。

式中　θ——风向（由北朝南顺时针测量的角度，见图4-1）；

　　　ε——墙的方位（由南向西为正，反之为负，见图4-1）。

（7）当外表面风速较低时，外表面自然对流换热系数 $h_{c,out}$ 应按下式计算：

$$h_{c,out} = Nu\left(\frac{\lambda}{H}\right) \tag{4-18}$$

式中　λ——空气的导热系数 [W/（m·K）]；

　　　H——表面的特征高度（m）。

努谢尔特数 Nu 是瑞利数 Ra_H 和特征高度 H 的函数，瑞利数 Ra_H 应按下式计算：

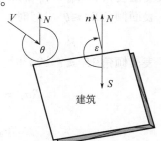

图 4-1　确定风向和墙的方位示意图
n—墙的法向方向　N—北向　S—南向

$$Ra_H = \frac{\gamma^2 H^3 G c_p |T_{s,out} - T_{out}|}{T_{m,f}\mu\lambda} \tag{4-19}$$

式中　γ——空气密度（kg/m³）；

　　　c_p——空气的比热容 [J/（kg·K）]；

　　　G——重力加速度（m/s²），可取 9.80m/s²；

　　　μ——空气运动黏度 [kg/（m·s）]；

　　　T_{out}——室外空气温度（℃）；

$T_{s,out}$——幕墙、门窗外表面温度（℃）；

$T_{m,f}$——外表面平均气流温度（℃），应按下式计算：

$$T_{m,f} = T_{out} + \frac{1}{4}(T_{s,out} - T_{out}) \tag{4-20}$$

努谢尔特数的计算应与本书4.2.3.2内表面计算相同，其中倾角 θ 应以 $(180° - \theta)$ 代替。

4.2.3.3　长波辐射换热

（1）室外平均辐射温度的取值应分为下列两种应用条件：

1）实际工程条件。

2）用于定型产品性能设计或评价的计算标准条件。

（2）对于实际工程计算条件，室外辐射照度 G_{out} 应按下列公式计算：

$$G_{out} = \sigma T_{rm,out}^4 \tag{4-21}$$

$$T_{rm,out} = \left\{ \frac{\left[F_{grd} + (1 - f_{cir})F_{sky}\right]\sigma T_{out}^4 + f_{cir}F_{sky}J_{sky}}{\sigma} \right\}^{\frac{1}{4}} \tag{4-22}$$

式中　$T_{rm,out}$——室外平均辐射温度（K）；

F_{grd}、F_{sky}——门窗系统相对地面（即水平线以下区域）和天空的角系数。

f_{clr}——晴空的比例系数。

1）门窗相对地面、天空的角系数、晴空的比例系数应按下列公式计算：

$$F_{grd} = 1 - F_{sky} \tag{4-23}$$

$$F_{sky} = \frac{1 + \cos \theta}{2} \tag{4-24}$$

式中　θ——门窗系统对地面的倾斜角度。

2）当已知晴空辐射照度 J_{sky} 时，应直接按下列公式计算：

$$J_{sky} = \varepsilon_{sky}\sigma T_{out}^4 \tag{4-25}$$

$$\varepsilon_{sky} = \frac{R_{sky}}{\sigma T_{out}^4} \tag{4-26}$$

$$R_{sky} = 5.31 \times 10^{-13} T^6 \tag{4-27}$$

（3）室内辐射照度应为：

$$G_{in} = \sigma T_{rm,in}^4 \tag{4-28}$$

门窗内表面可认为仅受到室内建筑表面的辐射，墙壁和楼板可作为在室内温度中的大平面。

（4）内表面计算时，应按下列公式简化计算玻璃部分和框部分表面辐射热传递：

$$q_{r,in} = h_{r,in}(T_{s,in} - T_{rm,in}) \tag{4-29}$$

$$h_{r,in} = \frac{\varepsilon_s \sigma(T_{s,in}^4 - T_{rm,in}^4)}{T_{s,in} - T_{rm,in}} \tag{4-30}$$

$$\varepsilon_s = \frac{1}{\dfrac{1}{\varepsilon_{surf}} + \dfrac{1}{\varepsilon_{in}} - 1} \tag{4-31}$$

式中　$T_{rm,in}$——室内辐射温度（K）；

$T_{s,in}$——室内玻璃面或框表面温度（K）；

ε_{surf}——玻璃面或框材料室内表面发射率；

ε_{in}——室内环境材料的平均发射率，一般可取 0.9。

设计或评价建筑门窗的热工性能时，室内表面的辐射换热系数应按下式计算：

$$h_{r,in} = \frac{4.4\varepsilon_s}{0.837} \tag{4-32}$$

（5）进行外表面计算时，应按下列公式简化玻璃面上和框表面上的辐射传热计算：

$$q_{r,out} = h_{r,out}(T_{s,out} - T_{rm,out}) \tag{4-33}$$

$$h_{r,out} = \frac{\varepsilon_{s,out}\sigma(T_{s,out}^4 - T_{rm,out}^4)}{T_{s,out} - T_{rm,out}} \tag{4-34}$$

式中　$T_{rm,out}$——室外平均辐射温度（K）；

$T_{s,out}$——室外玻璃面或框表面温度（K）；

$\varepsilon_{s,out}$——玻璃面或框材料室外表面半球发射率。

设计或评价建筑门窗定型产品的热工性能时，门窗室外表面的辐射换热系数应按下式计算：

$$h_{r,out} = \frac{3.9\varepsilon_{s,out}}{0.837} \tag{4-35}$$

4.2.3.4　综合对流和辐射换热

（1）外表面或内表面的换热应按下式计算：

$$q = h(T_s - T_n) \tag{4-36}$$

$$h = h_r + h_c \tag{4-37}$$

$$T_n = \frac{T_{air}h_c + T_{rm}h_r}{h_c + h_r} \tag{4-38}$$

式中　h_r——辐射换热系数；

h_c——对流换热系数；

T_s——表面温度（K）；

T_n——环境温度（K）。

（2）对于在计算中进行了近似简化的表面，其表面换热系数应根据面积按下式修正：

$$h_{adjusted} = \frac{A_{real}}{A_{approximated}}h \tag{4-39}$$

式中　$h_{adjusted}$——修正后的表面换热系数；

A_{redl}——实际的表面积；

$A_{approximated}$——近似的表面积。

4.3　整樘窗热工性能计算

4.3.1　一般规定

（1）整樘窗（或门，下同）的传热系数、遮阳系数、可见光透射比应采用各部分的相应数值按面积进行加权平均计算。

（2）计算窗产品的热工性能时，框与墙相接的边界应作为绝热边界处理。

4.3.2　整樘窗几何描述

（1）整樘窗应根据框截面的不同对窗框进行分类，每个不同类型窗框截面均应计算框传热系数、线传热系数。

不同类型窗框相交部分的传热系数宜采用邻近框中较高的传热系数代替。

（2）窗在进行热工计算时应按下列规定进行面积划分（见图4-2）。

1）窗框投影面积 A_f。指从室内、外两侧分别投影，得到的可视框投影面积中的较大值，简称"窗框面积"。

2）玻璃投影面积 A_g（或其他镶嵌板的投影面积 A_p）。指从室内、外侧可见玻璃（或其他镶嵌板）边缘围合面积的较小值，简称"玻璃面积"（或"镶嵌板面积"）。

3）整樘窗总投影面积 A_f：指窗

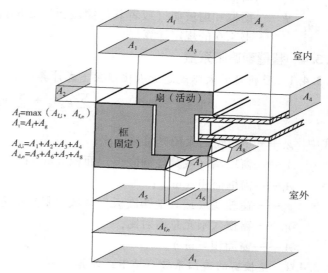

图4-2　窗各部件面积划分示意

框面积 A_f 与窗玻璃面积 A_g（或其他镶嵌板的面积 A_p）之和，简称"窗面积"。

（3）玻璃和框结合处的线传热系数对应的边缘长度 l_ψ 应为框与玻璃接缝长度，并应取室内、室外值中的较大值（图4-3）。

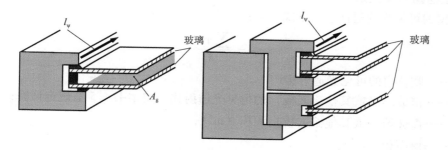

图4-3　窗玻璃区域周长示意图

4.3.3　整樘窗传热系数

整樘窗的传热系数应按下式计算：

$$U_t = \frac{\sum A_g U_g + \sum A_f U_f + \sum l_\psi \psi}{A_t} \tag{4-40}$$

式中　U_t——整樘窗的传热系数 $[W/(m^2 \cdot K)]$；

A_g——窗玻璃（或者其他镶嵌板）面积（m^2）；

A_f——框面积（m^2）；

A_t——窗面积（m^2）；

l_ψ——玻璃区域（或者其他镶嵌板区域）的边缘长度（m）；

U_g——窗玻璃（或者其他镶嵌板）的传热系数 $[W/（m^2 \cdot K）]$，按本书4.5的规定计算；

U_f——窗框的传热系数 $[W/（m^2 \cdot K）]$，按本书4.6的规定计算；

Ψ——窗框和窗玻璃（或者其他镶嵌板）之间的线传热系数 $[W/（m \cdot K）]$，按本书4.6的规定计算。

4.3.4　整樘窗遮阳系数

4.3.4.1　整樘窗的太阳光总透射比应按下式计算：

$$g_t = \frac{\sum g_g A_g + \sum g_f A_f}{A_t} \tag{4-41}$$

式中　g_t——整樘窗的太阳光总透射比；

A_g——窗玻璃（或其他镶嵌板）面积（m^2）；

A_f——窗框面积（m^2）；

g_g——窗玻璃（或其他镶嵌板）区域太阳光总透射比，按本书4.5节规定计算；

g_f——窗框太阳光总透射比；

A_t——窗面积（m^2）。

4.3.4.2　整樘窗的遮阳系数应按下式计算：

$$SC = \frac{g_t}{0.87} \tag{4-42}$$

式中　SC——整樘窗的遮阳系数；

g_t——整樘窗的太阳光总透射比。

4.3.5　整樘窗可见光透射比

整樘窗的可见光透射比应按下式计算：

$$\tau_t = \frac{\sum \tau_v A_g}{A_t} \tag{4-43}$$

式中　τ_t——整樘窗的可见光透射比；

τ_v——窗玻璃（或其他镶嵌板）的可见光透射比，按本书4.5节规定计算；

A_g——窗玻璃（或其他镶嵌板）面积（m^2）；

A_t——窗面积（m^2）。

在没有精确计算的情况下，典型窗的传热系数可采用表4-2～表4-4近似计算。

表4-2　窗框面积占整樘窗面积30%的窗户传热系数

玻璃传热系数 $U_g/[W/（m^2 \cdot K）]$	$U_f[W/（m^2 \cdot K）]$ 窗框面积占整樘窗面积30%								
	1.0	1.4	1.8	2.2	2.6	3.0	3.4	3.8	7.0
5.7	4.3	4.4	4.5	4.6	4.8	4.9	5.0	5.1	6.1
3.3	2.7	2.8	2.9	3.1	3.2	3.3	3.5	3.6	4.4
3.1	2.6	2.7	2.8	2.9	3.1	3.2	3.3	3.5	4.3
2.9	2.4	2.5	2.7	2.8	3.0	3.1	3.2	3.3	4.1
2.7	2.3	2.4	2.5	2.6	2.8	2.9	3.1	3.2	4.0

（续）

玻璃传热系数 $U_g/$ [W/ (m² · K)]	U_f [W/ (m² · K)] 窗框面积占整樘窗面积30%								
	1.0	1.4	1.8	2.2	2.6	3.0	3.4	3.8	7.0
2.5	2.2	2.3	2.4	2.6	2.7	2.8	3.0	3.1	3.9
2.3	2.1	2.2	2.3	2.4	2.6	2.7	2.8	2.9	3.8
2.1	1.9	2.0	2.2	2.3	2.4	2.6	2.7	2.8	3.6
1.9	1.8	1.9	2.0	2.1	2.3	2.4	2.5	2.7	3.5
1.7	1.6	1.8	1.9	2.0	2.2	2.3	2.4	2.5	3.3
1.5	1.5	1.6	1.7	1.9	2.0	2.1	2.3	2.4	3.2
1.3	1.4	1.5	1.6	1.7	1.9	2.0	2.1	2.2	3.1
1.1	1.2	1.3	1.5	1.6	1.7	1.9	2.0	2.1	2.9
2.3	2.0	2.1	2.2	2.4	2.5	2.7	2.8	2.9	3.7
2.1	1.9	2.0	2.1	2.2	2.4	2.5	2.6	2.8	3.6
1.9	1.7	1.8	2.0	2.1	2.3	2.4	2.5	2.6	3.4
1.7	1.6	1.7	1.8	1.9	2.1	2.2	2.4	2.5	3.3
1.5	1.5	1.6	1.7	1.9	2.0	2.1	2.3	2.4	3.2
1.3	1.4	1.5	1.6	1.7	1.9	2.0	2.1	2.2	3.1
1.1	1.2	1.3	1.5	1.6	1.7	1.9	2.0	2.1	2.9
0.9	1.1	1.2	1.3	1.4	1.6	1.7	1.8	2.0	2.8
0.7	0.9	1.1	1.2	1.3	1.5	1.6	1.7	1.8	2.6
0.5	0.8	0.9	1.0	1.2	1.3	1.4	1.6	1.7	2.5

表 4-3　窗框面积占整樘窗面积 20% 的窗户传热系数

玻璃传热系数 $U_g/$ [W/ (m² · K)]	U_f [W/ (m² · K)] 窗框面积占整樘窗面积20%								
	1.0	1.4	1.8	2.2	2.6	3.0	3.4	3.8	7.0
5.7	4.8	4.8	4.9	5.0	5.1	5.2	5.2	5.3	5.9
3.3	2.9	3.0	3.1	3.2	3.3	3.4	3.4	3.5	4.0
3.1	2.8	2.8	2.9	3.0	3.1	3.2	3.3	3.4	3.9
2.9	2.6	2.7	2.8	2.8	3.0	3.0	3.1	3.2	3.7
2.7	2.4	2.5	2.6	2.7	2.8	2.9	3.0	3.0	3.6
2.5	2.3	2.4	2.5	2.6	2.7	2.7	3.8	2.9	3.4
2.3	2.1	2.2	2.3	2.4	2.5	2.6	2.7	2.7	3.3
2.1	2.0	2.1	2.2	2.2	2.3	2.4	2.5	2.6	3.1
1.9	1.8	1.9	2.0	2.1	2.2	2.3	2.3	2.4	3.0
1.7	1.7	1.8	1.8	1.9	2.0	2.1	2.2	2.3	2.8
1.5	1.5	1.6	1.7	1.8	1.9	1.9	2.0	2.1	2.6
1.3	1.4	1.4	1.5	1.6	1.7	1.8	1.9	2.0	2.5
1.1	1.2	1.3	1.4	1.4	1.5	1.6	1.7	1.8	2.3
2.3	2.1	2.2	2.3	2.4	2.5	2.6	2.6	2.7	3.2
2.1	2.0	2.0	2.1	2.2	2.3	2.4	2.5	2.6	3.1
1.9	1.8	1.9	2.0	2.0	2.2	2.2	2.3	2.4	2.9
1.7	1.6	1.7	1.8	1.9	2.0	2.1	2.2	2.2	2.8

（续）

玻璃传热系数 U_g/[W/(m²·K)]	U_f[W/(m²·K)] 窗框面积占整樘窗面积20%								
	1.0	1.4	1.8	2.2	2.6	3.0	3.4	3.8	7.0
1.5	1.5	1.6	1.7	1.8	1.9	1.9	2.0	2.1	2.6
1.3	1.4	1.4	1.5	1.6	1.7	1.8	1.9	2.0	2.5
1.1	1.2	1.3	1.4	1.4	1.5	1.6	1.7	1.8	2.3
0.9	1.0	1.1	1.2	1.3	1.4	1.5	1.6	1.6	2.2
0.7	0.9	1.0	1.0	1.1	1.2	1.3	1.4	1.5	2.0
0.5	0.7	0.8	0.9	1.0	1.1	1.2	1.2	1.3	1.8

表 4-4　部分标准化外窗热工性能参考表

窗类	开启形式	系列	玻璃配置/mm	K	SC
铝合金铝木复合（以铝为主体）	单层推拉窗	90	5+6Ar+5+6Ar+5	2.4	0.78
	双层推拉窗	160	5+12A+5+70+5+12A+5	2.0	0.78
			5+12Ar+5+70+5+12Ar+5	1.8	0.78
	平开窗	60	6Low-E+12Ar+6（高透）	2.4	0.62
		70	5+6A+5+6A+5	2.2	0.78
			5+6Ar+5+6Ar+5	2.0	0.78
			5+9A+5+9A+5	2.0	0.78
			5+9Ar+5+9Ar+5	1.8	0.78
			5+16A+5+9A+5	1.8	0.78
塑料玻璃钢铝木复合（以木为主体）	推拉窗	92	5+6A+5+6A+5	2.4	0.78
			5+6Ar+5+6Ar+5	2.2	0.78
		105	5+9A+5+9A+5	2.2	0.78
			5+9Ar+5+9Ar+5	2.0	0.78
	平开窗	60	6Low-E+12A+6（高透）	2.4	0.62
			6Low-E+12Ar+6（高透）	2.2	0.62
		70	5+6A+5+6A+5	2.2	0.78
窗类	开启形式	系列	玻璃配置/mm	K	SC
塑料玻璃钢铝木复合（以木为主体）	平开窗	70	5+6Ar+5+6Ar+5	2.0	0.78
			5+16A+5+9A+5	1.8	0.78
			5+16Ar+5+9Ar+5	1.5	0.78
			5Low-E+16A+9A+5	1.5	0.62

注：1. 本表中型材是以隔热条宽度24mm的穿条式隔热铝合金型材、3腔以上的塑料型材为基本配置出具的数据，以铝为主的铝木复合窗可参照铝合金窗选用，玻璃钢窗和以木为主的铝木复合窗可参照塑料窗选用；窗框、窗扇宽度应根据玻璃制品厚度确定，构造应符合有关产品标准要求；浇注式隔热铝型材与玻璃配置的传热系数以实测为准；

2. 表中传热系数 K 为设计参考值，使用中以实测为准；

3. 框型材宽度包括表中尺寸相近系列，如铝合金60包括63等；

4. 表中玻璃配置为常规配置顺序，从室外侧至室内侧，未注 Low-E 的均为白玻；

5. 表中 SC 为玻璃遮阳系数设计选用值，外窗玻璃可见光透射率、遮阳系数检测值都不应小于0.6；

6. 实际使用中型材、玻璃等的配置可以高于本表，性能以实际检测值为准。

4.4　结露性能评价

4.4.1　一般规定

（1）评价实际工程中建筑门窗的结露性能时，所采用的计算条件应符合相应的建筑设计标准，并满足工程设计要求。

（2）室外向室内的对流换热系数应根据所选定的计算条件，按本书 4.2 的规定计算确定。

（3）门窗的结露性能评价指标，应采用各个部件内表面温度最低的 10% 面积所对应的最高温度值（T_{10}）。

（4）应按本书 4.6 的规定，采用二维稳态传热计算程序进行典型节点的内表面温度计算。门窗所有典型节点均应进行计算。

（5）对于每一个二维截面，室内表面的展开边界应细分为若干分段，其尺寸不应大于计算软件中使用的网格尺寸，且应给出所有分段的温度计算值。

4.4.2　露点温度的计算

（1）水表面（高于 0℃）的饱和水蒸气压应按下式计算：

$$E_s = E_0 \times 10^{\frac{a+t}{b+t}} \tag{4-44}$$

式中　E_s——空气的饱和水蒸气压（hPa）；

　　　E_0——空气温度为 0℃时的饱和水蒸气压，取 $E_0 = 6.11\text{hPa}$；

　　　t——空气温度（℃）；

　　a、b——参数，$a = 7.5$，$b = 237.3$。

（2）在一定空气相对湿度 f 下，空气的水蒸气压 e 可按下式计算：

$$e = f \cdot E_s \tag{4-45}$$

式中　e——空气的水蒸气压（hPa）；

　　　f——空气的相对湿度（%）；

　　　E_s——空气的饱和水蒸气压（hPa）。

（3）空气的露点温度可按下式计算：

$$T_d = \frac{b}{\dfrac{a}{\lg\left(\dfrac{e}{6.11}\right)} - 1} \tag{4-46}$$

式中　T_d——空气的露点温度（℃）；

　　　e——空气的水蒸气压（hPa）；

　　a、b——参数，$a = 7.5$，$b = 237.3$。

4.4.3　结露的计算与评价

（1）在进行门窗结露计算时，计算节点应包括所有的框、面板边缘以及面板中部。

（2）面板中部的结露性能评价指标 T_{10}，应采用二维稳态传热计算得到的面板中部区域室内表面的温度值；玻璃面板中部的结露性能评价指标 T_{10}，可采用按本书 4.5 计算得到的室内表面温度值。

（3）框、面板边缘区域各自结露性能评价指标 T_{10} 应按照下列方法确定。

1）采用二维稳态传热计算程序，计算框、面板边缘区域的二维截面室内表面各分段的温度；

2）对于每个部件，按照截面室内表面各分段温度的高低进行排序；

3）由最低温度开始，将分段长度进行累加，直至统计长度达到该截面室内表面对应长度的10%；

4）所统计分段的最高温度即为该部件截面的结露性能评价指标值 T_{10}。

（4）在进行工程设计或工程应用产品性能评价时，应以门窗各个截面中每个部件的结露性能评价指标 T_{10} 均不低于露点温度为满足要求。

（5）进行产品性能分级或评价时，应按各个部件最低的结露性能评价指标 $T_{10,\min}$ 进行分级或评价。

（6）采用产品的结露性能评价指标 $T_{10,\min}$ 确定门窗在实际工程中是否结露，应以内表面最低温度不低于室内露点温度为满足要求，可按下式计算判定：

$$\left(T_{10,\min} - T_{\text{out,std}} \right) \frac{T_{\text{in}} - T_{\text{out}}}{T_{\text{in,std}} - T_{\text{out,std}}} + T_{\text{out}} \geq T_{\text{d}} \tag{4-47}$$

式中　$T_{10,\min}$——产品的结露性能评价指标（℃）；

　　　$T_{\text{in,std}}$——结露性能计算时对应的室内标准温度（℃）；

　　　$T_{\text{out,std}}$——结露性能计算时对应的室外标准温度（℃）；

　　　T_{in}——实际工程对应的室内计算温度（℃）；

　　　T_{out}——实际工程对应的室外计算温度（℃）；

　　　T_{d}——室内设计环境条件对应的露点温度（℃）。

4.5　玻璃光学热工性能计算

4.5.1　单片玻璃的光学热工性能

（1）单片玻璃（包括其他透明材料，下同）的光学、热工性能应根据测定的单片玻璃光谱数据进行计算。

测定的单片玻璃光谱数据应包括其各个光谱段的透射比、前反射比和后反射比，光谱范围应至少覆盖300~2500nm波长范围，不同波长范围的数据间隔应满足下列要求：

1）波长为300~400nm时，数据点间隔不应超过5nm；

2）波长为400~1000nm时，数据点间隔不应超过10nm；

3）波长为1000~2500nm时，数据点间隔不应超过50nm。

（2）单片玻璃的可见光透射比 τ_{v} 应按下式计算：

$$\tau_{\text{v}} = \frac{\int_{380}^{780} D_\lambda \tau(\lambda) V(\lambda) d\lambda}{\int_{380}^{780} D_\lambda V(\lambda) d\lambda} \approx \frac{\sum_{\lambda=380}^{780} D_\lambda \tau(\lambda) V(\lambda) \Delta\lambda}{\sum_{\lambda=380}^{780} D_\lambda V(\lambda) \Delta\lambda} \tag{4-48}$$

式中　D_λ——D65标准光源的相对光谱功率分布，见热工表4-4~表4-6；

　$\tau(\lambda)$——玻璃透射比的光谱数据；

　$V(\lambda)$——人眼的视见函数，见热工表4-5~表4-7。

（3）单片玻璃的可见光反射比 ρ_{v} 应按下式计算：

$$\rho_v = \frac{\int_{380}^{780} D_\lambda \rho(\lambda) V(\lambda) d\lambda}{\int_{380}^{780} D_\lambda V(\lambda) d\lambda} \approx \frac{\sum_{\lambda=380}^{780} D_\lambda \rho(\lambda) V(\lambda) \Delta\lambda}{\sum_{\lambda=380}^{780} D_\lambda V(\lambda) \Delta\lambda} \qquad (4\text{-}49)$$

式中 $\rho(\lambda)$——玻璃反射比的光谱数据。

（4）单片玻璃的太阳光直接透射比 τ_s 应按下式计算：

$$\tau_s = \frac{\int_{300}^{2500} \tau(\lambda) S_\lambda \Delta\lambda}{\int_{300}^{2500} S_\lambda d\lambda} \approx \frac{\sum_{\lambda=300}^{2500} \tau(\lambda) S_\lambda \Delta\lambda}{\sum_{\lambda=300}^{2500} S_\lambda \Delta\lambda} \qquad (4\text{-}50)$$

式中 $\tau(\lambda)$——玻璃透射比的光谱；

S_λ——标准太阳光谱，见表 4-5～表 4-7。

（5）单片玻璃的太阳光直接反射比 ρ_s 应按下式计算：

$$\rho_s = \frac{\int_{300}^{2500} \rho(\lambda) S_\lambda d\lambda}{\int_{300}^{2500} S_\lambda d\lambda} \approx \frac{\sum_{\lambda=300}^{2500} \rho(\lambda) S_\lambda \Delta\lambda}{\sum_{\lambda=300}^{2500} S_\lambda \Delta\lambda} \qquad (4\text{-}51)$$

式中 $\rho(\lambda)$——玻璃反射比的光谱。

（6）单片玻璃的太阳光总透射比 g 应按下式计算：

$$g = \tau_s + \frac{A_s h_{in}}{h_{in} + h_{out}} \qquad (4\text{-}52)$$

式中 h_{in}——玻璃室内表面换热系数 [W/（m² · K）]；

h_{out}——玻璃室外表面换热系数 [W/（m² · K）]；

A_s——单片玻璃的太阳光直接吸收比。

（7）单片玻璃的太阳光直接吸收比应按下式计算：

$$A_s = 1 - \tau_s - \rho_s \qquad (4\text{-}53)$$

式中 τ_s——单片玻璃的太阳光直接透射比；

ρ_s——单片玻璃的太阳光直接反射比。

（8）单片玻璃的遮阳系数 SC_{cg} 应按下式计算：

$$SC_{cg} = \frac{g}{0.87} \qquad (4\text{-}54)$$

式中 g——单片玻璃的太阳光总透射比。

4.5.2 多层玻璃的光学热工性能

（1）太阳光透过多层玻璃系统的计算应采用如下计算模型（图4-4）：

一个具有 n 层玻璃的系统，系统分为 $n+1$ 个气体间层，最外层为室外环境（$i=1$），最内层为室内环境（$i=n+1$）。对于波长 λ 的太阳光，系统的光学分析应以第 $i-1$ 层和第 i 层玻璃之间辐射能量 I_i^+（λ）和 I_i^-（λ）建立能量平衡方程，其中角标 " + "

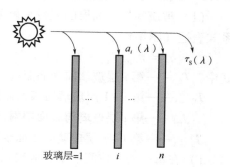

图 4-4 玻璃层的吸收率和太阳光透射比

和"-"分别表示辐射流向室外和流向室内(图4-5)。

可设定室外只有太阳辐射,室外和室内环境的反射比为零。

当 $i = 1$ 时:

$$I_i^+(\lambda) = \tau_1(\lambda)I_2^+(\lambda) + \rho_{f,1}(\lambda)I_s(\lambda) \tag{4-55}$$

$$I_1^-(\lambda) = I_s(\lambda) \tag{4-56}$$

当 $i = n + 1$ 时:

$$I_{n+1}^-(\lambda) = \tau_n(\lambda)I_n^-(\lambda) \tag{4-57}$$

$$I_{n+1}^+(\lambda) = 0 \tag{4-58}$$

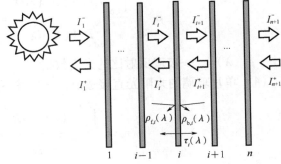

图4-5 多层玻璃体系中太阳辐射热的分析

当 $i = 2 - n$:

$$I_i^+(\lambda) = \tau_i(\lambda)I_{i+1}^+(\lambda) + \rho_{f,i}(\lambda)I_i^-(\lambda) \tag{4-59}$$

$$I_i^-(\lambda) = \tau_{i-1}(\lambda)I_{i-1}^-(\lambda) + \rho_{b,i-1}(\lambda)I_i^+(\lambda) \tag{4-60}$$

利用线性方程组计算各个气体层的 $I_i^-(\lambda)$ 和 $I_i^+(\lambda)$ 值。传向室内的直接透射比应按下式计算:

$$\tau(\lambda)I_s(\lambda) = I_{n+1}^-(\lambda) \tag{4-61}$$

反射到室外的直接反射比应按下式计算:

$$\rho(\lambda)I_s(\lambda) = I_1^+(\lambda) \tag{4-62}$$

第 i 层玻璃的太阳辐射吸收比 $A_i(\lambda)$ 应按下式计算:

$$A_i(\lambda) = \frac{I_i^-(\lambda) - I_i^+(\lambda) + I_{i+1}^+(\lambda) - I_{i+1}^-(\lambda)}{I_s(\lambda)} \tag{4-63}$$

(2)对整个太阳光谱进行数值积分,应按下列公式计算得到第 i 层玻璃吸收的太阳辐射热流密度 S_i:

$$S_i = A_i I_s \tag{4-64}$$

$$A_i = \frac{\int_{300}^{2500} A_i(\lambda) S_\lambda \Delta\lambda}{\int_{300}^{2500} S_\lambda d\lambda} \approx \frac{\sum_{\lambda=300}^{2500} A_i(\lambda) S_\lambda \Delta\lambda}{\sum_{\lambda=300}^{2500} S_\lambda \Delta\lambda} \tag{4-65}$$

式中 A_i ——太阳辐射照射到玻璃系统时,第 i 层玻璃的太阳辐射吸收比。

4.5.3 玻璃气体间层的热传递

(1)玻璃间气体间层的能量平衡可用如下基本关系式表达(图4-6):

$$q_i = h_{c,i}(T_{f,i} - T_{b,i-1}) + J_{f,i} - J_{b,i-1} \tag{4-66}$$

式中 $T_{f,i}$ ——第 i 层玻璃前表面温度(K);

$T_{b,i-1}$ ——第 $i-1$ 层玻璃后表面温度(K);

$J_{f,i}$ ——第 i 层玻璃前表面辐射热(W/m²);

$J_{b,i-1}$ ——第 $i-1$ 层玻璃后表面辐射热(W/m²)。

1)在每一层气体间层中,应按下列公式计算:

$$q_i = S_i + q_{i+1} \tag{4-67}$$

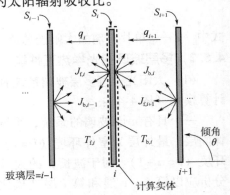

图4-6 第 i 层玻璃的能量平衡

$$J_{f,i} = \varepsilon_{f,i}\sigma T_{f,i}^4 + \tau_i J_{f,i+1} + \rho_{f,i} J_{b,i-1} \tag{4-68}$$

$$J_{b,i} = \varepsilon_{b,i}\sigma T_{b,i}^4 + \tau_i J_{b,i-1} + \rho_{b,i} J_{f,i+1} \tag{4-69}$$

$$T_{b,i} - T_{f,i} = \frac{t_{g,i}}{2\lambda_{g,i}}(2q_{i+1} + S_i) \tag{4-70}$$

式中　$t_{g,i}$——第 i 层玻璃的厚度（m）；

$\quad\quad S_i$——第 i 层玻璃吸收的太阳辐射热（W/m²）；

$\quad\quad \tau_i$——第 i 层玻璃的远红外透射比；

$\quad\quad \rho_{f,i}$——第 i 层前玻璃的远红外反射比；

$\quad\quad \rho_{b,i}$——第 i 层后玻璃的远红外反射比；

$\quad\quad \varepsilon_{b,i}$——第 i 层后表面半球发射率；

$\quad\quad \varepsilon_{f,i}$——第 i 层前表面半球发射率；

$\quad\quad \lambda_{g,i}$——第 i 层玻璃的导热系数 [W/（m·K）]。

2) 在计算传热系数时，应设定太阳辐射 $I_s = 0$。在每层材料均为玻璃（或远红外透射比为零的材料）的系统中，可按如下热平衡方程计算气体间层的传热：

$$q_i = h_{c,i}(T_{f,i} - T_{b,i-1}) + h_{r,i}(T_{f,i} - T_{b,i-1}) \tag{4-71}$$

式中　$h_{r,i}$——第 i 层气体层的辐射换热系数，按式（4-95）计算；

$\quad\quad h_{c,i}$——第 i 层气体层的对流换热系数，按式（4-72）计算。

（2）玻璃层间气体间层的对流换热系数可按下式由无量纲的努谢尔特数 Nu_i 确定：

$$h_{c,i} = Nu_i\left(\frac{\lambda_{g,i}}{d_{g,i}}\right) \tag{4-72}$$

式中　$d_{g,i}$——气体间层 i 的厚度（m）；

$\quad\quad \lambda_{g,i}$——所充气体的导热系数 [W/（m·K）]；

$\quad\quad Nu_i$——努谢尔特数，是瑞利数 Ra_j、气体间层高厚比和气体间层倾角 θ 的函数。

注：在计算高厚比大的气体间层时，应考虑玻璃发生弯曲对厚度的影响。发生弯曲的原因包括：空腔平均温度、空气湿度含量的变化、干燥剂对氮气的吸收、充氮气过程中由于海拔高度和天气变化造成压力的改变等因素。

（3）玻璃层间气体间层的瑞利（Rayleigh）数可按下列公式计算：

$$Ra = \frac{\gamma^2 d^3 G \beta c_p \Delta T}{\mu\lambda} \tag{4-73}$$

$$\beta = \frac{1}{T_m} \tag{4-74}$$

$$A_{g,i} = \frac{H}{d_{gi}} \tag{4-75}$$

式中　Ra——瑞利（Rayleigh）数；

$\quad\quad \gamma$——气体密度（kg/m³）；

$\quad\quad G$——重力加速度（m/s²），可取 9.80（m/s²）；

$\quad\quad C_p$——常压下气体的比热容 [J/（kg·K）]；

$\quad\quad \mu$——常压下气体的黏度 [kg/（m·s）]；

$\quad\quad \lambda$——常压下气体的导热系数 [W/（m·K）]；

$\quad\quad d$——气体间层的厚度（m）；

ΔT——气体间层前后玻璃表面的温度差（K）；

β——将填充气体作理想气体处理时的气体热膨胀系数；

T_m——填充气体的平均温度（K）；

$A_{g,i}$——第 i 层气体间层的高厚比；

H——气体间层顶部到底部的距离（m），通常应和窗的透光区域高度相同。

（4）应对应于不同的倾角 θ 值或范围，定量计算通过玻璃气体间层的对流热传递。以下计算假设空腔从室内加热（即 $T_{f,i} > T_{b,i-1}$），若实际上室外温度高于室内（$T_{f,i} < T_{b,i-1}$），则要将（$180° - \theta$）的代替 θ。

空腔的努谢尔特数 Nu_i 应按下列公式计算：

1）气体间层倾角 $0 \leqslant \theta < 60°$

$$Nu_i = 1 + 1.44 \left[1 - \frac{1708}{Racos\,\theta} \right]^* \left[1 - \frac{1708 \sin^{1.6}(1.8\theta)}{Racos\,\theta} \right] + \left[\left(\frac{Racos\,\theta}{5830} \right)^{\frac{1}{3}} - 1 \right]^*$$
$$Ra < 10^5 \ 且 \quad A_{g,i} > 20 \tag{4-76}$$

式中 函数 $[x]^*$ 表达式为：$[x]^* = \dfrac{x + |x|}{2}$。

2）气体间层倾角 $\theta = 60°$

$$Nu = (Nu_1, Nu_2)_{max} \tag{4-77}$$

式中 $\quad Nu_1 = \left[1 + \left(\dfrac{0.0936 Ra^{0.314}}{1 + G_N} \right)^7 \right]^{\frac{1}{7}}$

$Nu_2 = \left(0.104 + \dfrac{0.175}{A_{g,i}} \right) Ra^{0.283}$

$G_N = \dfrac{0.5}{\left[1 + \left(\dfrac{Ra}{3160} \right)^{20.6} \right]^{0.1}}$

3）气体间层倾角 $60° < \theta < 90°$

可根据式（4-77）和式（4-78）的计算结果按倾角 θ 作线性插值。以上公式适用于 $10^2 < Ra < 2 \times 10^7$ 且 $5 < A_{g,i} < 100$ 的情况。

4）垂直气体间层（$\theta = 90°$）

$$Nu = (Nu_1, Nu_2)_{max} \tag{4-78}$$

$$Nu_1 = 0.0673838 Ra^{\frac{1}{3}} \quad Ra > 5 \times 10^4$$

$$Nu_1 = 0.028154 Ra^{0.4134} \quad 10^4 < Ra \leqslant 5 \times 10^4$$

$$Nu_1 = 1 + 1.7596678 \times 10^{-10} Ra^{2.2984755} \quad Ra \leqslant 10^4$$

$$Nu_2 = 0.242 \left(\frac{Ra}{A_{g,i}} \right)^{0.272}$$

5）气体间层倾角 $90° < \theta < 180°$

$$Nu = 1 + (Nu_v - 1) \sin\theta \tag{4-79}$$

式中 Nu_v——按式（4-78）计算的垂直气体间层的努谢尔特数。

（5）填充气体的密度应按理想气体定律计算：

$$\gamma = \frac{p\hat{M}}{RT_m} \tag{4-80}$$

式中　p——气体压力，标准状态下 $p = 101300\text{Pa}$；

　　　γ——气体密度（kg/m^3）；

　　　T_m——气体的温度，标准状态下 $T_m = 293\text{K}$；

　　　R——气体常数 [J/（kmol · K）]；

　　　M——气体的摩尔质量（kg/mol）。

气体的常压比热容 c_p、运动黏度 μ、导热系数 λ 是温度的线性函数，典型气体的参数应按表 4-10 ~ 表 4-13 给出的公式和相关参数计算。

（6）混合气体的密度、导热系数、运动黏度和比热容是各气体相应比例的函数，应按下列公式和规定计算：

1）摩尔质量

$$\hat{M}_{\text{mix}} = \sum_{i=1}^{v} x_i \hat{M}_i \tag{4-81}$$

式中　x_i——混合气体中某一气体的摩尔数。

2）密度

$$\gamma_{\text{mix}} = \frac{p \hat{M}_{\text{mix}}}{R T_m} \tag{4-82}$$

3）比热容

$$c_{p,\text{mix}} = \frac{\hat{c}_{p,\text{mix}}}{\hat{M}_{\text{mix}}} \tag{4-83}$$

$$\hat{c}_{p,\text{mix}} = \sum_{i=1}^{v} x_i \hat{c}_{p,i} \tag{4-84}$$

$$\hat{c}_{p,i} = c_{p,i} \hat{M}_i \tag{4-85}$$

4）运动黏度

$$\mu_{\text{mix}} = \sum_{i=1}^{v} \frac{\mu_i}{\left[1 + \sum_{\substack{j=1 \\ j \neq i}}^{v} \left(\phi_{i,j}^{\mu} \frac{x_j}{x_i} \right) \right]} \tag{4-86}$$

$$\phi_{i,j}^{\mu} = \frac{\left[1 + \left(\frac{\mu_i}{\mu_j} \right)^{\frac{1}{2}} \left(\frac{\hat{M}_j}{\hat{M}_i} \right)^{\frac{1}{4}} \right]^2}{2\sqrt{2} \left[1 + \left(\frac{\hat{M}_i}{\hat{M}_j} \right) \right]^{\frac{1}{2}}} \tag{4-87}$$

5）导热系数

$$\lambda_{\text{mix}} = \lambda_{\text{mix}}^{'} + \lambda_{\text{mix}}^{''} \tag{4-88}$$

$$\lambda_{\text{mix}}^{'} = \sum_{i=1}^{v} \frac{\lambda_i^{'}}{1 + \sum_{\substack{j=1 \\ j \neq i}}^{v} \left(\psi_{i,j} \frac{x_i}{x_j} \right)} \tag{4-89}$$

$$\psi_{i,j} = \frac{\left[1 + \left(\frac{\lambda_i^{'}}{\lambda_j^{'}} \right)^{\frac{1}{2}} \left(\frac{\hat{M}_i}{\hat{M}_j} \right)^{\frac{1}{4}} \right]^2}{2\sqrt{2} \left[1 + \left(\frac{\hat{M}_i}{\hat{M}_j} \right) \right]^{\frac{1}{2}}} \left[1 + 2.41 \frac{(\hat{M}_i - \hat{M}_j)(\hat{M}_i - 0.142\hat{M}_j)}{(\hat{M}_i + \hat{M}_j)^2} \right] \tag{4-90}$$

$$\lambda''_{\text{mix}} = \sum_{i=1}^{v} \frac{\lambda''_i}{\left[1 + \sum_{\substack{j=1 \\ j \neq i}}^{v} \left(\phi^\lambda_{i,j} \frac{x_j}{x_i}\right)\right]} \tag{4-91}$$

$$\phi^\lambda_{i,j} = \frac{\left[1 + \left(\frac{\lambda'_i}{\lambda'_j}\right)^{\frac{1}{2}} \left(\frac{\hat{M}_i}{\hat{M}_j}\right)^{\frac{1}{4}}\right]^2}{2\sqrt{2}\left[1 + \left(\frac{\hat{M}_i}{\hat{M}_j}\right)\right]^{\frac{1}{2}}} \tag{4-92}$$

式中　λ'_i——单原子气体的导热系数 $[\text{W}/(\text{m} \cdot \text{K})]$；

　　　λ''_i——多原子气体由于内能的散发所产生运动的附加导热系数 $[\text{W}/(\text{m} \cdot \text{K})]$。

应按以下步骤求取 λ_{mix}。

1）计算 λ'_i

$$\lambda'_i = \frac{15}{4} \frac{R}{\hat{M}_i} \mu_i \tag{4-93}$$

2）计算 λ''_i

$$\lambda''_i = \lambda_i - \lambda'_i \tag{4-94}$$

式中　λ'_i——第 i 种填充气体的导热系数 $[\text{W}/(\text{m} \cdot \text{K})]$。

3）用 λ'_i 计算 λ'_{mix}

4）用 λ''_i 计算 λ''_{mix}

5）取 $\lambda_{\text{mix}} = \lambda'_{\text{mix}} + \lambda''_{\text{mix}}$

（7）玻璃（或其他远红外辐射透射比为零的板材），气体间层两侧玻璃的辐射换热系数 h_τ 应按下式计算：

$$h_\tau = 4\sigma \left(\frac{1}{\varepsilon_1} + \frac{1}{\varepsilon_2} - 1\right)^{-1} \times T_{\text{m}}^3 \tag{4-95}$$

式中　σ——斯蒂芬-玻尔兹曼常数；

　　　T_{m}——气体间层中两个表面的平均绝对温度（K）；

ε_1、ε_2——气体间层中的两个玻璃表面在平均绝对温度 T_{m} 下的半球发射率。

4.5.4　玻璃系统的热工参数

（1）计算玻璃系统的传热系数时，应采用简单的模拟环境条件，仅考虑室内外温差，没有太阳辐射，应按下式计算：

$$U_{\text{g}} = \frac{q_{\text{in}}(I_n = 0)}{T_{\text{ni}} - T_{\text{ne}}} \tag{4-96}$$

$$U_{\text{g}} = \frac{1}{R_t} \tag{4-97}$$

式中　$q_{\text{in}}(I_n = 0)$——没有太阳辐射热时，通过玻璃系统传向室内的净热流（W/m^2）；

　　　　　　T_{ne}——室外环境温度（K），按式（4-101）计算；

　　　　　　T_{ni}——室内环境温度（K），按式（4-101）计算。

1）玻璃系统的传热阻 R_t 应为各层玻璃、气体间层、内外表面换热阻之和，应按下列公式计算：

$$R_t = \frac{1}{h_{\text{out}}} + \sum_{i=2}^{n} R_i + \sum_{i=1}^{n} R_{g,i} + \frac{1}{h_{\text{in}}} \qquad (4\text{-}98)$$

$$R_{g,i} = \frac{t_{g,i}}{\lambda_{g,i}} \qquad (4\text{-}99)$$

$$R_i = \frac{T_{f,i} - T_{b,i-1}}{q_i} \quad i = 2 - n \qquad (4\text{-}100)$$

式中　$R_{g,i}$——第 i 层玻璃的固体热阻（$\text{m}^2 \cdot \text{K/W}$）；

　　　R_i——第 i 层气体间层的热阻（$\text{m}^2 \cdot \text{K/W}$）；

$T_{f,i}$、$T_{b,i-1}$——第 i 层气体间层的外表面和内表面温度（K）；

　　　q_i——第 i 层气体间层的热流密度，应按本章 4.5.3 中（1）的规定计算。

其中，第 1 层气体间层为室外，最后一层气体间层（$n+1$）为室内。

2）环境温度应是周围空气温度 T_{air} 和平均辐射温度 T_{mm} 的加权平均值，应按下式计算：

$$T_n = \frac{h_c T_{\text{air}} + h_r T_{\text{mm}}}{h_c + h_r} \qquad (4\text{-}101)$$

式中　h_c、h_r——应按本书 4.2 的规定计算。

（2）玻璃系统的遮阳系数的计算应符合下列规定：

1）各层玻璃室外侧方向的热阻应按下式计算：

$$R_{\text{out},i} = \frac{1}{h_{\text{out}}} + \sum_{k=2}^{i} R_k + \sum_{k=1}^{i=1} R_{g,k} + \frac{1}{2} R_{g,i} \qquad (4\text{-}102)$$

式中　$R_{g,i}$——第 i 层玻璃的固体热阻（$\text{m}^2 \cdot \text{K/W}$）；

　　　$R_{g,k}$——第 k 层玻璃的固体热阻（$\text{m}^2 \cdot \text{K/W}$）；

　　　R_k——第 k 层气体间层的热阻（$\text{m}^2 \cdot \text{K/W}$）。

2）各层玻璃向室内的二次传热应按下式计算：

$$q_{\text{in},i} = \frac{A_{s,i} R_{\text{out},i}}{R_t} \qquad (4\text{-}103)$$

3）玻璃系统的太阳光总透射比应按下式计算：

$$g = \tau_s + \sum_{i=1}^{n} q_{\text{in},i} \qquad (4\text{-}104)$$

（3）太阳光谱、人眼视见函数、标准光源

表 4-5 按波长给出了 $D65$ 标准光源、视见函数、光谱间隔三者的乘积，可用于材料的有关可见光反射、透射、吸收等性能的计算。

表 4-5　$D65$ 标准光源、视见函数、光谱间隔乘积

λ/nm	$D_\lambda V(\lambda)\,\Delta\lambda \times 10^2$	λ/nm	$D_\lambda V(\lambda)\,\Delta\lambda \times 10^2$
380	0.0000	600	5.3542
390	0.0005	610	4.2491
400	0.0030	620	3.1502
410	0.0103	630	2.0812
420	0.0352	640	1.3810
430	0.0948	650	0.8070

（续）

λ/nm	$D_\lambda V（\lambda）\Delta\lambda\times10^2$	λ/nm	$D_\lambda V（\lambda）\Delta\lambda\times10^2$
440	0.2274	660	0.4612
450	0.4192	670	0.2485
460	0.6663	680	0.1255
470	0.9850	690	0.0536
480	1.5189	700	0.0276
490	2.1336	710	0.0146
500	3.3491	720	0.0057
510	5.1393	730	0.0035
520	7.0523	740	0.0021
530	8.7990	750	0.0008
540	9.4457	760	0.0001
550	9.8077	770	0.0000
560	9.4306	780	0.000
570	8.6891		
580	7.8994		
590	6.3306		

注：表中的数据为 D65 光源标准的相对光谱分布 D_λ 乘以视见函数 $V（\lambda）$ 以及波长间隔 $\Delta\lambda$。

表 4-6 按波长给出了太阳辐射、光谱间隔的乘积，可用于材料的有关太阳光反射、透射、吸收等性能的计算。

表 4-6 地面上标准的太阳光相对光谱分布

λ/nm	$S_\lambda\Delta\lambda$	λ/nm	$S_\lambda\Delta\lambda$
300	0	450	0.015343
305	0.000057	460	0.016166
310	0.000236	470	0.016178
315	0.00054	480	0.016402
320	0.000916	490	0.015794
325	0.001309	500	0.015801
330	0.001914	510	0.015973
335	0.002018	520	0.015357
340	0.002189	530	0.015867
345	0.002260	540	0.015827
350	0.002445	550	0.015844
355	0.002555	560	0.015590
360	0.002683	570	0.015256
365	0.003020	580	0.014745

（续）

λ/nm	$S_\lambda \Delta\lambda$	λ/nm	$S_\lambda \Delta\lambda$
370	0.003359	590	0.014330
375	0.003509	600	0.014663
380	0.003600	610	0.015030
385	0.003529	620	0.014859
390	0.003551	630	0.014622
395	0.004294	640	0.014526
400	0.007812	650	0.014445
410	0.011638	660	0.014313
420	0.011877	670	0.014023
430	0.011347	680	0.012838
440	0.013246	690	0.011788
700	0.012453	1450	0.003792
710	0.012798	1500	0.009693
720	0.010589	1550	0.013693
730	0.011233	1600	0.012203
740	0.012175	1650	0.010615
750	0.012181	1700	0.007256
760	0.009515	1750	0.007183
770	0.010479	1800	0.002157
780	0.011381	1850	0.000398
790	0.011262	1900	0.000082
800	0.028718	1950	0.001087
850	0.048240	2000	0.003024
900	0.040297	2050	0.003988
950	0.021384	2100	0.004229
1000	0.036097	2150	0.004142
1050	0.034110	2200	0.003690
1100	0.018861	2250	0.003592
1150	0.013228	2300	0.003436
1200	0.022551	2350	0.003163
1250	0.023376	2400	0.002233
1300	0.017756	2450	0.001202
1350	0.003743	2500	0.000475
1400	0.000741		

注：空气质量为 1.5 时地面上标准的太阳光（直射 + 散射）相对光谱分布出自 ISO 9845—1：1992。表中数据为标准的相对光谱乘以波长间隔。

　　表 4-7 按波长给出了太阳光紫外线辐射、光谱间隔的乘积，可用于材料的有关太阳光紫外线的反射、透射、吸收等性能的计算。

表 4-7　地面上太阳光紫外线部分的标准相对光谱分布

λ/nm	$S_\lambda \Delta\lambda$	λ/nm	$S_\lambda \Delta\lambda$
300	0	345	0.073326
305	0.001859	350	0.079330
310	0.007665	355	0.081894
315	0.017961	360	0.087039
320	0.029732	365	0.097963
325	0.042466	370	0.108987
330	0.0262108	375	0.113837
335	0.065462	380	0.058351
340	0.071020		

注：空气质量为 1.5 时地面上标准的太阳光（直射 + 散射）相对光谱分布出自 ISO 9845—1：1992。表中数据为标准的相对光谱乘以波长间隔。

表 4-8 为典型玻璃及玻璃制品的光学、热工性能参数表。

表 4-8　典型玻璃及玻璃制品的光学、热工性能参数表

	玻璃品种及规格/mm	可见光透射比 τ_v	太阳光总透射比 g_g	遮阳系数 SC	中部传热系数 $U_g/$ [W/ (m² · K)]
中空玻璃	6 高透 Low-E + 12 空气 + 6 透明	0.72	0.54	0.62	1.8
	6 高透 Low-E + 12 空气 + 6 透明（暖边）	0.72	0.54	0.62	1.8 *
	6 高透 Low-E + 12 氩气 + 6 透明	0.72	0.54	0.62	1.5
	6 高透 Low-E + 12 氩气 + 6 透明（暖边）	0.72	0.54	0.62	1.5 *
双中空玻璃	5 透明 + 6 空气 + 5 透明 + 6 空气 + 5 透明	0.75	0.64	0.74	2.1
	5 透明 + 6 氩气 + 5 透明 + 6 氩气 + 5 透明	0.75	0.64	0.74	1.9
	5 高透 Low-E + 6 空气 + 5 透明 + 6 空气 + 5 透明	0.72	0.52	0.6	1.8
	5 高透 Low-E + 6 氩气 + 5 透明 + 6 氩气 + 5 透明	0.72	0.52	0.6	1.6
	5 透明 + 9 空气 + 5 透明 + 9 空气 + 5 透明	0.75	0.64	0.74	1.9
	5 透明 + 9 氩气 + 5 透明 + 9 氩气 + 5 透明	0.75	0.64	0.74	1.7
	5 高透 Low-E + 9 空气 + 5 透明 + 9 空气 + 5 透明	0.72	0.52	0.6	1.6
	5 高透 Low-E + 9 氩气 + 5 透明 + 9 氩气 + 5 透明	0.72	0.52	0.6	1.4

（续）

玻璃品种及规格/mm	可见光透射比 τ_v	太阳光总透射比 g_g	遮阳系数 SC	中部传热系数 $U_g/[W/(m^2 \cdot K)]$
内置遮阳单中空玻璃制品				
5 高透 Low-E + 19 空气 + 5 透明	0.72 百叶收拢	0.58 百叶收拢	0.25 百叶收拢	1.9 百叶收拢
5 高透 Low-E + 19 氩气 + 5 透明	0.72 百叶收拢	0.58 百叶收拢	0.25 百叶收拢	1.6 百叶收拢
5 高透 Low-E + 19 空气 + 5 透明（高性能暖边）	0.72 百叶收拢	0.58 百叶收拢	0.25 百叶收拢	1.9 * 百叶收拢
5 高透 Low-E + 19 氩气 + 5 透明（高性能暖边）	0.72 百叶收拢	0.58 百叶收拢	0.25 百叶收拢	1.6 * 百叶收拢
内置遮阳双中空玻璃制品				
5 透明 + 19 空气 + 5 透明 + 6 空气 + 5 透明	0.75 百叶收拢	0.66 百叶收拢	0.29 百叶关闭	1.9 百叶收拢
5 透明 + 19 氩气 + 5 透明 + 6 空气 + 5 透明	0.75 百叶收拢	0.66 百叶收拢	0.29 百叶关闭	1.6 百叶收拢
5 透明 + 6 空气 + 5 透明 + 19 空气 + 5 透明（高密高强 PVC 侧框）	0.75 百叶收拢	0.66 百叶收拢	0.29 百叶关闭	1.8 百叶收拢
5 透明 + 6 空气 + 5 透明 + 19 氩气 + 5 透明（高密高强 PVC 侧框）	0.75 百叶收拢	0.66 百叶收拢	0.29 百叶关闭	1.5 百叶收拢
双中空镶嵌安全玻璃				
3.2 透明 + 0.76pvb + 3.2 透明 + 7 氩气 + 5 镶嵌 + 7 氩气 + 5 透明	0.4 – 0.75	0.22 – 0.61	0.25 – 0.7	1.8
3.2 高透 Low-E + 0.76pvb + 3.2 透明 + 7 氩气 + 5 镶嵌 + 7 氩气 + 5 透明	0.4 – 0.72	0.17 – 0.52	0.2 – 0.6	1.4
调光单中空玻璃				
5 透明 + 1 温控变色膜 + 5 透明 + 12 空气 + 5 高透 Low-E	0.69 变色前	0.58 变色前	0.25 全变色后	1.8
5 超白 + 1 温控变色膜 + 5 超白 + 12 空气 + 5 高透 Low-E	0.62 通电前	0.55 通电前	0.25 通电后	1.8
5 透明 + 1 温控变色膜 + 5 透明 + 12 空气 + 5 高透 Low-E（暖边）	0.69 变色前	0.58 变色前	0.25 全变色后	1.8 *
5 超白 + 1 温控变色膜 + 5 超白 + 12 空气 + 5 高透 Low-E（暖边）	0.62 通电前	0.55 通电前	0.25 通电后	1.8 *
调光双中空玻璃				
5 透明 + 1 温控变色膜 + 5 透明 + 6 氩气 + 5 超白 + 6 氩气 + 5 超白	0.71 变色前	0.57 变色前	0.25 全变色后	1.9
5 超白 + 1 温控变色膜 + 5 超白 + 6 氩气 + 5 超白 + 6 氩气 + 5 超白	0.64 通电前	0.55 通电前	0.25 通电后	1.9
真空玻璃				
5 高透 Low-E + 2 真空 + 5 透明	0.72	0.54	0.62	0.6

（续）

玻璃品种及规格/mm		可见光透射比 τ_v	太阳光总透射比 g_g	遮阳系数 SC	中部传热系数 U_g/［W/（m²·K）］
复合真空玻璃	5 高透 Low-E + 2 真空 + 5 透明 + 9 空气 + 5 透明	0.72	0.52	0.6	0.54
	5 高透 Low-E + 2 真空 + 5 透明 + 9 氩气 + 5 透明	0.72	0.52	0.6	0.5

注：1. 表中的中空玻璃（包括内置遮阳单中空和双中空玻璃制品、调光单中空和双中空玻璃等）采用高透 Low-E 玻璃适用于东、南、西三向主要居住空间外窗，其冬季遮阳系数不应低于 0.6，采用中透 Low-E 玻璃仅适用于北向及东、南、西向非主要居住空间外窗；其他各类型玻璃及制品的玻璃冬季遮阳系数均不应低于 0.6。

2. 表中的中空玻璃及制品中部传热系数值凡是标注 * 号的，均采用了暖边技术。由于中空玻璃采用暖边技术，较好地改善了中空玻璃内表面尤其是边缘部位温度不均的不利现象，虽然不能改变中空玻璃中部传热系数，但却可以等效降低外窗整窗传热系数 0.2 ~ 0.3（依采用的暖边隔条性能高低而定），即设计人员可以在依据《建筑门窗玻璃幕墙热工计算规程》（JGJ/T 151—2008）计算出来的或者依照《居住建筑标准化外窗系统应用技术规程》（DGJ/J 157—2013）以及本图集查询到的外窗传热系数值基础上直接扣除 0.2 ~ 0.3。

3. 双中空镶嵌安全玻璃的可见光透射比、太阳能总透射比、遮阳系数在安全玻璃制品中的镶嵌玻璃依据功能设计要求采用或透明或漫反或刻花玻璃时，会呈现一定的数值变化，具体设计值应经相关机构认可。

4. 表中各光学以及热工性能参数采用软件计算和法定检测报告统计数据相互印证确定，可作为设计参考，实际工程应用应以法定检测机构的针对性检测数据为准。

典型玻璃系统的光学热工参数在没有精确计算的情况下，以下数值可作为玻璃系统光学热工参数的近似值，见表 4-9。

表 4-9　典型玻璃系统的光学热工参数

玻璃品种		可见光透射比 τ_v	太阳光总透射比 g_g	遮阳系数 SC	传热系数 U_g/［W/（m²·K）］
透明玻璃	3mm 透明玻璃	0.83	0.87	1.00	5.8
	6mm 透明玻璃	0.77	0.82	0.93	5.7
	12mm 透明玻璃	0.65	0.74	0.84	5.5
吸热玻璃	5mm 绿色吸热玻璃	0.77	0.64	0.76	5.7
	6mm 蓝色吸热玻璃	0.54	0.62	0.72	5.7
	5mm 茶色吸热玻璃	0.50	0.62	0.72	5.7
	5mm 灰色吸热玻璃	0.42	0.60	0.69	5.7
热反射玻璃	6mm 高透光热反射玻璃	0.56	0.56	0.64	5.7
	6mm 中等透光热反射玻璃	0.40	0.43	0.49	5.4
	6mm 低透光热反射玻璃	0.15	0.26	0.30	4.6
	6mm 特低透光热反射玻璃	0.11	0.25	0.29	4.6
单片 Low-E 玻璃	6mm 高透光 Low-E 玻璃	0.61	0.51	0.58	3.6
	6mm 中等透光 Low-E 玻璃	0.55	0.44	0.51	3.5

（续）

玻璃品种		可见光透射比 τ_v	太阳光总透射比 g_g	遮阳系数 SC	传热系数 U_g/ $[W/(m^2 \cdot K)]$
中空玻璃	6 透明 +12 空气 +6 透明	0.71	0.75	0.86	2.8
	6 绿色吸热 +12 空气 +6 透明	0.66	0.47	0.54	2.8
	6 灰色吸热 +12 空气 +6 透明	0.38	0.45	0.51	2.8
	6 中等透光热反射 +12 空气 +6 透明	0.28	0.29	0.34	2.4
	6 低透光热反射 +12 空气 +6 透明	0.16	0.16	0.18	2.3
	6 高透光 Low-E +12 空气 +6 透明	0.72	0.47	0.62	1.9
	6 中透光 Low-E +12 空气 +6 透明	0.62	0.37	0.50	1.8
	6 较低透光 Low-E +12 空气 +6 透明	0.48	0.28	0.38	1.8
	6 低透光 Low-E +12 空气 +6 透明	0.35	0.20	0.30	1.8
	6 高透光 Low-E +12 氩气 +6 透明	0.72	0.47	0.62	1.5
	6 中透光 Low-E +12 氩气 +6 透明	0.62	0.37	0.50	1.4

常用气体热物理性能。

表 4-10 ~ 表 4-13 给出的线性公式及系数可以用于计算填充空气、氩气、氪气、氙气四种气体空气层的导热系数、运动黏度和常压比热容。传热计算时，假设所充气体是不发射辐射或吸收辐射的气体。

表 4-10　气体的导热系数

气体	系数 a	系数 b	λ（273K 时）/ $[W/(m \cdot K)]$	λ（283K 时）/ $[W/(m \cdot K)]$
空气	2.873×10^{-3}	7.760×10^{-3}	0.0241	0.0249
氩气	2.285×10^{-3}	5.149×10^{-3}	0.0163	0.0168
氪气	9.443×10^{-3}	2.826×10^{-3}	0.0087	0.0090
氙气	4.538×10^{-3}	1.723×10^{-3}	0.0052	0.0053

其中　$\lambda = a + bT$ $[W/(m \cdot K)]$

表 4-11　气体的运动黏度

气体	系数 a	系数 b	μ（273K 时）/ $[kg/(m \cdot s)]$	μ（283K 时）/ $[kg/(m \cdot s)]$
空气	3.723×10^{-6}	4.940×10^{-8}	1.722×10^{-5}	1.771×10^{-5}
氩气	3.379×10^{-6}	6.451×10^{-8}	2.100×10^{-5}	2.165×10^{-5}
氪气	2.213×10^{-6}	7.777×10^{-8}	2.346×10^{-5}	2.423×10^{-5}
氙气	1.069×10^{-6}	7.414×10^{-8}	2.132×10^{-5}	2.206×10^{-5}

其中　$\mu = a + b$ $[kg/(m \cdot s)]$

表 4-12　气体的常压比热容

气体	系数 a	系数 b	c_p（273K 时）/ $[J/(kg \cdot K)]$	c_p（283K 时）/ $[J/(kg \cdot K)]$
空气	1002.7370	1.2324×10^{-2}	1006.1034	1006.2266

（续）

气体	系数 a	系数 b	c_p（273K 时）/ $[J/（kg·K）]$	c_p（283K 时）/ $[J/（kg·K）]$
氩气	521.9285	0	52109285	521.9285
氪气	248.0907	0	248.0907	248.0907
氙气	158.3397	0	158.3397	158.3397

其中　$c_p = a + bT$ $[J/（kg·K）]$

表 4-13　气体的摩尔质量

气体	摩尔质量/（kg/kmol）
空气	28.97
氩气	39.948
氪气	83.80
氙气	131.30

4.6　框的热工性能计算

4.6.1　框的传热系数及框与面板接缝的线传热系数

（1）应采用二维稳态热传导计算软件进行框的传热计算。软件中的计算程序应包括本规程所规定的复杂灰色体漫反射模型和玻璃气体间层内、框空腔内的对流换热计算模型。

（2）计算框的传热系数 U_f 时应符合下列规定：

1）框的传热系数 U_f 应在计算窗的某一框截面的二维热传导的基础上获得。

2）在框的计算截面中，应用一块导热系数 $\lambda = 0.03W/（m·K）$ 的板材替代实际的玻璃（或其他镶嵌板），板材的厚度等于所替代面板的厚度，嵌入框的深度按照面板嵌入的实际尺寸，可见部分的板材宽度 b_p 不应小于 200mm（图 4-7）。

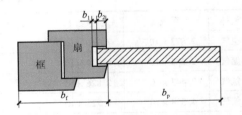

图 4-7　框传热系数计算模型示意

3）在室内外标准条件下，用二维热传导计算程序计算流过图示截面的热流 q_w，并应按下式整理：

$$q_w = \frac{(U_f b_f + U_p b_p)(T_{n,in} - T_{n,out})}{b_f + b_p} \tag{4-105}$$

$$U_f = \frac{L_f^{2D} - U_p b_p}{b_f} \tag{4-106}$$

$$L_f^{2D} = \frac{qw(b_f + b_p)}{T_{n,in} - T_{n,out}} \tag{4-107}$$

式中　U_f——框的传热系数 $[W/（m^2·K）]$；

　　　L_f^{2D}——框截面整体的线传热系数 $[W/（m·K）]$；

　　　U_p——板材的传热系数 $[W/（m^2·K）]$；

b_1——框的投影宽度（m）；

b_P——板材可见部分的宽度（m）；

$T_{n,in}$——室内环境温度（K）；

$T_{n,out}$——室外环境温度（K）。

（3）计算框与玻璃系统（或其他镶嵌
板）接缝的线传热系数 Ψ 时应符合下列
规定：

1）用实际的玻璃系统（或其他镶嵌板）
替代导热系数 $\lambda = 0.03 \mathrm{W/(m \cdot K)}$ 的板材，其
他尺寸不改变（图4-8）；

2）用二维热传导计算程序，计算在室
内外标准条件下流过图示截面的热流 q_Ψ，并
应按下式整理：

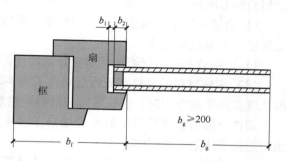

图 4-8　框与面板接缝线传热系数计算模型示意

$$q_\psi = \frac{(U_f b_f + U_g b_g + \psi)(T_{n,in} - T_{n,out})}{b_f + b_g} \tag{4-108}$$

$$\psi = L_\psi^{2D} - U_f \cdot b_f - U_g \cdot b_g \tag{4-109}$$

$$L_\psi^{2D} = \frac{q_\psi(b_f + b_g)}{T_{n,in} - T_{n,out}} \tag{4-110}$$

式中　Ψ——框与玻璃（或其他镶嵌板）接缝的线传热系数 $[\mathrm{W/(m \cdot K)}]$；

L_Ψ^{2D}——框截面整体线传热系数 $[\mathrm{W/(m \cdot K)}]$；

U_g——玻璃的传热系数 $[\mathrm{W/(m^2 \cdot K)}]$；

b_g——玻璃可见部分的宽度（m）；

$T_{n,in}$——室内环境温度（K）；

$T_{n,out}$——室外环境温度（K）。

4.6.2　传热控制方程

（1）框（包括固体材料、空腔和缝隙）的二维稳态热传导计算程序应采用如下基本
方程：

$$\frac{\partial^2 T}{\partial x^2} + \frac{\partial^2 T}{\partial y^2} = 0 \tag{4-111}$$

1）窗框内部任意两种材料相接表面的热流密度 q 应按下式计算：

$$q = -\lambda \left(\frac{\partial T}{\partial x} e_x + \frac{\partial T}{\partial y} e_y \right) \tag{4-112}$$

式中　λ——材料的导热系数。

e_x、e_y——两种材料交界面单位法向量在 x 和 y 方向的分量。

2）在窗框的外表面，热流密度 q 应按下式计算：

$$q = q_c + q_r \tag{4-113}$$

式中　q_c——热流密度的对流换热部分；

q_r——热流密度的辐射换热部分。

（2）采用二维稳态热传导方程求解框截面的温度和热流分布时，截面的网格划分原则

应符合下列规定：

1）任何一个网格内部只能含有一种材料。

2）网格的疏密程度应根据温度分布变化的剧烈程度而定，应根据经验判断，温度变化剧烈的地方网格应密些，温度变化平缓的地方网格可稀疏一些。

3）当进一步细分网格，流经窗框横截面边界的热流不再发生明显变化时，该网格的疏密程度可认为是适当的。

4）可用若干段折线近似代替实际的曲线。

（3）固体材料的导热系数可选用热工表 4-20 的数值，也可直接采用检测的结果。在求解二维稳态传热方程时，应假定所有材料导热系数均不随温度变化。

固体材料的表面发射率数值应按热工表 4-21 和表 4-22 确定；若表面发射率为固定值，也可直接采用表 4-20 中的数值。

（4）当有热桥存在时，应按下列公式计算热桥部位（例如螺栓、螺钉等部位）固体的当量导热系数：

$$\lambda_{eff} = F_b \lambda_b + (1 - F_b) \lambda_n \qquad (4\text{-}114)$$

$$F_b = \frac{S}{A_d} \qquad (4\text{-}115)$$

式中　S——热桥元件的面积（例如螺栓的面积）（m^2）；

　　　A_d——热桥元件的间距范围内材料的总面积（m^2）；

　　　λ_b——热桥材料导热系数 [W/（m·K）]；

　　　λ_n——无热桥材料时材料的导热系数 [W/（m·K）]。

（5）判断是否需要考虑热桥影响的原则应符合下列规定：

1）当 $F_b \leqslant 1\%$ 时，忽略热桥影响；

2）当 $1\% < F_b \leqslant 5\%$，且 $\lambda_b > 10\lambda_n$ 时，应按本节（4）规定计算；

3）当 $F_b > 5\%$ 时，必须按本节（4）规定计算。

4.6.3　玻璃气体间层的传热

计算框与玻璃系统（或其他镶嵌板）接缝处的线传热系数 Ψ 时，应计算玻璃空气间层的传热。可将玻璃的空气间层当作一种不透明的固体材料，导热系数可采用当量导热系数代替，第 i 个气体间层的当量导热系数应按下式计算：

$$\lambda_{eff,i} = q_i \left(\frac{d_{g,i}}{T_{f,i} - T_{b,i-1}} \right) \qquad (4\text{-}116)$$

式中　$d_{g,i}$——第 i 个气体间层的厚度（m）。

其他按 4.5.3 的规定计算确定。

4.6.4　封闭空腔的传热

（1）计算框内封闭空腔的传热时，应将封闭空腔当作一种不透明的固体材料，其当量导热系数应考虑空腔内的辐射和对流换热，应按下列公式计算：

$$\lambda_{eff} = (h_c + h_r) d \qquad (4\text{-}117)$$

$$h_c = Nu \frac{\lambda_{air}}{d} \qquad (4\text{-}118)$$

式中　λ_{eff}——封闭空腔的当量导热系数 [W/（m·K）]；

h_c——封闭空腔内空气对流换热系数 [W/ (m² · K)]，应根据努谢尔特数来计算，
　　　并应依据热流方向是朝上、朝下或水平分别考虑三种不同情况的努谢尔特数；

h_r——封闭空腔内辐射换热系数 [W/ (m² · K)]，应按本节第 (10) 条规定计算；

d——封闭空腔在热流方向的厚度 (m)；

Nu——努谢尔特数；

λ_{air}——空气的导热系数 [W/ (m · K)]。

（2）热流朝下的矩形封闭空腔（图4-9）的努谢尔特数应为：

$$Nu = 1.0$$

（3）热流朝上的矩形封闭空腔（图4-10）的努谢尔特数取决于空腔的高宽比 L_v/L_h，其中 L_v 和 L_h 为空腔垂直和水平方向的尺寸。

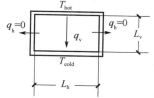

图 4-9　热流朝下的空腔热流示意　　　　图 4-10　热流朝上的空腔热流示意

1）当 $L_v/L_h \leqslant 1$ 时，其努谢尔特数应为：

$$Nu = 1.0 \tag{4-119}$$

2）当 $1 < L_v/L_h \leqslant 5$ 时，其努谢尔特数应按下列公式计算。

$$Nu = 1 + \left(1 - \frac{Ra_{crit}}{Ra}\right)^* (k_1 + 2k_2^{1-\ln k_2}) + \left[\left(\frac{Ra}{5380}\right)^{\frac{1}{3}} - 1\right]^* \left\{1 - e^{-0.95\left[\left(\frac{Ra_{crit}}{Ra}\right)^{\frac{1}{3}} - 1\right]^*}\right\} \tag{4-120}$$

$$k_1 = 1.40 \tag{4-121}$$

$$k_2 = \frac{Ra^{\frac{1}{2}}}{450.5} \tag{4-122}$$

$$Ra_{crit} = e^{\left(0.721\frac{L_h}{L_v}\right)+7.46} \tag{4-123}$$

$$Ra = \frac{\gamma_{air}^2 L_v^3 G\beta c_{p,air}(T_{hot} - T_{cold})}{\mu_{air}\lambda_{air}} \tag{4-124}$$

式中　γ_{air}——空气密度 (kg/m³)；

　　L_v——空腔的高宽比；

　　G——重力加速度 (m/s²)，可取 9.80 (m/s²)；

　　β——气体热胀膨系数，按式 (4-74) 计算；

　$c_{p,air}$——常压下空气比热容 [J/ (kg · K)]；

　　μ_{air}——常压下空气运动黏度 [kg/ (m · s)]；

　　λ_{air}——常压下空气导热系数 [W/ (m · K)]；

　　T_{hot}——空腔热侧温度 (K)；

　　T_{cold}——空腔冷侧温度 (K)；

Ra_{crit}——临界瑞利数；

Ra——空腔的瑞利数。

函数 $[x]^*$ 的表达式为 $[x]^* = \dfrac{x + |x|}{2}$。

3）当 $L_v/L_h > 5$ 时，努谢尔特数应按下式计算：

$$Nu = 1 + 1.44 \left(1 - \frac{1708}{Ra}\right)^* + \left[\left(\frac{Ra}{5830}\right)^{\frac{1}{3}} - 1\right]^* \tag{4-125}$$

（4）水平热流的矩形封闭空腔（图4-11）的努谢尔特数应按下列规定计算：

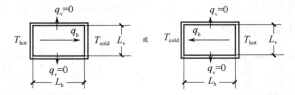

图4-11　水平热流的空腔热流示意

1）对于 $L_v/L_h \leqslant 0.5$ 的情况，努谢尔特数应按下列公式计算：

$$Nu = 1 + \left\{\left[2.756 \times 10^{-6} Ra^2 \left(\frac{L_v}{L_h}\right)^8\right]^{-0.386} + \left[0.623 Ra^{\frac{1}{5}} \left(\frac{L_h}{L_v}\right)^{\frac{2}{5}}\right]^{-0.386}\right\}^{-2.59} \tag{4-126}$$

$$Ra = \frac{\gamma_{air}^2 L_h^3 G\beta c_{p,air}(T_{hot} - T_{cold})}{\mu_{air}\lambda_{air}} \tag{4-127}$$

式中　γ_{air}、L、G、β、$c_{p,air}$、μ_{air}、λ_{air}、T_{hot}、T_{cod} 按本节第（3）条定义及计算。

2）当 $L_v/L_h \geqslant 5$ 时，其努谢尔特数应取下列三式计算结果的最大值：

$$Nu_{ct} = \left\{1 + \left[\frac{0.104 Ra^{0.293}}{1 + \left(\frac{6310}{Ra}\right)^{1.36}}\right]^3\right\}^{\frac{1}{3}} \tag{4-128}$$

$$Nu_i = 0.242 \left(Ra \frac{L_h}{L_v}\right)^{0.273} \tag{4-129}$$

$$Nu_t = 0.0605 Ra^{\frac{1}{3}} \tag{4-130}$$

3）当 $0.5 < L_v/L_h < 5$ 时，应先取 $L_v/L_h = 0.5$ 按本条第1）计算，再取 $L_v/L_h = 5$ 按本条第2）计算，分别得到努谢尔特数，然后按 L_v/L_h 作线性插值计算。

（5）当框的空腔是垂直方向时，可假定其热流为水平方向且 $L_v/L_h \geqslant 5$，应按本条第2）计算努谢尔特数。

（6）开始计算努谢尔特数时，温度 T_{hot} 和 T_{cold} 应预先估算，可先采用 $T_{hot} = 10℃$、$T_{cold} = 0℃$ 开始进行迭代计算。每次计算后，应根据已得温度分布对其进行修正，并按此重复，直到两次连续计算得到的温度差值在1℃以内。

每次计算都应检查计算初始时假定的热流方向，如果与计算初始时假定的热流方向不同，则应在下次计算中予以修正。

（7）对于形状不规则的封闭空腔，可将其转换为相当的矩形空腔来计算其当量导热系数。转换应使用下列方法来将实际空腔的表面转换成相应矩形空腔的垂直表面或水平表面

（图 4-12、图 4-13）。

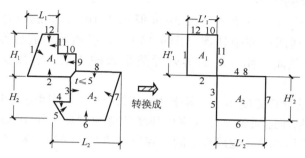

转换后要保持宽高比不变　$\dfrac{L_1}{H_1}=\dfrac{L'_1}{H'_1}$　和　$\dfrac{L_2}{H_2}=\dfrac{L'_2}{H'_2}$

图 4-12　形状不规则的封闭空腔转化成相应的矩形空腔示意

1）内法线在 315°和 45°之间的任何表面应转换为向左的垂直表面。

2）内法线在 45°和 135°之间的任何表面应转换为向上的水平表面。

3）内法线在 135°和 225°之间的任何表面应转换为向右的垂直表面。

4）内法线在 225°和 315°之间的任何表面应转换为向下的水平表面。

5）如果两个相对立表面的最短距离小于 5mm，则应在此处分割框内空腔。

图 4-13　内法线与表面位置示意

（8）转换后空腔的垂直和水平表面的温度应取该表面的平均温度。

（9）转换后空腔的热流方向应由空腔的垂直和水平表面之间温差来确定，并应符合下列规定：

1）如果空腔垂直表面之间温度差的绝对值大于水平表面之间的温度差的绝对值，则热流是水平的。

2）如果空腔水平表面之间温度差的绝对值大于垂直表面之间温度差的绝对值，则热流方向由上下表面的温度确定。

（10）当热流为水平方向时，封闭空腔的辐射传热系数 h_r 应按下列公式计算：

$$h_{\mathrm{r}} = \cfrac{4\sigma T_{\mathrm{ave}}^{3}}{\dfrac{1}{\varepsilon_{\mathrm{cold}}} + \dfrac{1}{\varepsilon_{\mathrm{hot}}} - 2 + \cfrac{1}{\dfrac{1}{2}\left\{\left[1+\left(\dfrac{L_{\mathrm{h}}}{L_{\mathrm{v}}}\right)^{2}\right]^{\frac{1}{2}} - \dfrac{L_{\mathrm{h}}}{L_{\mathrm{v}}} + 1\right\}}} \tag{4-131}$$

$$T_{\mathrm{ave}} = \frac{T_{\mathrm{cold}} + T_{\mathrm{hot}}}{2} \tag{4-132}$$

式中　T_{ave}——冷、热两个表面的平均温度（K）；

　　　$\varepsilon_{\mathrm{cold}}$——冷表面的发射率；

　　　$\varepsilon_{\mathrm{hot}}$——热表面的发射率。

当热流是垂直方向时，应将式中的宽高比 $L_{\mathrm{h}}/L_{\mathrm{v}}$ 改为高宽比 $L_{\mathrm{v}}/L_{\mathrm{h}}$。

4.6.5 敞口空腔、槽的传热

（1）小面积的沟槽或由一条宽度大 2mm 但小于 10mm 的缝隙连通到室外或室内环境的空腔可作为轻微通风空腔来处理（图 4-14）。轻微通风空腔应作为固体处理，其当量导热系数应取相同截面封闭空腔的等效导热系数的 2 倍，表面发射率可取空腔内表面的发射率。

当轻微通风空腔的开口宽度小于或等于 2mm 时，可作为封闭空腔来处理。

（2）大面积的沟槽或连通到室外或室内环境的缝隙宽度大于 10mm 的空腔应作为通风良好的空腔来处理（图 4-15）。通风良好的空腔应将整个表面视为暴露于外界环境中，表面换热系数应按本书 4.2 的规定计算。

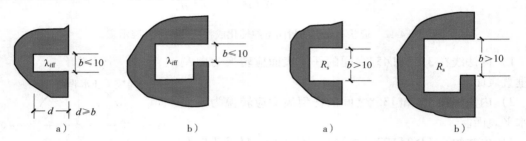

图 4-14　轻微通风的沟槽和空腔
a）小开口沟槽　b）小开口空腔

图 4-15　通风良好的沟槽和空腔
a）小开口沟槽　b）小开口空腔

4.6.6 框的太阳光总透射比

框的太阳光总透射比应按下式计算：

$$g_f = a_f \frac{U_f}{\dfrac{A_{surf}}{A_f} h_{out}} \tag{4-133}$$

式中　h_{out}——室外表面换热系数，应按本书 4.2 的规定计算；

$\quad\quad a_f$——框表面太阳辐射吸收系数；

$\quad\quad U_f$——框的传热系数 ［W／（m² · K）］；

$\quad A_{surf}$——框的外表面面积（m²）；

$\quad\quad A_f$——框投影面积（m²）。

4.6.7 有关参数

（1）典型窗框的传热系数

根据本章 4.6 节输入图形及相关参数，用二维有限单元法进行数字计算得到窗框的传热系数。在没有详细的计算结果可以应用时，可以应用本节的计算方法近似得到窗框的传热系数。

本书中给出的数值都是对应窗垂直安装的情况。传热系数的数值包括了外框面积的影响。计算传热系数的数值时取 $h_{in} = 8.0$W／（m² · K）和 $h_{out} = 23$W／（m² · K）。

1）塑料窗框

带有金属钢衬的塑料窗框的传热系数见表 4-14。

表 4-14　带有金属钢衬的塑料窗框的传热系数

窗框材料	窗框种类	$U_f / [W/(m^2 \cdot K)]$
聚氨酯	带有金属加强筋，型材壁厚的净厚度≥5mm	2.8
PVC 腔体截面	从室内到室外为两腔结构，无金属加强筋	2.2
	从室内到室外为两腔结构，带金属加强筋	2.7
	从室内到室外为三腔结构，无金属加强筋	2.0

2）木窗框

木窗框的 U_f 值是在含水率在 12% 的情况下获得，窗框厚度应根据框扇的不同构造，采用平均的厚度（图 4-16、图 4-17）。

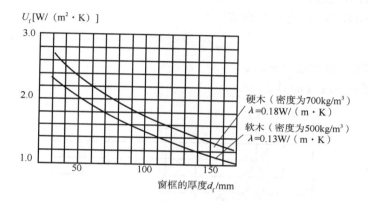

图 4-16　木窗框以及金属-木窗框的热传递与窗框厚度的关系

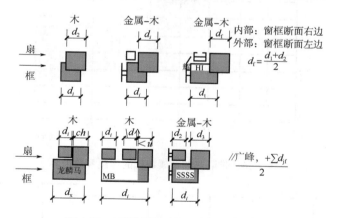

图 4-17　不同窗户系统窗框厚度的定义

3）金属窗框

框的传热系数 U_f 的数值可通过下列步骤计算获得：

1）金属窗框的传热系数 U_f 应按下式计算：

$$U_f = \cfrac{1}{\cfrac{A_{f,i}}{h_i A_{d,i}} + R_f + \cfrac{A_{f,e}}{h_e A_{d,e}}} \tag{4-134}$$

式中　$A_{d,i}$，$A_{d,e}$，$A_{f,i}$，$A_{f,e}$——本节4.3中定义的面积（m^2）；

　　　　　　h_i——窗框的内表面换热系数 [W/（$m^2 \cdot K$）]；

　　　　　　h_e——窗框的外表面换热系数 [W/（$m^2 \cdot K$）]；

　　　　　　R_f——窗框截面的热阻 [当隔热条的导热系数为0.2～0.3W/（m·K）时]（$m^2 \cdot K/W$）。

2）金属窗框截面的热阻 R_f 按下式计算：

$$R_f = \frac{1}{U_{f0}} - 0.17 \tag{4-135}$$

没有隔热的金属框，$U_{fd} = 5.9$W/（$m^2 \cdot K$）；具有隔热的金属窗框，U_{f0} 的数值按图4-18中阴影区域上限的粗线选取，图4-19、图4-20为两种不同的隔热金属框截面类型示意。

图4-18中，带隔热条的金属窗框适用的条件是：

$$\sum_j b_j \leqslant 0.2b_f \tag{4-136}$$

式中　b_j——热断桥 j 的宽度（mm）；

　　　　b_f——窗框的宽度（mm）。

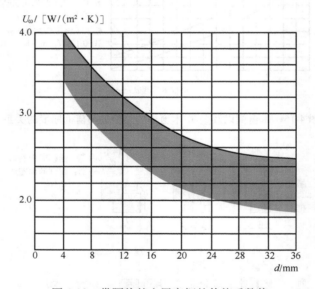

图4-18　带隔热的金属窗框的传热系数值

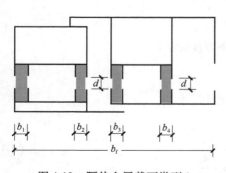

图4-19　隔热金属截面类型1

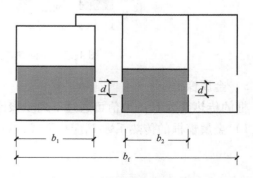

图4-20　隔热金属框截面类型2

图 4-18 中，采用泡沫材料隔热金属框的适用条件是：

采用导热系数低于 0.3W／（m·K）的隔热条。

采用导热系数低于 0.2W／（m·K）的隔热条。

$$\sum_j b_j \leqslant 0.3 b_f \tag{4-137}$$

式中　b_j——热断桥 j 的宽度（mm）；

　　　b_f——窗框的宽度（mm）。

窗框与玻璃结合处的线传热系数 Ψ，在没有精确计算的情况下，可采用表 4-15 中的估算值。

表 4-15 铝合金、钢（不包括不锈钢）与中空玻璃结合的线传热系数 Ψ

窗框材料	双层或三层未镀膜中空玻璃 Ψ／［W／（m·K）］	双层 Low-E 镀膜或三层（其中两片 Low-E 镀膜）中空玻璃 Ψ／［W／（m·K）］
木窗框和塑料窗框	0.04	0.06
带热断桥的金属窗框	0.06	0.08
没有断桥的金属窗框	0	0.02

（2）不同框材 U_f 值表见表 4-16 ~ 表 4-19

表 4-16 不同框材 U_f 值表（穿条型铝合金隔热型材）

隔热条宽度／mm	平开窗型材传热系数 U_f／［W／（m²·K）］	说明	典型节点图
24	2.5	1. 框扇间有主要密封胶条，空心设计 2. 隔热腔体填聚苯板 3. 玻璃密封条延长至扇料铝材（备选）	
25.3	2.45	1. 框扇间有主要三道密封胶条，边部填塞，空心设计 2. 隔热腔体填聚苯板 3. 玻璃密封条延长至扇料铝材（备选）	
30	2.2	1. 框扇间有主要密封胶条，主要密封胶条空心设计，旁边增加空腔硬质胶条 2. 玻璃密封条延长至扇料铝材（备选） 3. 隔热条之间放低辐射板 4. 隔热条之间空腔填聚苯板（备选）	

（续）

隔热条宽度/mm	平开窗型材传热系数 $U_f/$ [W/ (m² · K)]	说明	典型节点图
35.3	1.95	1. 框扇间有主要密封胶条，主要密封胶条空心设计，旁边增加空腔硬质胶条 2. 玻璃密封条延长至扇料铝材 3. 隔热条之间空腔填聚苯板	
39	1.8	1. 扇框间有主密封胶条空腔设计，（或主密封胶条空心设计，旁边增加空腔硬质胶条） 2. 玻璃侧面与型材增加填聚苯板 3. 隔热条空腔设计（或隔热条之间空腔填聚苯板）	
45	1.6	1. 框扇间有主密封胶条空腔设计，（或主密封胶条空心设计，旁边增加空腔硬质胶条） 2. 玻璃侧面与型材增加填聚苯板 3. 玻璃密封条延长至扇料铝材，（或隔热条之间空腔填聚苯板）	

表 4-17　不同框材 U_f 值表（注胶式铝合金隔热型材）

隔热条宽度/mm	注胶槽口类型	平开窗型材传热系数 $U_f/$ [W/ (m² · K)]	说明	典型节点图
15.9	CC 槽	3.31	1. 框扇间有主要密封胶条，空心设计 2. 窗扇填聚苯板 3. 玻璃密封条延长至扇料铝材	

（续）

隔热条宽度/mm	注胶槽口类型	平开窗型材传热系数 U_f/ $[W/(m^2 \cdot K)]$	说明	典型节点图
18.9	DD 槽	3.01	1. 框扇间有主要密封胶条，空心设计 2. 窗扇填聚苯板 3. 玻璃密封条延长至扇料铝材	
21	EE 槽	2.93	1. 框扇间有主要密封胶条，空心设计 2. 窗扇填聚苯板 3. 玻璃密封条延长至扇料铝材	

表 4-18　不同框材 U_f 值表（塑料型材）

型材系列	型材传热系数 U_f/ $[W/(m^2 \cdot K)]$	说明	典型节点图
平开窗 德标 65 系列	1.78	1. 四腔体截面设计 2. 框扇间三道密封胶条	德标65系列
平开窗 德标 70 系列	1.68	1. 四腔体以上截面设计 2. 框扇间三道密封胶条	德标70系列
平开窗 70 系列	1.55	1. 五腔体截面设计 2. 框扇间三道密封胶条	70系列

（续）

型材系列	型材传热系数 $U_f/$ $[W/$ $(m^2 \cdot K)]$	说明	典型节点图
推拉窗 92 系列	2.89	—	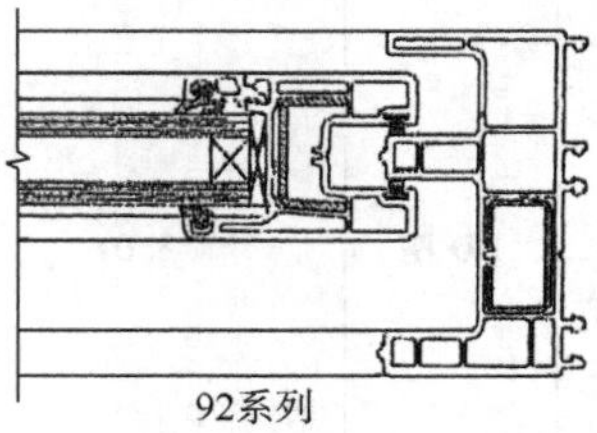 92系列

表 4-19　不同框材 U_f 值表（玻璃钢型材）

型材系列	型材传热系数 U_f $[W/$ $(m^2 \cdot K)]$	说明	典型节点图
平开窗 56B 系列	1.81	1. 三腔体截面设计 2. 框扇间三道密封胶条	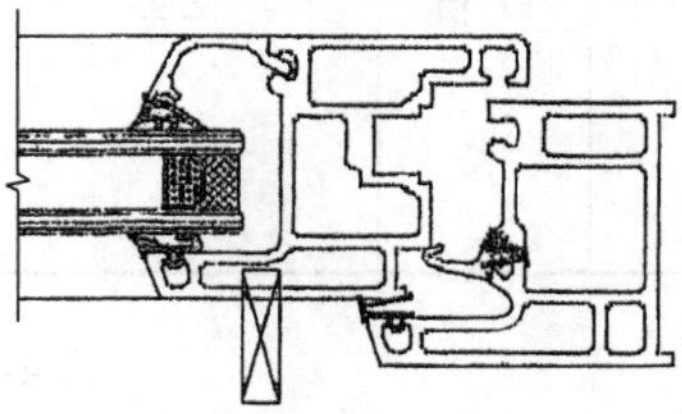 56B系列
平开窗 65B 系列	1.52	1. 三腔体截面设计 2. 框扇间三道密封胶条	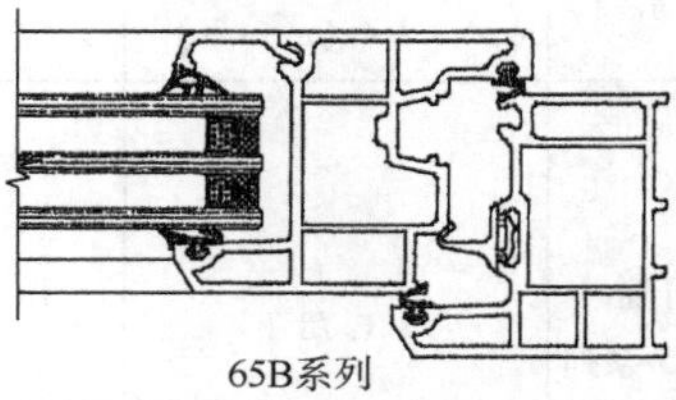 65B系列
平开窗 65C 系列	1.48	1. 三腔体截面设计 2. 框扇间三道密封胶条	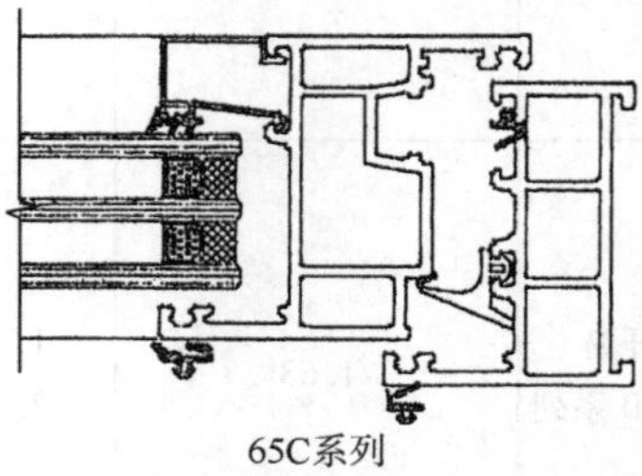 65C系列
平开窗 86 系列	1.42	1. 三腔体以上截面设计 2. 框扇间三道密封胶条	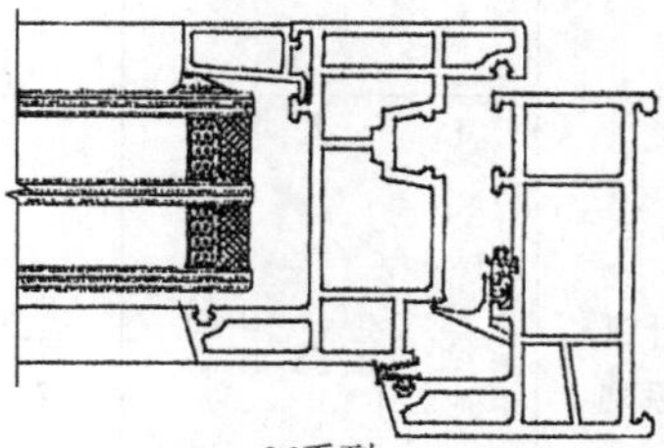 86系列

（3）门窗常用材料的热工计算参数可采用表 4-20 中的数值。

表 4-20　常用材料的热工计算参数

用途	材料	密度/ (kg/m³)	导热系数/ [W/ (m·K)]	表面发射率	
框	铝	2700	237.00	涂漆	0.90
				阳极氧化	0.20 ~ 0.80
	铝合金	2800	160.00	涂漆	0.90
				阳极氧化	0.20 ~ 0.80
	铁	7800	50.00	镀锌	0.20
				氧化	0.80
	不锈钢	7900	17.00	浅黄	0.20
				氧化	0.80
	建筑钢材	7850	58.20	镀锌	0.20
				氧化	0.80
				涂漆	0.90
	PVC	1390	0.17	0.90	
	硬木	700	0.18	0.90	
	软木（常用于建筑构件中）	500	0.13	0.90	
	玻璃钢（UP 树脂）	1900	0.40	0.90	
透明材料	建筑玻璃	2500	1.00	玻璃面	0.84
				镀膜面	0.03 ~ 0.80
	丙烯酸（树脂玻璃）	1050	0.20	0.90	
	PMMA（有机玻璃）	1180	0.18	0.90	
	聚碳酸酯	1200	0.20	0.90	

用途	材料	密度/ (kg/m³)	导热系数/ [W/ (m·K)]	表面发射率
隔热	聚酰胺（尼龙）	1150	0.25	0.90
	尼龙 66 + 25% 玻璃纤维	1450	0.30	0.90
	高密度聚乙烯 HD	980	0.52	0.90
	低密度聚乙烯 LD	920	0.33	0.90
	固体聚丙烯	910	0.22	0.90
	带有 25% 玻璃纤维的聚丙烯	1200	0.25	0.90
	PU（聚亚氨酯树脂）	1200	0.25	0.90
	刚性 PVC	1390	0.17	0.90
防水密封条	氯丁橡胶（PCP）	1240	0.23	0.90
	EPDM（三元乙丙）	1150	0.25	0.90
	纯硅胶	1200	0.35	0.90
	柔性 PVC	1200	0.14	0.90
	聚酯马海毛	—	0.14	0.90
	柔性人造橡胶泡沫	60 ~ 80	0.05	0.90

（续）

用途	材料	密度/ （kg/m³）	导热系数/ ［W/（m·K）］	表面发射率
密封剂	PU（刚性聚氨酯）	1200	0.25	0.90
	固体/热融异丁烯	1200	0.24	0.90
	聚硫胶	1700	0.40	0.90
	纯硅胶	1200	0.35	0.90
	聚异丁烯	930	0.20	0.90
	聚酯树脂	1400	0.19	0.90
	硅胶（干燥剂）	720	0.13	0.90
	分子筛	650 ~ 750	0.10	0.90
	低密度硅胶泡沫	750	0.12	0.90
	中密度硅胶泡沫	820	0.17	0.90

（4）表面发射率的确定

对远红外线不透明镀膜表面的标准发射率 ε_n 的计算，应在接近正入射状况下利用红外谱仪测出其谱线的反射系数曲线，并应按下列步骤计算：

1）按照表4-21给出的30个波长值，测定相应的反射系数 $R_n(\lambda_j)$ 曲线，取其数学平均值，得到283K温度下的常规反射系数。

$$R_n = \frac{1}{30}\sum_{i=1}^{30} R_n(\lambda_i) \tag{4-138}$$

2）在283K温度下的标准发射率按下式计算：

$$\varepsilon_n = 1 - R_n \tag{4-139}$$

表4-21　用于测定283K下标准反射系数 R_n 的波长　　（单位：μm）

序号	波长	序号	波长
1	5.5	16	14.8
2	6.7	17	15.6
3	7.4	18	16.3
4	8.1	19	17.2
5	8.6	20	18.1
6	9.2	21	19.2
7	9.7	22	20.3
8	10.2	23	21.7
9	10.7	24	23.3
10	11.3	25	25.2
11	11.8	26	27.7
12	12.4	27	30.9

（续）

序号	波长	序号	波长
13	12.9	28	35.7
14	13.5	29	43.9
15	14.2	30	50.0

注：当测试的波长仅达到 $25\mu m$ 时，$25\mu m$ 以上波长的反射系数可用 $25\mu m$ 波长的发射系数替代。

校正发射率 ε 的确定：用表 4-22 给出的系数乘以标准发射率 ε_n 即得出校正发射率 ε。

表 4-22　校正发射率与标准发射率之间的关系

标准发射率 ε_n	系数 $\varepsilon/\varepsilon_n$
0.03	1.22
0.05	1.18
0.1	1.14
0.2	1.10
0.3	1.06
0.4	1.03
0.5	1.00
0.6	0.98
0.7	0.96
0.8	0.95
0.89	0.94

注：其他值可以通过线性插值或外推获得。

4.7　遮阳系统计算

4.7.1　一般规定

（1）本规程所规定的遮阳系统计算仅适用于平行或近似平行于玻璃表面的平板型遮阳装置。

（2）遮阳可分为三种基本形式：

1）内遮阳。平行于玻璃面，位于玻璃系统的室内侧，与窗玻璃有紧密的光、热接触。

2）外遮阳。平行于玻璃面，位于玻璃系统的室外侧，与窗玻璃有紧密的光、热接触。

3）中间遮阳。平行于玻璃面，位于玻璃系统的内部或两层平行或接近平行的门窗之间。

（3）遮阳装置在计算处理时，可简化为一维模型，计算时应确定遮阳装置的光学性能、传热系数，并应依据遮阳装置材料的光学性能、几何形状和部位进行计算。

（4）在计算门窗的热工性能时，应考虑窗系统加入遮阳装置后导致的窗系统的传热系数、遮阳系数、可见光透射比计算公式的改变。

4.7.2　光学性能

（1）在计算遮阳装置的光学性能时，可做下列近似：

1）将被遮阳装置反射的或通过遮阳装置传入室内的太阳辐射分为两部分：

（1）未受干扰部分（镜面透射和反射）；

（2）散射部分。

2）散射部分可近似为各向同性的漫射。

（2）对于任一遮阳装置，均应在不同光线入射角时，计算遮阳装置的下列光辐射传递性能：

直射-直射的透射比 $\tau_{\text{dir,dir}}(\lambda_j)$；

直射-散射的透射比 $\tau_{\text{dir,dif}}(\lambda_j)$；

散射-散射的透射比 $\tau_{\text{dif,dif}}(\lambda_j)$；

直射-直射的反射比 $\rho_{\text{dir,dir}}(\lambda_j)$；

直射-散射的反射比 $\rho_{\text{dir,dif}}(\lambda_j)$；

散射-散射的反射比 $\rho_{\text{dif,dif}}(\lambda_j)$。

（3）遮阳装置对光辐射的吸收比应按下列公式计算：

1）对直射辐射的吸收比

$$a_{\text{dir}}(\lambda_j) = 1 - \tau_{\text{dir,dir}}(\lambda_j) - \rho_{\text{dir,dir}}(\lambda_j) - \tau_{\text{dir,dif}}(\lambda_j) - \rho_{\text{dir,dir}}(\lambda_j) \qquad (4\text{-}140)$$

2）对散射辐射的吸收比

$$a_{\text{dif}}(\lambda_j) = 1 - \tau_{\text{dif,dif}}(\lambda_j) - \rho_{\text{dif,dif}}(\lambda_j) \qquad (4\text{-}141)$$

4.7.3　遮阳百叶的光学性能

（1）光在遮阳装置上透射或反射时可分解为直射和散射部分，直射、散射部分继续通过前面或后面的门窗，应通过测试或计算得到所有玻璃、薄膜和遮阳装置的相关光学参数值。

（2）计算由平行板条构成的遮阳百叶的光学性能时，应考虑板条的光学性能、几何形状和位置等因素（图4-21）。

（3）计算遮阳百叶光学性能时可采用以下模型和假设：

1）板条为漫反射表面，并可忽略窗户边缘的作用；

2）模型考虑两个邻近的板条，每条可划分为5个相等部分（图4-22）；

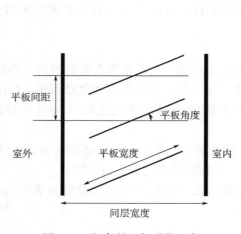

图4-21　板条的几何形状示意

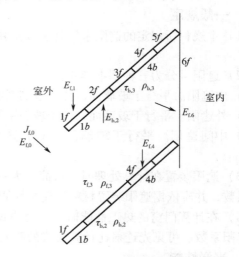

图4-22　模型中分割示意

3）可忽略板条长度方向的轻微挠曲。

（4）对确定后的模型应按下列公式进行计算。对于每层 f，i 和 b，i，i 由 0 到 n（这里 $n = 6$），对每一光谱间隔 λ_j（$\lambda \rightarrow \lambda + \Delta\lambda$）：

$$E_{f,i} = \sum_k \left[(\rho_{f,k} + \tau_{b,k}) E_{f,k} F_{f,k \rightarrow f,i} + (\rho_{b,k} + \tau_{f,k}) E_{b,k} F_{b,k \rightarrow f,i} \right] \tag{4-142}$$

$$E_{b,i} = \sum_k \left[(\rho_{b,k} + \tau_{f,k}) E_{b,k} F_{b,k \rightarrow b,k} + (\rho_{f,k} + \tau_{b,k}) E_{f,k} F_{f,k \rightarrow b,i} \right] \tag{4-143}$$

$$E_{f,0} = J_0(\lambda_j) \tag{4-144}$$

$$E_{b,n} = J_n(\lambda_j) = 0 \tag{4-145}$$

式中　$F_{p \rightarrow q}$——由表面 p 到表面 q 的角系数；

　　　　K——百叶板被划分的块序号；

　　　$E_{f,0}$——入射到遮阳百叶的光辐射；

　　　$E_{b,n}$——从遮阳百叶反射出来的光辐射；

　　　$E_{f,i}$——百叶板第 i 段上表面接收到的光辐射；

　　　$E_{b,i}$——百叶板第 i 段下表面接收到的光辐射；

　　　$E_{f,6}$——通过遮阳百叶的太阳辐射；

$\rho_{f,i}$、$\rho_{b,i}$——百叶板第 i 段上、下表面的反射比，与百叶板材料特性有关；

$\sigma_{f,i}$、$\sigma_{b,i}$——百叶板第 i 段上、下表面的透射比，与百叶板材料特性有关；

　　　J_o——外部环境来的光辐射；

　　　J_n——室内环境来的反射。

（5）散射-散射透射比应按下式计算：

$$\tau_{\text{diff,diff}}(\lambda_j) = E_{f,n}(\lambda_j) / J_0(\lambda_j) \tag{4-146}$$

（6）散射-散射反射比应按下式计算：

$$\rho_{\text{dif,dif}}(\lambda_j) = E_{b,0}(\lambda_j) / J_0(\lambda_j) \tag{4-147}$$

（7）直射-直射的透射比和反射比应依据百叶的角度和高厚比，按投射的几何计算方法，可计算给定入射角 Φ 时穿过百叶未被遮挡光束的照度（图 4-23）。

1）对于任何波长 λ_j，倾角 Φ 的直射-直射的透射比应按下式计算：

$$\tau_{\text{dir,dir}}(\phi) = E_{\text{dir,dir}}(\lambda_j, \phi) / J_0(\lambda_j, \phi) \tag{4-148}$$

2）可假设遮阳百叶透空的部分没有反射，即：

$$\rho_{\text{dir,dir}}(\phi) = 0 \tag{4-149}$$

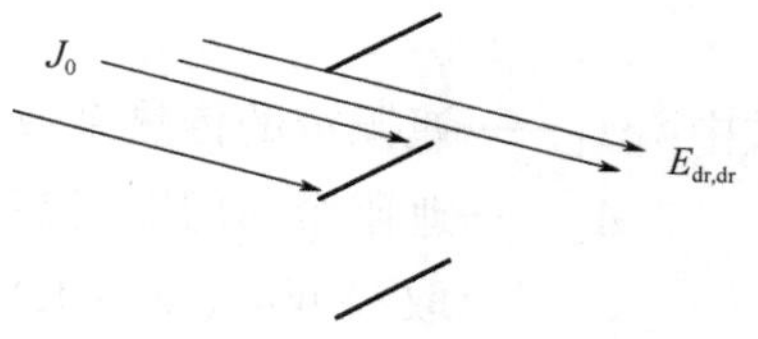

图 4-23　直射－直射透射比示意

（8）直射-散射的透射比和反射比应按下列规定计算：

对给定入射角 Φ，计算遮阳装置中直接为 $J_{f,0}$ 所辐射的部分 k（图 4-24）。

在入射辐射 J_0 和直接受到辐射部分 k 之间的角系数为 1，即：$F_{f,0 \rightarrow f,k} = 1$ 和 $F_{f,0 \rightarrow b,k} = 1$ 内、外环境之间散射（除直射外）角系数为 0，即：$F_{f,0 \rightarrow n}$ 和 $F_{b,0 \rightarrow f,n} = 0$ 直射-散射的透射比和反射比应按下式计算：

$$\tau_{\text{dir,dir}}(\lambda_j, \phi) = E_{f,n}(\lambda_j, \phi) / J_0(\lambda_j, \phi) \tag{4-150}$$

$$\rho_{\text{dir,dir}}(\lambda_j, \phi) = E_{b,n}(\lambda_j, \phi) / J_0(\lambda_j, \phi) \tag{4-151}$$

（9）在精确计算传热系数时，应详细计算遮阳百叶远红外的透射特性。计算给定条件下遮阳百叶的透射比和反射比应与计算散射-散射透射比和反射比的模型相同，可将遮阳百叶的光学性能替换为远红外辐射特性进行计算。

遮阳百叶表面的标准发射率数值应按表4-22的规定确定，若表面发射率为固定值，也可直接采用表4-20中的数值。

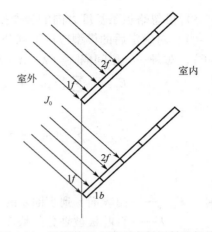

图4-24　遮阳装置中受到直射辐射的部分

4.7.4　遮阳帘与门窗组合系统的简化计算

（1）遮阳帘类的遮阳装置按类型可分为匀质遮阳帘和百叶遮阳帘。遮阳帘的光学性能可用下列参数表示：

1）遮阳帘太阳辐射透射比 $\tau_{e,B}$，包括直射-直射透射和直射-散射透射；

2）遮阳帘室外侧太阳光反射比 $\rho_{e,B}$，即直射-散射反射；

3）遮阳帘室内侧太阳光反射比 $\rho'_{e,B}$，即散射-散射反射；

4）遮阳帘可见光透射比 $\tau_{v,B}$，包括直射-直射透射和直射-散射透射；

5）遮阳帘室外侧可见光反射比 $\rho_{v,B}$，即直射-散射反射；

6）遮阳帘室内侧可见光反射比 $\rho'_{v,B}$，即散射-散射反射。

这些参数应采用适当的方法在垂直入射辐射下计算或测试，其中百叶遮阳帘可在辐射以某一入射角入射的条件下按本书4.7.2、4.4.3的规定计算。

（2）遮阳帘置于门窗室外侧时，太阳光总透射比 g_{total} 应按下列公式计算：

$$g_{total} = \tau_{e,g} + a_{e,B}\frac{\Lambda}{\Lambda_2} + \tau_{e,B}(1-g)\frac{\Lambda}{\Lambda_1} \tag{4-152}$$

$$a_{e,B} = 1 - \tau_{e,B} - \rho_{e,B} \tag{4-153}$$

$$\Lambda = \frac{1}{1/U + 1/\Lambda_1 + 1/\Lambda_2} \tag{4-154}$$

式中　Λ_1——遮阳帘的传热系数 $[W/(m^2 \cdot K)]$，可取 $6W/(m^2 \cdot K)$；

　　　Λ_2——遮阳帘与门窗（或玻璃幕墙）之间空气间层的传热系数 $[W/(m^2 \cdot K)]$，可取 $18W/(m^2 \cdot K)$；

　　　U——门窗（或玻璃幕墙）的传热系数 $[W/(m^2 \cdot K)]$；

　　　g——门窗（或玻璃幕墙）的太阳光总透射比。

（3）遮阳帘置于门窗室内侧时，太阳光总透射比 g_{total} 应按下列公式计算：

$$g_{total} = g\left(1 - g\rho_{c,b} - a_{e,B}\frac{\Lambda}{\Lambda_2}\right) \tag{4-155}$$

$$a_{e,B} = 1 - \tau_{e,B} - \rho_{e,B} \tag{4-156}$$

$$\Lambda = \frac{1}{1/U + 1/\Lambda_2} \tag{4-157}$$

式中　Λ_2——遮阳帘与门窗之间空气间层的传热系数 $[W/(m^2 \cdot K)]$，可取 $18W/(m^2 \cdot K)$；

U——门窗的传热系数 $[W/(m^2 \cdot K)]$。

（4）遮阳帘置于两片玻璃或封闭的两层门窗之间时，太阳光总透射比 g_{total} 应按下列公式计算：

$$g_{total} = g\tau_{e,B} + g[a_{e,B} + (1-g)\rho_{e,B}]\frac{\Lambda}{\Lambda_3} \qquad (4-158)$$

$$a_{e,B} = 1 - \tau_{e,B} - \rho_{e,B} \qquad (4-159)$$

$$\Lambda = \frac{1}{1/U + 1/\Lambda_3} \qquad (4-160)$$

式中 Λ_3——封闭间层内遮阳帘的传热系数 $[W/(m^2 \cdot K)]$，可取 $3W/(m^2 \cdot K)$；

$\quad\quad U$——门窗的传热系数 $[W/(m^2 \cdot K)]$。

（5）对内遮阳帘和外遮阳帘，遮阳帘与门窗组合系统的可见光总透射比应按下式计算：

$$\tau_{v,total} = \frac{\tau_v \tau_{v,B}}{1 - \rho_v \rho_{v,B}} \qquad (4-161a)$$

式中 τ_v——玻璃可见光透射比；

$\quad\quad \rho_v$——玻璃面向遮阳侧的可见光反射比；

$\quad\quad \tau_{v,B}$——遮阳帘可见光透射比；

$\quad\quad \rho_{v,B}$——遮阳帘面向玻璃侧的可见光反射比。

（6）对内遮阳帘和外遮阳帘，遮阳帘与门窗组合系统的太阳光直接透射比应按下式计算：

$$\tau_{e,total} = \frac{\tau_e \tau_{e,B}}{1 - \rho_e \rho_{e,B}} \qquad (4-161b)$$

式中 τ_e——玻璃太阳光透射比；

$\quad\quad \rho_e$——玻璃面向遮阳侧的太阳光反射比；

$\quad\quad \tau_{e,B}$——遮阳帘太阳光透射比；

$\quad\quad \rho_{e,B}$——遮阳帘面向玻璃侧的太阳光反射比。

4.7.5 遮阳帘与门窗组合系统的详细计算

（1）遮阳帘与门窗组合系统的详细计算，应按本书 4.5、4.8 中的规定进行。

（2）当按本书 4.5 中多层玻璃模型进行计算时，应对给出的公式进行下列补充：

1）当按本书 4.5.2 中的辐射应分解为三类，即将相应的透射比 τ、反射比 ρ 和吸收比 a 分别分为："直射-直射"、"直射-散射"和"散射-散射"的值；

2）透射比应分解为向前和向后两个值。

（3）当遮阳帘置于室外侧或室内侧，可将门窗与遮阳帘分别等效为一层玻璃，应按本书 4.5 中多层玻璃模型计算太阳光总透射比、传热系数和可见光透射比。

（4）遮阳帘置于两层门窗中间时，可将门窗与遮阳帘分别等效为一层玻璃，应按本书 4.5 中多层玻璃模型计算太阳光总透射比、传热系数和可见光透射比。

（5）应根据遮阳帘的通风情况，按本书 4.8 中的方法计算通风空气间层的热传递。

4.8 通风空气间层的传热计算

4.8.1 热平衡方程

4.8.1.1 空气间层可分为封闭空气间层和通风空气间层。封闭空气间层的传热应按本书 4.5 中的规定进行计算。

4.8.1.2 通风空气间层中由空气的流动而产生的对流换热（图 4-25）应按下列公式计算：

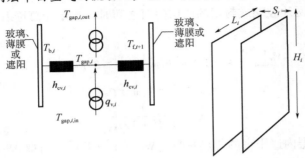

图 4-25　空气间和出口平均温度定义和主要尺寸模型

$$q_{c,f,i+1} = h_{cv,i}(T_{gap,i} - T_{f,i+1}) \tag{4-162}$$

$$q_{c,b+i} = h_{cv,i}(T_{b,i} - T_{gap,i}) \tag{4-163}$$

$$h_{cv,i} = 2h_{c,i} + 4V_i \tag{4-164}$$

式中　$h_{cv,i}$——通风空气间层的壁面对流换热系数 $[W/(m^2 \cdot K)]$；

$q_{c,f,i+1}$——从间层空气到 $i+1$ 表面的对流换热热流量 $[W/(m^2 \cdot K)]$；

$q_{c,b+i}$——从 i 表面到间层空气的对流换热热流量 $[W/(m^2 \cdot K)]$；

$h_{c,i}$——不通风间层表面到表面的对流换热系数 $[W/(m^2 \cdot K)]$，应按 4.5.3 中的规定计算；

V_i——间层的平均气流速度（m/s）；

$T_{gap,i}$——间层 i 中空气当量平均温度（℃）；

$T_{f,i+1}$——层面 $i+1$（玻璃、薄膜或遮阳装置）面向间层的温度（℃）；

$T_{b,i}$——层面 i（玻璃、薄膜或遮阳装置）面向间层的温度（℃）。

4.8.1.3 空气间层的远红外辐射换热应按本书第 4.5.3 节的规定计算。

4.8.1.4 通风产生的通风热流密度应按下式计算：

$$q_{v,i} = \gamma_i c_p \varphi_{v,i}(T_{gap,i,in} - T_{gap,i,out})/(H_i \times L_i) \tag{4-165}$$

该式应满足下列能量平衡方程：

$$q_{v,i} = q_{e,f,i+1} - q_{c,b+i} \tag{4-166}$$

式中　$q_{v,i}$——通风传到间层的热流密度（W/m²）；

γ_i——在温度为 $T_{gap,i}$ 的条件下通风间层的空气密度（kg/m³）；

c_p——空气的比热容 $[J/(kg \cdot K)]$；

Ψ_{v+i}——通风间层的空气流量（m³/s）；

$T_{gap+i,out}$——通风间层出口处温度（℃）；

$T_{gap+i,in}$——通风间层入口处的温度（℃）；

L_i——通风间层 i 的长度（m）；

H_i——通风间层 i 的高度（m）。

4.8.1.5 通风空气间层可按气流流动的方向分为若干个计算子单元，前一个通风间层的出口温度可作为后一个通风间层的入口温度。

进口处空气温度 $T_{gap+i,in}$ 可按空气来源（室内、室外，或是与间层 i 交换空气的间层 k 出口温度 $T_{gap+i,out}$）取值。

4.8.1.6　通风空气间层与室内环境的热传递可按本书 4.5 多层玻璃模型的设定，$i = n + 1$ 为室内环境，对于所有间层 i，随空气流进室内环境 $n + 1$ 的通风热流密度可按下式计算：

$$q_{v,n} = \sum_i \gamma_i c_p \varphi_{v,i} (T_{gap,i,out} - T_{air,in})/(H_i \times L_i) \tag{4-167}$$

式中　γ_i——温度为 $T_{gap,j}$ 的条件下间层的空气密度（kg/m^3）；

　　　c_p——空气的比热容［$J/(kg \cdot K)$］；

　　　$\varphi_{v,i}$——间层的空气流量（m^3/s）；

　　$T_{gap+i,out}$——间层出口处的空气温度（℃）；

　　　$T_{air,in}$——室内空气温度（℃）；

　　　L_i——间层 i 的长度（m）；

　　　H_i——间层 i 的高度（m）。

4.8.2　通风空气间层的温度分布

4.8.2.1　在已知间层空气的平均气流速度时，可根据本规程的简易模型计算温度分布和热流密度。

4.8.2.2　气流通过间层，在间层 i 中的温度分布（图 4-26）应按下式计算：

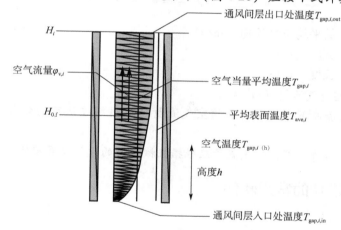

图 4-26　窗户间层的空气流

$$T_{gap,i}(h) = T_{av,i} - (T_{av,i} - T_{gap,i,in}) e^{\frac{h}{H_{0,i}}} \tag{4-168}$$

式中　$T_{gap+i}(h)$——间层 i 高度 h 处的空气温度（℃）；

　　　$H_{0,i}$——特征高度（间层平均温度对应的高度）（m）；

　　$T_{gap+i,in}$——进入间层 i 的空气温度（℃）；

　　　T_{av+i}——表面 i 和 $i+1$ 的平均温度（℃）。

（1）平均温度应按下式计算：

$$T_{av,i} = (T_{b,i} + T_{f,i+1})/2 \tag{4-169}$$

式中　$T_{b,i}$——层面 i（玻璃、薄膜或遮阳装置）面向间层 i 表面的温度（℃）；

　　　$T_{f,i+1}$——层面 $i+1$（玻璃、薄膜或遮阳装置）面向间层 i 表面的温度（℃）。

（2）空间温度特征高度 $H_{0,i}$，应按下式计算：

$$H_{0,i} = \frac{\gamma_i c_p S_i}{2 h_{cv,i}} V_i \tag{4-170}$$

式中　γ_i——温度为 $T_{gap,i}$ 的空气密度（kg/m³）；

　　　　c_p——空气的比热容 [J/（kg·K）]；

　　　　S_i——间层 i 的宽度（m）；

　　　　V_i——间层 i 的平均气流速度（m/s）；

　　h_{cv+i}——通风间层 i 的换热系数 [W/（m²·K）]。

（3）离开间层的空气温度 $T_{gap+i,out}$ 应按下式计算：

$$T_{gap,i,out} = T_{av,i} - (T_{av,i} - T_{gap,i,in}) e^{-\frac{H_i}{H_{0,i}}} \tag{4-171}$$

（4）间层 i 空气的等效平均温度 T_{gap+i} 应按下式计算：

$$T_{gap,i} = \frac{1}{H_i} \int_0^H T_{gap,i}(h) \, dh = T_{av,i} - \frac{H_{0,i}}{H_i} (T_{gap,i,out} - T_{gap,i,in}) \tag{4-172}$$

4.8.3　通风空气间层的气流速度

4.8.3.1　已知空气流量时，通风空气间层的气流速度应按下式计算：

$$V_i = \frac{\varphi_{v,i}}{s_i L_i} \tag{4-173}$$

式中　V_i——间层 i 的平均空气流速（m/s）；

　　　　s_i——间层 i 宽度（m）；

　　　　L_i——间层 i 长度（m）；

　　$\varphi_{v,i}$——间层的空气流量（m³/s）。

4.8.3.2　自然通风条件下，通风间层的空气流量可采用经过认可的计算流体力学（CFD）软件模拟计算。

4.8.3.3　机械通风的情况下，空气流量应根据机械通风的设计流量确定。

4.9　门窗节能设计的常用软件

4.9.1　软件介绍

目前国外应用范围较广且比较成熟的热工性能计算软件主要有美国劳伦斯伯克力国家实验室（Lawrence Berkeley National Laboratory，简称"LBNL"）开发的 Optics、THERM、WINDOW 系列软件；瑞士 Informind Ltd 软件；比利时的 Physibel 实验室的 BISCO 软件。

（1）LBNL 的 Optics、THERM、WINDOW 系列软件依据美国的 NFRC 系列标准开发，主要针对美国 NFRC（美国国家门窗等级评定委员会）门窗节能性能标识，但由于软件的权威性和免费使用，在国内有较大的用户群体。

（2）依据欧盟标准开发的 Flixo、BISCO 软件主要针对门窗、幕墙框二维有限元分析计算，在国内的用户较少；国内的热工性能模拟计算起步较晚，目前只有广东省建筑科学研究院开发的粤建科 MQMC "建筑幕墙门窗热工性能计算软件"，该软件是我国唯一的符合《建筑门窗玻璃幕墙热工计算规程》（JGJ/T 151—2008）的热工性能计算软件。该软件包括 opticsCC、ThemCN 和 CWWTC 三个功能模块，针对不同的用户群体分别有门窗节能性能标识版（免费版）、玻璃企业专用版、门窗企业专用版和幕墙企业专用版 4 个版本。目前粤建科 MQMC 已成为国内主要的门窗幕墙热工性能计算软件。

粤建科 MQMC 软件已通过中华人民共和国住房和城乡建设部的权威评估，专家一致认为：该软件是国内首款符合《建筑门窗玻璃幕墙热工计算规程》（JGJ/T 151—2008）要求的软件，具有创新性及实用性，达到了国际先进水平。

4.9.2　软件开发依据

各国家或地区开发的软件主要为本地区或国家的技术标准服务，也是规范技术的载体和表现。中外热工性能模拟计算软件的开发依据如表 4-23 所示。

表 4-23　热工性能模拟计算软件开发依据

序号	软件名称		开发依据标准	软件功能
1	LBNL	Optics	NFRC100、ISO15099	包括玻璃光学热工性能计算、框二维有限元分析计算、整窗热工性能计算
		THERM	NFRC300、ISO9050	
		WINDOW	NFRC100、NFRC300、ISO15099	
2	Flixo		ISO 10077-2、ISO 15099 EN 13947	框二维有限元分析计算
3	BISCO		ISO 10077-2、ISO 15099 EN 13947	框二维有限元分析计算
4	粤建科 MQMC		JGJ/T 151、ISO 15099 EN 13947、ISO 10077-2	包括玻璃光学热工性能计算、框二维有限元分析计算、整窗和幕墙热工性能计算

（1）LBNL 系列软件主要采用 NFRC 标准体系并参考 ISO 15099 的"代替法"。由于标准的局限，LBNL 软件不适用于幕墙热工性能的计算。

（2）粤建科 MQMC 在进行门窗幕墙的热工性能时主要采用与《建筑门窗玻璃幕墙热工计算规程》（JGJ/T 151—2008）和《门、窗和遮蔽装置的热性能详细计算》（ISO 15099—2003）推荐方法一致，并可用于幕墙的热工性计算。

（3）LBNL 系列软件和粤建科 MQMC 软件包括玻璃光学热工性能计算、框二维有限元分析计算、整窗热工性能计算，而 Flixo、BISCO 软件只能进行门窗幕墙框的二维有限元分析计算。

4.9.3　软件功能介绍

（1）LBNL 系列软件功能介绍

LBNL 的 Optics、THERM、WINDOW 系列软件具有如下功能：

①玻璃系统光学热工性能计算、色度计算。

②框二维有限元分析计算（玻璃边缘区域法）。

③NRFC 常用简单窗型热工性能计算；Optics、THERM、WINDOW 软件操作界面分别为如图 4-27、图 4-28、图 4-29

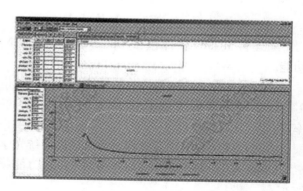

图 4-27　OPTICS 软件操作界面

所示。

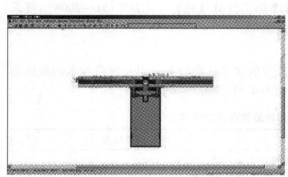
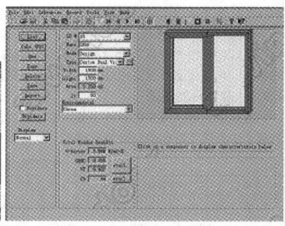

图 4-28　THERM 软件操作界面　　　　　图 4-29　WINDOW 软件操作界面

（2）Flixo、BISCO 软件功能介绍

Flixo 软件与 BISCO 软件功能相似，主要进行门窗幕墙框的热工性能评价，缺少玻璃光学热工性能和整窗热工性能计算功能。Flixo 软件、BISCO 软件操作界面分别如图 4-30、图 4-31 所示。

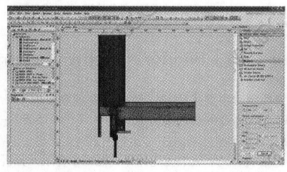
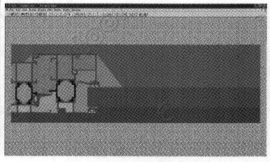

图 4-30　FLIXO 软件操作界面　　　　　图 4-31　BISCO 软件操作界面

（4）粤建科 MQMC 软件功能介绍

粤建科 MQMC 软件包含 OptocsCC、ThermCN 和 CWWTC 三个功能模块，具有以下的功能。

①复杂窗型、整幅幕墙热工性能计算，自动生成计算报告。

②幕墙门窗框节点 CAD 图形自动转换，快速建模，二维传热有限元分析计算效率高。

③用户玻璃数据动态管理，多层玻璃系统光学热工性能精确计算、色度计算等。

OptocsCC、ThermCN 和 CWWTC 三个功能模块操作界面分别为如图 4-32 ~ 图 4-34所示。

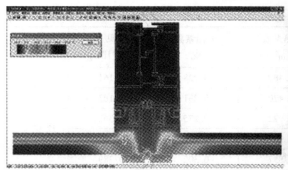

图 4-32　THERMCN 功能模块操作界面

图 4-33　OPTICSCC 功能模块操作界面

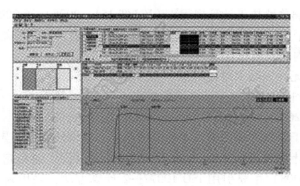

图 4-34　CWWTC 功能模块操作界面

4.9.4　中外门窗幕墙热工性能计算软件计算对比

（1）玻璃光学热工性能计算结果对比

目前计算玻璃光学热工性能时主要采用 MQMC 软件或粤建科 LBNL 软件，但由于软件开发所依据的标准不同，计算结果也有巨大的差异。

粤建科 MQMC 所依据的《建筑门窗玻璃幕墙热工计算规程》（JGJ/T 151—2008）采用 ISO9845—1 第 5 类标准光谱数据（直射＋散射），这与 ISO9050 是一致的；LBNL 软件所依据 NFRC300 采用 ISO9845—1 第 2 类标准光谱数据（直射）。玻璃系统光学热工性能对比结果如表 4-24 所示，对于标准的不同，可寻致遮阳系数最大差异达 13%。

表 4-24　玻璃系统光学热工性能计算结果对比

玻璃产品名称	软件类别	传热系数/ $[W/(m^2·K)]$	遮阳系数 SC	可见光 透射比 τ_v	SC 值差异
FVREI－54＋9A＋Cleaer_6	LBNL	1.797	0.386	0.474	5.62%
	MQMC	1.794	0.409	0.481	
C220＋9A＋Cleaer_6	LBNL	1.848	0.167	0.171	3.75%
	MQMC	1.845	0.176	0.173	
C145＋9A＋Cleaer_6	LBNL	1.920	0.337	0.424	5.60%
	MQMC	1.916	0.357	0.430	

（续）

玻璃产品名称	软件类别	传热系数/ [W/（m²·K）]	遮阳系数 SC	可见光 透射比 τ_v	SC 值差异
B620 + 9A + Cleaer_ 6	LBNL	2.480	0.228	0.161	1.30%
	MQMC	2.470	0.231	0.163	
C245 + 9A + Cleaer_ 6	LBNL	1.922	0.275	0.362	12.97%
	MQMC	1.926	0.316	0.357	
EBS5 + 9A + Cleaer_ 6	LBNL	1.857	0.302	0.389	6.21%
	MQMC	1.853	0.322	0.394	

自《建筑门窗玻璃幕墙热工计算规程》（JGJ/T 151—2008）于 2009 年 5 月 1 日实施以后，不少玻璃企业仍采用国外的技术标准，造成玻璃光学热工性能的差异，从而导致工程项目无法通过验收，国内的玻璃企业这方面应多加注意。

（2）框二维有限元计算结果对比

1）LBNL 与粤建科 MQMC 软件计算结果对比

由表 4-25 和表 4-26 的计算结果可知，采用 LBNL 与 MQMC 软件计算典型节点 1-3 的热流 q_w 均非常接近。由于两软件采用的技术标准的差异，框传热系数的定义也各不相同。《建筑门窗玻璃幕墙热工计算规程》（JGJ/T 151—2008）和《门、窗和遮蔽装置的热性能详细计算》（ISO 15099—2008）主要引用 ISO 10077—2 计算方法，采用附加线传热系数计算方法评价框热工性能。在计算框传热系数时需用导热系数 0.03W/（m·K）（ISO 10077—2）为 0.035W/（m·K）的板块代替实际玻璃系统计算框的传热系数和线传热系数。LBNL 软件、MQMC 软件典型节点计算结果分别如图 4-35、图 4-36 所示。从计算可以看出，二维计算的热流结果是一致的，只是给出的参数以不同的方式表达而已。但是，两种表达方式应用上将有较大差别，LBNL 软件不能适用于幕墙的热工性能计算。

表 4-25　LBNL 典型框节点计算结果

节点名称	框的传热系数 U_f/ [W/（m²·K）]	边缘区域 U_{edg}/ [W/（m²·K）]	宽度/ mm	热流 q_w/ （W/m²）
典型节点 1	3.23	2.05	102.79	0.462
典型节点 2	3.85	2.22	128.66	0.777
典型节点 3	3.42	2.13	58.43	0.335

表 4-26　MQMC 典型框节点计算结果

节点名称	框的传热系数 U_f/ [W/（m²·K）]	框的线传热系数 Ψ/ [W/（m²·K）]	宽度/ mm	热流 q_w/ （W/m²）
典型节点 1	2.80	0.07	103.97	0.469
典型节点 2	3.06	0.081	129.89	0.775
典型节点 3	2.60	0.069	59.40	0.331

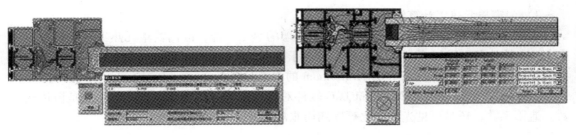

图 4-35　LBNL 典型节点计算结果　　　　　图 4-36　MQMC 典型节点计算经过

2）BISCO 与粤建科 MQMC 软件计算结果对比

BISCO 主要依据 ISO 10077—2 开发，计算原理与 MQMC 与 BISCO 典型框节点计算结果如表 4-27 所示，无论是框传热系数、线传热系数还是热流，两者均非常接近。BISCO 软件、MQMC 软件典型节点 1 计算结果分别如图 4-37、图 4-38 所示。

表 4-27　MQMC 与 BISCO 典型框节点计算结果

节点名称		框的传热系数 U_f/ $[W/(m^2 \cdot K)]$	框的线传热系数 Ψ/ $[W/(m^2 \cdot K)]$	宽度/ mm	热流 q_w/ (W/m^2)
典型节点 1	MQMC	3.781	0.066	168.08	1.021
	BISCO	3.736	0.080	168.12	1.042
典型节点 2	MQMC	2.728	0.087	89.57	0.672
	BISCO	2.942	0.080	89.80	0.678

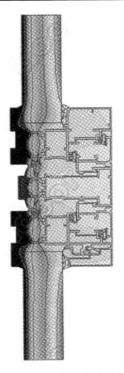

图 4-37　BISCO 典型节点计算结果　　　　　图 4-38　MQMC 典型节点计算结果

3) 门窗单元热工计算结果对比

由于 BSICO 和 Flixo 软件只能计算门窗幕墙的热工性能，故门窗单元热工性能模拟只采取 LBNL 软件和 MQMC 软件计算对比，且由于 LBNL 只能计算 NFRC 所规定的简单窗型，因此对比采用不带上亮中分 1200mm × 1500mm 的内平开窗。

由表 4-28 可知采用 LBNL 和 MQMC 软件对典型窗进行热工性能计算，无论是窗传热系数、遮阳系数，还是可见光透射比等性能均非常接近。

表 4-28　MQMC 与 LBNL 典型窗型计算结果

型号	软件类别	传热系数/ [W/ (m² · K)]	遮阳系数 SC	可见光透射比（%）
典型铝合金隔热窗 1	MQMC	3.09	0.610	54.0
	LBNL	3.11	0.601	53.2
典型铝合金隔热窗 2	MQMC	2.36	0.273	29.5
	LBNL	2.39	0.278	29.7
典型塑料窗	MQMC	1.98	0.263	27.7
	LBNL	1.99	0.259	28.0

4) 结论

目前国外常用的热工性能计算软件主要有美国劳伦斯伯克力国家实验室（LBNL）开发的 Optics、THERM、WINDOE 系列软件和瑞士 Informind 公司的 Flixo 软件。

第 5 章　系统门窗制作

要保证门窗系统装配精度和质量，构成它的构件必须达到要求，其中主要构件为型材、玻璃、五金件和密封元件。

5.1　构件制作

5.1.1　型材制作

门窗框、扇型材为门窗组成的主要构件，其热导率对门窗的保温和隔热性能有着直接的影响；其强度直接决定了门窗的抗风压性能；型材的断面结构及装配结构对门窗的气密性和水密性有着关键的影响，其尺寸精度和行位精度决定门窗的装配精度进而影响门窗的整体性能。因此必须重视型材的制作。

目前，建筑节能门窗常用型材有铝合金隔热型材、塑料型材、玻璃钢型材、实木、铝木复合型材（包括铝包木型材和木包铝型材）、铝塑复合型材（包括铝塑复合型材和铝塑铝复合型材）及钢（铝）塑共挤型材。

5.1.1.1　对型材的技术要求

（1）断桥隔热铝型材

外窗所用铝合金型材应符合现行国家标准《铝合金建筑型材　第 6 部分：隔热型材》（GB 5237.6）、《铝合金门窗》（GB/T 8478）、现行行业标准《建筑用隔热铝合金型材》（JG 175）的规定，还应符合下列要求。

1）铝合金型材应采用隔热型材，窗框截面宽度：推拉窗不应小于 90mm，平开窗不应小于 60mm；这个尺寸为保证铝合金门窗与中空玻璃配置的最低要求。

2）铝合金型材的化学成分、力学性能及尺寸精度应符合现行国家标准《铝合金建筑型材第 1 部分：基材》（GB 5237.1）的规定。型材横截面尺寸允许偏差可按普通级执行，对有装配关系的尺寸，其允许偏差应选用高精级或超高精级。

3）隔热铝合金型材在室内外温差 20℃ 的作用下导致的弯曲变形绝对值应不大于 2.5mm。

4）铝合金建筑型材表面处理层厚度要求应符合表 5-1 的规定。

表 5-1　铝合金建筑型材表面处理层厚度要求

品种	阳极氧化 阳极氧化加电解着色 阳极氧化加有机着色	电泳涂漆		粉末喷涂	氟碳漆喷涂
表面处理层厚度	膜厚级别	膜厚级别		装饰面上涂层最小局部厚度/μm	装饰面平均膜厚/μm
	AA15	B 类（≥16μm）	S 类（≥21μm）	≥40 且 ≤120	≥30（二涂）≥40（三涂）

5）窗型材空腔中的填充材料，宜采用聚乙烯泡沫条或低发泡的聚氨酯发泡剂。

6）主要受力杆件所用主型材壁厚应经设计计算或试验确定。隔热铝型材主型材截面主要受力部位基材最小实测壁厚应≥1.4mm。

7）隔热条不得使用 PVC 材料，穿条式隔热型材隔热条宽度不应小于24mm，浇注式隔热型材隔热条宽度不应小于21mm。穿条式隔热型材穿条部位应有防渗水措施。

（2）塑料型材

外窗所用塑料型材应符合现行国家标准《门、窗用未增塑聚氯乙烯（PVC-U）型材》（GB/T 8814）、《建筑用塑料门》（GB/T 28886）、《建筑用塑料窗》（GB/T 28887）、现行行业标准《建筑外窗未增塑聚氯乙烯彩色型材》（JG/T 263）的规定。还应符合下列要求：

1）塑料型材窗框截面厚度：推拉窗应不小于92mm，平开窗应不小于60mm；这个尺寸为保证门窗与中空玻璃配置的最低要求。

2）不宜使用通体彩色型材。

3）主型材外框截面腔室应不少于3个，应具有独立的增强型钢及排水腔室。

4）增强型钢应符合工程强度设计要求，且最小壁厚不应小于1.5mm。

5）增强型钢应与型材内腔匹配，与承载方向内腔配合间隙不应大于1mm。

6）增强型钢表面应采用热镀锌防腐处理。

（3）木型材

1）外窗用木型材应符合现行国家标准《木门窗》（GB/T 29498）的规定。

2）外窗用木型材必须经过热定型处理，含水率应控制在11% ~13%。

3）外窗用木型材集成材应使用优等品，可视面拼条长度除端头外应大于250mm，厚度方向相邻层的拼接缝应错开，指接缝隙处无明显缺陷。

4）木材表面应用水性涂料，水性涂料应符合现行国家标准《室内装饰装修用水性木器涂料》（GB/T 23999）的规定，面漆应符合 C 类漆要求，底漆应符合 D 类漆要求。

（4）铝木复合型材

外窗用铝木复合型材除应符合《建筑用节能门窗 第1部分：铝木复合门窗》（GB/T 29734.1）的规定外，且应符合下列要求：

1）铝木复合窗框截面厚度：推拉窗应不小于100mm，平开窗应不小于65mm；这个尺寸为保证门窗与中空玻璃配置的最低要求。

2）指接材应符合《指接材 非结构用》（GB/T 21140—2007）中规定的Ⅰ类指接材要求，可视面拼条长度除端头外应大于250mm，宽度方向无拼接，指接缝隙处无明显缺陷。

3）集成材应满足《非结构用集成材》（LY/T 1787—2016）的要求，外观质量应符合优等品要求，可视面拼条长度除端头外应大于250mm，宽度方向无拼接，厚度方向相邻层的拼接缝应错开，指接缝隙处无明显缺陷。

4）木材表面光洁、纹理相近，无死节、虫眼、腐朽、夹皮等现象。型材平整无翘曲，棱角部位应为圆角。

5）外窗用复合型材的复合连接应牢固。型材应具有良好的物理力学性能。连接之间应有通风透气收缩缝。

6）铝合金型材与木型材的连接卡件宜采用聚酰胺 66 或 ABS 等具有足够强度和耐久性能的材料。

7）铝合金型材与木型材的连接卡件的固定螺钉直径不应小于3.5mm，连接卡件距复合型材端头内角不应大于150mm，连接卡间距不应大于200mm。

（5）玻璃钢型材

标准化外窗用玻璃钢型材除应符合《门窗用玻璃纤维增强塑料拉挤型材》（JC/T 941—2016）的规定外，还应符合下列要求：

1）玻璃钢窗框截面厚度：推拉窗应不小于83mm，平开窗应不小于55mm。

2）型材外壁厚应不小于2.2mm。

3）型材横向弯曲强度应不小于50MPa。

4）型材表面应选择适用于玻璃钢材质的户外涂料进行涂装处理。涂层耐老化性能按《色漆和清漆人工气候老化和人工辐射曝露滤过的氙弧辐射》（GB/T 1865—2009）规定不小于1000h。

5）紧固件应采用机制不锈钢自钻自攻螺钉。

5.1.1.2　几种型材加工方法

（1）断桥隔热铝型材加工

这里主要指普通穿条型材（包括双色型材），普通注胶式型材；双色注胶式型材，穿条发泡式型材和集成式穿条注胶型材。

隔热型材注胶式加工机专门用于加工铝合金注胶式隔热型材的设备。整条生产线包括：开齿机或电子打磨机、注胶机、切桥机等，该系统在国内处于领先地位。具有高效、节能、环保等优点。图5-1为注胶式型材制作工艺过程。

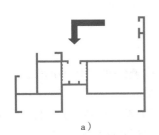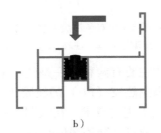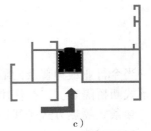

图5-1　注胶式型材制作工艺过程

a）隔热槽　b）浇注隔热胶　c）切桥

采用条形隔热材料与铝型材，通过机械开齿、穿条、滚压等工序形成"隔热桥"，称为"穿条式"隔热型材。见图5-2。

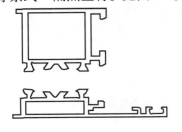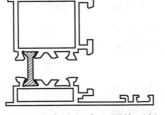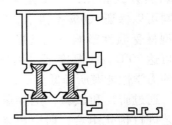

图5-2　穿条式铝合金隔热型材

穿条发泡工艺是在穿条式隔热型材的隔热腔内做发泡填充，从而提升型材的隔热性能，避免渗水且增强刚性。该工艺通过穿条发泡设备对已经完成穿条工艺的型材进行再加工而获得，其制作工艺见图 5-3。

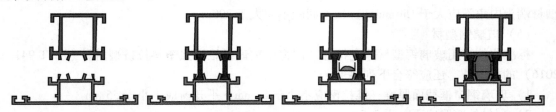

图 5-3　穿条发泡型材制作

工艺步骤一：分别挤出室内、室外部分型材。

工艺步骤二：将隔热穿条入铝型材相应槽口中，制成穿条式断桥铝型材。

工艺步骤三：将承载液态发泡胶的 U 形纸槽穿入隔热腔内，胶水发泡后充满隔热腔，制成穿条发泡型材（此步骤由设备自动完成）。

当室内外型材颜色不一样时，其双色型材制作工艺见图 5-4。

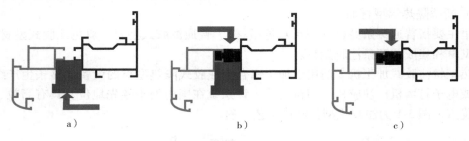

图 5-4　双色注胶型材制作

a）夹具定位　b）注胶　c）注胶完成

当今行业最为普及的隔热方式主要有两种：一是使用尼龙 + 玻璃纤维（PA66GF25）的穿条式断桥隔热。二是使用聚氨酯隔热胶（PU）的注胶式断桥隔热。

穿条式隔热方式是我国从欧洲引进的技术，在欧洲应用已经 50 年，在我国应用也近 20 年，技术成熟，性能稳定。但唯一缺点是穿条部位有渗水现象，因此在南方地区应用有很大的隐患。

注胶式隔热方式是我国从美国引进的技术，应用也超过 10 年时间。与穿条式隔热方式相比，主要是防水性能好，材料可以保证 100% 不渗水。但注胶式隔热型材受温度影响，尤其夏天外立面温度可达 70℃，此温度下，注胶式隔热型材的力学性能有所降低。

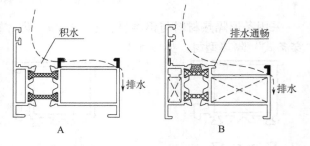

图 5-5　注胶穿条复合式型材

通过研究和试验，把穿条和浇注两工艺进行优化组合，研究出来最新的隔热方式：穿条 + 注胶。生产时先进行穿条，然后再注胶。把欧式穿条隔热型材的高强度和美式注胶隔热型材的高防水性能完美地结合起来，同时也可制作内外双色型材，可谓尽善尽美，见图 5-5。

注胶式技术隔热材料是聚氨酯，而穿条式技术隔热材料是聚酰胺尼龙 66，由热传导系数对比图可知，聚氨酯的热传导系数低于尼龙 66 近三倍，其隔热性能优于穿条材料，见图 5-6。

穿条式技术的隔热条之间的空气，其隔热效果会有损耗，为了弥补这一缺陷，设计师在隔热条之间充入泡沫或发泡材料来提高隔热性能。而注胶式隔热材料是实心的，无空气导热问题。总之注胶式隔热材料隔热能力是比较好的。

对于相同的铝型材和玻璃配置，欲想获得相同的隔热效果，穿条式隔热条至少要比注胶式隔热胶长约 4mm，见图 5-7。

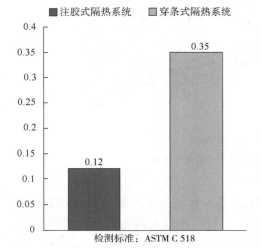

图 5-6　聚酰胺尼龙和聚氨酯热传导能力对比　　　　图 5-7　隔热条长度比较

（2）塑料异型材加工

塑料型材的性能主要靠腔室的增加，可分为二腔、三腔、四腔、五腔、六腔等多腔结构，腔体越多型材的保温、隔声的效果越好；衬钢腔体比较大，可以提高门窗的强度及稳固性能。

塑料异型材制作是非常成熟、技术含量较高的工艺技术，它是经历原料配置、混合、输料、加热、挤出、模塑成型、冷却定型、牵引、切割、堆放等连续、自动生产的过程。不但可以生产通体型材，而且可以制作双料共挤、双色共挤、软硬共挤、钢塑共挤、铝塑共挤等多种用途的复合型材。

金属和塑料的共挤型材可以达到强度与性能的统一，既能提高型材的机械强度又能提高型材的隔热能力，见图 5-8。

图 5-9 是软硬共挤型材。

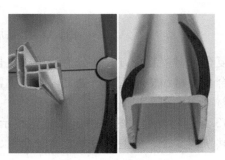

图 5-8　铝塑共挤型材　　　　　　　　图 5-9　软硬共挤型材

　　铝木复合型材集铝合金型材与木材的优点于一身，室外部分采用铝合金型材，成型容易，寿命长，色差丰富，表面处理方式可为粉末喷涂、氟碳喷涂、阳极氧化、电泳涂漆，防水、防尘、防紫外线；室内采用经过特殊工艺加工的高档优质木材，颜色多样，提供无数种花纹结构，能与各种室内装饰风格相协调，起到特殊的装饰作用，见图5-10。

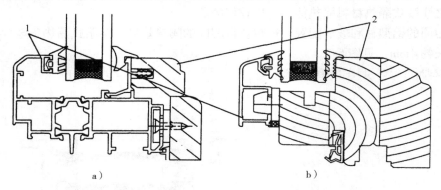

图 5-10　铝木复合门窗型材截面示意图
a）铝合金型材为主要受力杆件　b）木型材为主要受力杆件
1—铝合金型材　2—木材

　　玻璃钢门窗中空腹异型材采用拉挤工艺。拉挤工艺是一种连续生产复合材料型材的方法，它是将纱架上的无捻玻璃纤维粗纱和其他连续增强材料、聚酯表面毡等进行树脂浸渍，然后通过保持一定截面形状的成型模具，并使其在模内固化成型后连续出模，由此形成拉挤制品的一种自动化生产工艺。

　　拉挤成型工艺流程见图5-11。

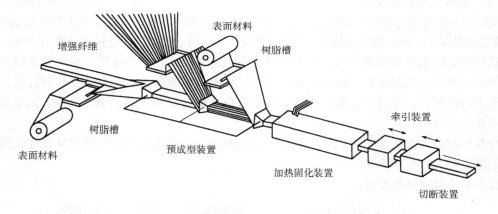

图 5-11　拉挤成型工艺流程

　　铝塑复合型材按复合方式，分为滚压式复合、插合式复合、压合式复合和卡扣式复合型材；按铝合金型材和塑料型材所处室内外侧位置分为铝塑铝复合、铝塑复合和铝包塑等不同的复合型材。详见图5-12。

　　图5-13是塑料与金属的共挤出工艺路线示意图，它要经过金属片的预成型、预热、表面处理、共挤模复合、成型、冷却定型、牵引、切割和堆放等自动化过程。

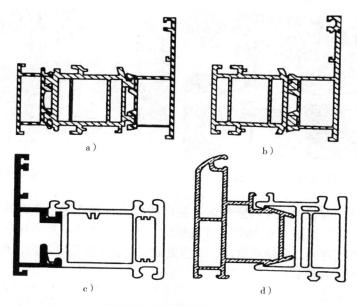

图 5-12　几种铝塑复合型材

a）铝塑铝复合型材　b）滚压式铝塑复合型材　c）插合式铝塑复合型材　d）压合式铝塑复合型材

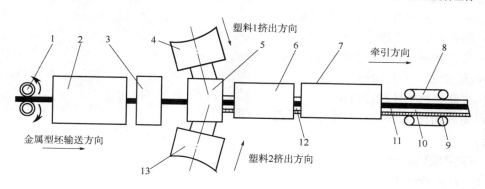

图 5-13　塑料与金属的共挤出工艺路线图

1—金属型坯输送装置　2—金属型坯折弯装置　3—金属型坯预处理装置　4—塑料 1 挤出机
5—共挤口模　6—成型定型模　7—基材成型水箱　8—牵引装置　9—共挤型材中的塑料 2
10—共挤型材中的塑料 1　11—共挤型材中的金属型坯　12—复合共挤型材　13—塑料 2 挤出机

5.1.1.3　几种先进的生产设备

型材的精度来自于加工设备的几何精度，特别是尺寸精度和行位精度。因此，系统门窗的制作必须配备较好的加工设备。下面介绍几种代表性设备。

（1）高性能挤压生产线见图 5-14。

高性能挤压机生产线，代表了国内挤压机设计的先进水平。采用世界新的前上棒、短行程设计，同时大量采用伺服电动机，双牵引机等先进配套设备，大大提高了产品质量（特别是幕墙产品）及生产效率。

（2）立式喷涂生产线见图 5-15。

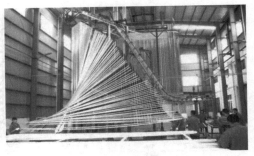

图 5-14　高性能挤压机生产线　　　　　　图 5-15　立式喷涂生产线

立式粉末喷涂（氟碳粉末和树脂粉末）生产线代表世界先进水平，该设备采用全新的喷涂工艺——双"Ω"轨迹、双360°全方位喷涂，喷涂后产品正反面涂层均匀；提高了产品在沿海地区的使用寿命，质量更稳定、手感更细腻、装饰效果更美观，代表了当今建筑用铝合金型材喷涂工艺的高水平。

（3）穿条型材发泡机。

穿条型材发泡机见图5-16。

该设备优势：

1）防止腔内对流、提高隔热性能。

2）闭孔发泡，不吸水、防渗水。

3）良好的附着力、耐温性能，防止隔热条收缩变形或型材脱离。

4）提高型材整体刚性强度。

5）美国陶氏化学胶水，稳定、环保、高性能。

图 5-16　穿条型材发泡机

5.1.2　中空玻璃制作

5.1.2.1　对玻璃的要求

1）外窗玻璃的外观质量和性能应符合相关标准的规定。外窗用平板玻璃原片应为浮法平板玻璃，或使用浮法玻璃与深加工玻璃（如钢化、夹层、着色、镀膜等玻璃制品）组合制成中空玻璃、真空玻璃等产品。

2）玻璃应进行机械磨边处理，磨轮的目数不应小于180目。有装饰要求的玻璃边，宜采用精磨边。

3）组成中空玻璃、真空玻璃、夹层玻璃的单片玻璃厚度不应小于5mm。低辐射（Low-E）膜层应位于中空气体层靠室外侧面。

4）采用夹层玻璃时，夹层玻璃内外片的单片玻璃厚度相差不宜大于3mm。夹层玻璃宜采用干法加工合成，其夹片宜采用聚乙烯醇缩丁醛（PVB）胶片或离子性中间层胶片；外露的PVB夹层玻璃边缘应进行封边处理。

5）中空玻璃的气体层厚度不应小于12mm，多层中空玻璃的气体层厚度不应小于6mm，玻璃的厚度差不宜大于2mm。

6）中空玻璃的间隔条与间隔胶条可采用金属间隔条或金属与高分子材料复合间隔条，

不得使用热熔型间隔胶条。中空玻璃间隔条转角处宜采用连续折弯，尽量减少接驳处。对节能要求较高的外窗，宜采用暖边间隔条。

7）中空玻璃密封应采用双道密封，第一道密封应采用热熔型丁基密封胶，第二道密封应采用聚硫类或硅酮类中空玻璃密封胶。当玻璃的密封材料有结构传力要求时应采用硅酮结构密封胶。

8）中空玻璃所用干燥剂应符合现行行业标准《中空玻璃用干燥剂》（JC/T 2072）的规定，所用丁基胶应符合现行行业标准《中空玻璃用丁基热熔密封胶》（JC/T 914）的规定，所用硅酮胶应符合现行国家标准《中空玻璃用弹性密封胶》（GB/T 29755）的规定。

9）中空玻璃间隔条中应使用 3A 分子筛，不应使用氯化钙、氧化钙类的干燥剂；也不应使用 4A 分子筛。

10）中空玻璃的形状、最大尺寸、安全性能和抗风压设计，应符合现行行业标准《建筑玻璃应用技术规程》（JGJ 113）的规定。

11）标准化外窗用中空玻璃除应符合现行国家标准《中空玻璃》（GB/T 11944）的规定外，还应符合下列要求。

12）中空玻璃（包括 Low-E 中空玻璃）的性能及技术指标应符合表 5-2 的要求。

表 5-2　中空玻璃（包括 Low-E 中空玻璃）的性能及技术指标

性能	技术指标
露点	< -40℃
可见光透射比	≥60%
遮阳系数	≥0.6
传热系数	≤2.0W/（m² · K）

13）充惰性气体的中空玻璃，除应符合表 5-2 的要求外，初始气体含量及密封后的性能及技术指标还应符合表 5-3 的要求。

表 5-3　中空玻璃中间层充惰性气体的性能及技术指标

性能	技术指标
初始气体含量	充气中空玻璃的初始气体含量应≥85%（V/V）
水气密封耐久性能	水分渗透指数 I≤0.25，平均值 I_{av}≤0.20
气体密封耐久性能	充气中空玻璃经气体密封耐久性能试验后的气体含量应≥80%（V/V）

14）镀膜中空玻璃应在合片前，做膜层与密封胶的相容性试验，离线 Low-E 镀膜玻璃在合成中空前应进行边部除膜处理。

5.1.2.2　中空玻璃的密封寿命及其影响因素和改进措施

（1）中空玻璃的寿命

中空玻璃的寿命体现在它的密封性，密封失效，标示着中空玻璃的寿命已经终结。密封寿命短的中空玻璃，不但影响玻璃本身的可视性，也影响中空玻璃的节能效果。

中空玻璃使用时如果出现下列任何一种情况，就可能是密封失效。

1）空气层内凝霜、结露。出现这种情况不但影响可视效果，而且传导系数也下降，从而降低保温能力。

2）出现扭曲现象。在风压、气候和气压变化下，中空玻璃出现扭曲，从而出现空气渗漏，密封能力降低。

3）中空玻璃的初始露点经过气候、温度变化后，出现显著变化。

4）中空玻璃空气层的氩气存有量明显下降。

5）初始露点/霜点试验通不过，如果在较高的温度条件下中空玻璃也达到初始露点的话，则极有可能中空玻璃密封结构已经出现缝隙。此种情况多出现用复合式胶条制作的中空玻璃上。

6）中空箱试验通不过，表示中空玻璃的密封已有间隙，使得中空玻璃在真空状态下不发生外挠曲现象。此种情况大多由人工工序质量差导致。

7）紫外线照射失败，在中空玻璃空气层内的玻璃内壁出现挥发气体冷却后形成的油膜。表示中空玻璃内的干燥剂不能有效吸附空气层内的挥发有机溶剂。

8）高温、高湿试验失败，表示中空玻璃空气层内有水凝现象，导致的原因是中空玻璃胶没有有效地防止外来水分进入中空玻璃空气层内。

9）气候循环试验失败，表示中空玻璃空气层内有水凝现象，导致的原因是中空玻璃密封胶没有有效防止外来水分进入中空玻璃空气层内。

（2）影响中空玻璃密封寿命的因素

1）中空玻璃的结构设计方面，包括选择何种间隔条及其结构形式，以及密封结构是采用单道密封还是双道密封等。

2）密封胶的选择及用量。

3）干燥剂的选择。

4）间隔条的选择，是选择连续的还是四角插接式的。

5）玻璃的清洗。

6）工艺及工人的加工质量。

（3）提高中空玻璃密封寿命的举措

1）密封结构设计与材料的选择

①中空玻璃间隔条的选择。从中空玻璃的节能角度看，中空玻璃经历了从金属间隔条、舒适胶条和超级间隔条三个不同阶段。超级间隔条具有节能和延长中空玻璃密封寿命的特点。

②单道密封、双道密封和反应型热熔胶。一般来说，双道密封结构优越于单道密封结构。但从使用效果和成本的角度看，单道密封工艺具有投资少、加工方便、加工成本低等优点，而且在其他条件不变情况下，中空玻璃的节能不受中空玻璃的结构影响。在这种背景下，人们呼唤一种同时具有双道和单道密封优点的新型中空玻璃胶的出现。于是反应型热熔胶出现了。反应型热熔胶的工作原理是以热熔胶本身作为基胶，以环境和着胶体基材中的水气为催化剂（固化剂），二者一经接触立刻发生理化反应。优点是水气渗透率低、结构性强、加工方便、需要场地面积少及成本较低等，所以优先采用反应型热熔胶工艺。

2）质量控制要点

①选用无色浮法玻璃或其他节能玻璃和安全玻璃，不宜选择普通平板玻璃；玻璃等级一般优先选用优等品和一级品；应特别注意玻璃缺陷，气泡、波纹、结实、疙瘩、划伤及麻点等缺陷应控制在一级品要求范围内。

②间隔条应选用优质间隔条，特别是暖边间隔条。

③干燥剂的选择。要合理地选择干燥剂的类型。不要大量使用氧化硅胶，从中空玻璃空气隔热层的综合方面考虑，最好选用 3A 分子筛。

④分子筛的粒度以 1～1.5mm 为宜，并且要有一定的硬度。

⑤密封胶的选择。使用优质的热熔丁基胶（中空玻璃专用）。注意所使用的密封胶的施工工艺参数与自身所用设备的工艺参数相匹配（如速度、温度、压力、环境的空气相对湿度和环境的灰尘度等）。

⑥操作人员的加工质量，可以说，是影响中空窗密封寿命的关键。从玻璃的清洗、灌注分子筛，到上条、合片、打胶和充惰性气体，无一环节不与操作人员的熟练程度和加工质量有关。因此，加强对岗位人员的培训、实施事前质量控制等手段是提高中空玻璃密封寿命所必需的。

3）尺寸控制

①玻璃原片下料尺寸中的长、宽及对角线三尺寸误差要小于《中空玻璃》（GB/T 11944—2012）要求。

②玻璃原片切割后必须进行磨边处理，倒角尺寸不小于 C0.5。

③铝隔条框的外形尺寸要小于玻璃片，每边要小于 5～7mm，可按《中空玻璃》（GB/T 11944—2012）技术要求部分的密封胶层厚度进行选用。

④玻璃平压时，中空玻璃的厚度公差应掌握在 0.3mm 以内，要小于《中空玻璃》（GB/T 11944—2012）标准表 3 的要求。

⑤两片玻璃的错动要小于 1mm。

4）参数控制

①车间的环境温度控制在 10～30℃，车间的相对空气湿度控制在 50%以下。车间内灰尘要少，空气流动速度要小。室外风尘大时，要注意关严门窗。车间合片台处要特别注意保持地面清洁，车间内应放置干湿泡温度计。

②在第二道双组密封胶密封前，最好在用热熔丁基胶对插角部位进行密封处理，这样可大大提高中空玻璃的密封性能，可提高中空玻璃的使用寿命 1 倍左右。

③变频调速器的频率调整为 20～37Hz，电流 <2.6A。

④分子筛灌充机的温度应控制在 60℃以上。以利于水分的蒸发。

⑤玻璃滚压机的运行速度要求调整到最佳，一般为 1.5～2.5m/min。变频器的频率为 20～25Hz。

5.1.2.3　制作中空玻璃的先进设备

（1）全自动中空玻璃生产线见图 5-17。

（2）全自动过程见图 5-18。

5.1.3　五金件

5.1.3.1　对五金件的技术要求

（1）外窗用五金件应满足外窗功能要求和耐久性要求，应符合相关标准的规定。

（2）除采用不锈钢材料外，制作五金件的各种金属材料根据使用要求应选用热浸镀锌、电镀锌、电镀铬、阳极氧化和防腐涂料等有效防腐处理。

（3）配套用紧固件应符合下列标准：

图 5-17　全自动中空玻璃生产线

图 5-18　全自动过程

1）《紧固件　螺栓和螺钉通孔》（GB 5277）。

2）《自钻自攻螺钉》（GB/T 15856）。

3）《紧固件机械性能》（GB/T 3098.1、2、4、5、6、15、21）的相关规定。

（4）标准化外窗中的五金件、附件、紧固件除应符合现行行业标准《建筑门窗五金件通用要求》（JC/T 212）等相关标准的规定外，还应符合下列要求：

1）材质应以奥氏体不锈钢为主，不得使用铝质合页；外窗用连接螺栓、螺钉应使用不锈钢紧固件，不得采用铝及铝合金抽芯铆钉作为外窗构件受力连接紧固件；窗扇用角码应采用尼龙、铝角码等材料，不得采用 PVC 材料。

2）滑撑、合页铰链、滑轮等承重五金件应经荷载计算正确选用。

3）平开窗应选用具有多点锁闭结构的锁具。

5.1.3.2　几种先进设备

（1）W 型高性能压力机，是目前行业内先进的自动化冲压设备，可实现人机界面同步，调试操控均采用可视化计算机窗口触摸屏感应系统，见图 5-19。

（2）自动滚镀锌生产线、全自动挂镀锌生产线、全自动哑光锌生产线，均采用高轨框架立体式结构；是行业内先进自动化生产线，并采用电镀漂洗水循环再利用、电镀废水分类分质处理工艺，有效地节约了水资源，是目前国内高标准的节水减排工艺。自动镀锌生产线见图 5-20。

图 5-19　高性能压力机

（3）采用行业最先进的"全自动供料系统"和脱模剂配比技术。压铸生产工艺实现了自动熔炼、自动化供料、自动化温控，同时 60% 以上的设备实现了自动化取件。压铸系统见图 5-21。

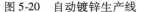

图 5-20　自动镀锌生产线

图 5-21　压铸系统

（4）行业先进的"瑞士金马"喷涂系统，保证产品质量更加稳定，见图 5-22。

（5）组装生产线

根据精益生产理念及制件装配流程综合设计，解决了人员多、工序杂、货位重复占用的矛盾，实现了各种制件自动化装配生产，达到了设备、产品、人员的平衡优化。配置组装生产线见图5-23。

图5-22　喷涂系统

图5-23　配置组装生产线

5.1.4　密封元件及配件

5.1.4.1　对密封元件的技术要求

（1）用于安装玻璃的密封材料应选用橡胶系列密封条或硅酮密封胶。胶条应采用三元乙丙橡胶、硅橡胶等热塑性弹性密封条，其性能应符合现行国家标准《建筑门窗、幕墙用密封胶条》（GB/T 24498）的规定，邵氏硬度不宜大于50。

（2）外窗用密封胶应符合现行国家及行业标准《硅酮建筑密封胶》（GB/T 14683）、《建筑用硅酮结构密封胶》（GB 16776）、《聚硫建筑密封膏》（JC 483）、《建筑窗用弹性密封胶》（JC 485）等规定，密封胶应在产品保质期内使用，并应在施工前进行粘接性试验，且回弹恢复（Dr）不应小于5级，材料热老化后回弹恢复（Da）不应小于4级。

（3）外窗用密封毛条应采用硅化加片毛条，且符合现行行业标准《建筑门窗密封毛条》（JC/T 635）中优等品的规定。

（4）嵌缝填充应采用中性硅酮建筑密封胶，其性能应符合现行国家标准《硅酮和改性硅酮建筑密封胶》（GB/T 14683）的规定。

（5）安装用聚氨酯泡沫填缝剂应符合现行行业标准《单组分聚氨酯泡沫填缝剂》（JC 936）的规定。

（6）标准化外窗中密封及弹性材料除应符合现行国家和行业标准规定外，还应符合下列要求：

1）不得使用酸性硅酮胶，密封胶应与所接触的各种材料相容，并与所需粘接的基材粘接。

2）不得使用PVC密封胶条；应采用三元乙丙橡胶、氯丁橡胶、硅橡胶等热塑性弹性密封胶条。

3）推拉窗应采用硅化加片毛条，不得使用非硅化毛条和非硅化加片毛条；推拉窗采用密封胶条时，宜采用低阻力自滑润的热塑性弹性密封胶条。

5.1.4.2　密封性能的提升

（1）角部密封技术。三元乙丙密封胶条嵌装应平整，其长度宜比胶条安装槽口长1.5～3.0%。

90°转角位置胶条应按系统要求使用专用角部胶条转接，或采用整体胶条设计并在上口位置断开，所有胶条粘接应使用三元乙丙专用粘结剂粘接。

角度拼接的胶条应使用专用胶条角度剪进行加工，拼接采用三元乙丙粘结剂粘接。专用角部密封件见图 5-24。

（2）总体结构的改进。塑料推拉窗通过结构改进可以提高密封效果，结构可以设计成毛条-胶条联合密封结构，见图 5-25。

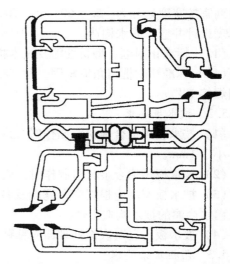

图 5-24　专用角部密封件　　　　　　图 5-25　毛条-胶条联合密封结构

5.1.4.3　配件

配件是指玻璃垫块、防撞块、堵块、限位块等。

外窗用玻璃垫块应采用模压成型或挤出成型硬橡胶或塑料，邵氏硬度宜为 70 ~ 90 的 A 类橡胶或 PVC，不得采用硫化再生橡胶或其他吸水性材料。

5.1.5　附框制作

5.1.5.1　对附框的技术要求

（1）附框应满足功能要求和耐久性要求，应符合相关标准的规定。

（2）附框材料应保证强度、连接牢度和伸缩变形等要求。

（3）附框应与其基层材料的物理性能相匹配，不应在自然温度、湿度等环境发生变化时与基材产生较大的相对形变。

（4）钢附框的钢材壁厚不应小于 2.0mm，内外表面应采用热浸镀锌防腐处理，镀层厚度不小于 45μm。钢附框型材的材质应符合《钢门窗》（GB/T 20909—2007）中第 5.2.1 条的规定。

（5）塑料、塑木复合、玻璃钢类附框，其材料导热系数（25℃）不应大于 0.2W/（m·K）。钢（铝）塑共挤类附框，其附框制成品截面厚度方向热阻不应小于 0.28（m²·K）/W。

（6）塑料、塑木复合、玻璃钢类附框，其截面应设计有可靠固定外窗安装螺栓的加强肋，宽度不小于 12mm。

（7）塑料、塑木复合、玻璃钢类附框的材料性能指标应符合规定，见表 3-12。

（8）共挤钢（铝）型钢壁厚应不小于 1.5mm。

（9）附框组角应牢固，角缝处应经密封处理。附框组角宜采用45°组角，钢附框组角连接处应对两侧面与外角进行焊接，焊缝要连续，并采取有效的防腐措施。

（10）附框的加工、组装均须在工厂内完成，组框后每件应贴尺寸标识。标识内容至少应有高、宽尺寸、截面长度尺寸。标识应清晰，不易损坏。

（11）标准化附框型材截面厚度尺寸应为（24±0.5）mm；宽度尺寸不小于55mm，尺寸系列宜按宽度划分为：55、60、65、70、75、80、90、100、110；宽附框应根据建筑完成面厚度设计并应有滴水构造。

（12）标准化附框、型材性能及技术指标应符合表3-12的规定。

（13）标准化附框组角应牢固，角缝处应密封处理，角缝处不应出现渗漏水；组角不得采用焊接工艺。

5.1.5.2　披水板要求

（1）披水板用铝合金材料制作时板厚不小于1.5mm，用不锈钢或热镀锌钢板制作时板厚不小于1mm。

（2）披水板用铝合金材料制作时，表面应处理。

（3）披水板宽度应根据窗台宽度及各类外墙外保温构造厚度设计，披水板应有可靠的阻止雨水内渗的披水构造设计。

（4）披水板出厂时表面处理面应粘贴保护膜。

5.1.5.3　附框压条要求

（1）附框压条用铝合金材料制作，壁厚不小于1.4mm，高度不小于15mm。

（2）附框压条表面应处理。

（3）应有能防止附框压条与窗框之间接缝雨水渗漏的镶嵌密封胶条构造以及与披水板连接构造。

5.1.5.4　附框品种和选用

（1）附框品种分为60和90/105/110等系列，见图5-26。

（2）选用附框时，截面宽度小于100mm的窗框，附框与窗框宽度的缩小比例应控制在10%以内；截面宽度大于10mm的窗框，附框宽度应比窗框宽度小0～15mm为宜，附框宽度尺寸应大于或等于60mm。

（3）超长度附框材料在制作前，要注意搁置平正，不让其在长期弯堆放时影响几何平正，造成型材弯曲。

5.2　构件的二次加工

5.2.1　下料

下料包括型材（主辅型材）下料和角码下料。常规的铝合金窗框、扇型材下料的角度主要为45°和90°；异型窗型材下料根据窗

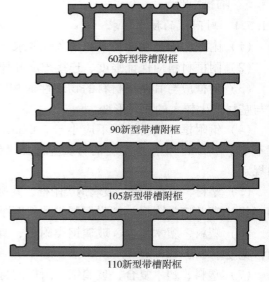

60新型带槽附框

90新型带槽附框

105新型带槽附框

110新型带槽附框

图5-26　带槽附框

型不同会有其他角度。角码下料均为90°。

双头切割锯主要用于切割主型材，装有硬质合金圆锯片，转速和锯片直径均能达到切割铝型材所需的高速。机床两锯头可单独工作，也可同时工作，在一定角度之间可实现任意角旋转，下料长度通过可动锯头进行调整，按刻度和标尺进行微调，数控双头切割锯可一次输入需要切割下料的多根型材尺寸，实现不同长度连续切割。

在单头切割锯上切割下料，用单头切割锯可对型材进行一般的切割和再加工，这一切割往往是组装过程的需要。单头切割锯可手动操作，或用气动控制进刀、退刀、夹紧或冷却液的喷淋。

玻璃压条下料使用玻璃压条锯。玻璃压条下料尺寸应稍长一些，待装配时与窗框扇配装，以使压条与窗框扇配合良好。

角码下料使用角码切割锯，角码切割锯的精度要求比铝合金型材切割锯高，以保证切割的角码与型材内腔的配合精度要求。

下料的主要技术要求：

（1）型材长度的尺寸精度（包括 V 形的锯切深度）　±0.5mm；

（2）型材角度精度±15′；

（3）型材切割断面的粗糙度0.2mm；

（4）型材切割面无粘连、无漏屑；

（5）型材外观不得有碰、拉、划伤痕。

5.2.2　孔、槽加工

为了满足门窗的开启、装配和物理性能的要求，窗框、扇构件还需根据设计要求进行孔、槽加工。加工的孔、槽类型有排水槽、锁孔（槽）和装配槽等。

所有铣、钻工作均须在组装前完成，加工设备机上加工，也可在仿形铣床上或钻床上加工。

（1）排水槽加工见图 5-27。

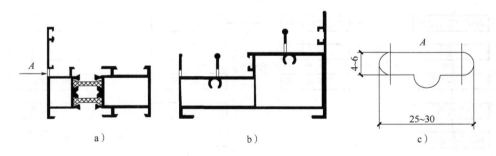

图 5-27　排水槽加工

a）平开窗下框排水槽　b）推拉窗下框排水槽　c）排水槽

（2）气压平衡孔加工见图 5-28。

（3）执手安装孔加工见图 5-29。

5.3　门窗组装

5.3.1　门窗组装工艺

（1）铝合金门窗组装工艺流程见图 5-30。

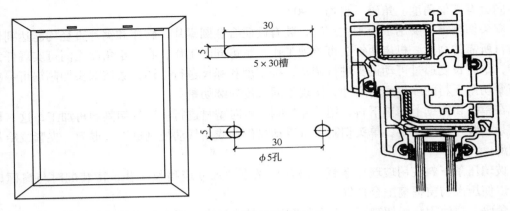

图 5-28　气压平衡孔加工

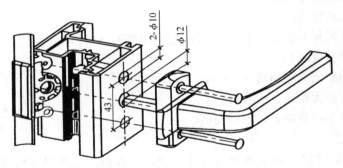

图 5-29　执手安装孔加工

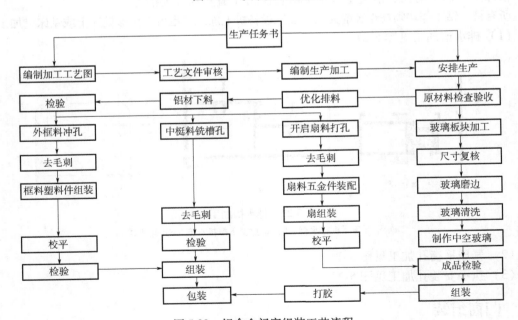

图 5-30　铝合金门窗组装工艺流程

（2）塑料门窗组装工艺流程见图 5-31。

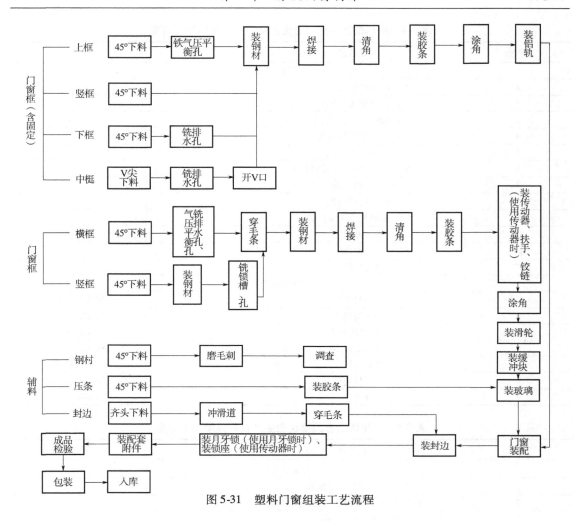

图 5-31　塑料门窗组装工艺流程

（3）铝塑复合门窗组装工艺

铝塑铝复合门窗的生产工艺根据复合型材的复合形式不同，其生产工艺也不相同。

铝塑铝复合型材，一般采用内外两面铝合金型材同步组角的方式组装。

铝塑复合型材，铝合金型材部分采用组角方式，塑料型材部分采用焊接方式，一般采用先焊后组角的生产工艺。

铝包塑复合型材，其门窗的组装工艺采用塑料型材部分和铝合金型材部分分别成型，即内侧塑料型材部分同 PVC 塑料门窗的生产工艺相同，外侧的铝合金型材采用组角的方式组框成型，最后同塑料成型部分通过卡扣复合成型。

（4）其他

实木门窗、铝木门窗和玻璃钢门窗组装工艺见相关规范。

5.3.2　组装设备配套

中小型铝合金门窗企业生产设备配置见表 5-4，需要 1000 ~ 1200m² 的生产车间；年产量达到 10 万 m² 规模的大型铝合金门窗企业生产设备配置见表 5-5，需要有 10000m² 以上的生产车间。

表5-4　中小型铝合金门窗企业生产设备典型配置方案

序号	设备名称	数量	备注
一、主要加工设备			
1	铝门窗数控双头切割锯	1	
2	铝门窗单头切割锯	1	
3	铝门窗双头仿形铣床	1	
4	铝门窗仿形钻孔机	1	
5	铝门窗冲压机	1	
6	铝门窗自动角码切割锯	1	
7	铝门窗端面铣床	1	
8	铝门窗组角机	2	
9	铝门窗数控四头组角机	1	
10	冲床		视型材品种
11	钻铣床	3	
12	空气压缩机	3	
二、辅助设备			
1	铝型材支架		视实际需求
2	门窗周转车		视实际需求
3	铝型材周转车		视实际需求
4	组装工作台		视实际需求
5	玻璃周转车		视实际需求
6	铝型材料架		视实际需求
7	胶条车		视实际需求

表5-5　大型铝合金门窗企业生产设备典型配置方案

序号	设备名称	数量	备注
一、主要加工设备			
1	铝门窗数控双头切割锯	1	
2	铝门窗数显双头精密切割锯	1	
3	铝门窗单头切割锯	2	
4	铝门窗双头仿形铣床	2	
5	铝门窗仿形钻孔机	1	
6	铝门窗冲压机	2	
7	铝门窗自动角码切割锯	2	
8	铝门窗端面铣床	2	
9	铝门窗组角机	2	
10	铝门窗双头组角机	1	
11	铝门窗数控四头组角机	1	
12	冲床		视型材品种
13	钻铣床	4	
14	铝门窗弯圆机	1	
15	空气压缩机	4	
二、辅助设备			
1	铝型材支架		视实际需求
2	门窗周转车		视实际需求
3	铝型材周转车		视实际需求

（续）

序号	设备名称	数量	备注
4	组装工作台		视实际需求
5	玻璃周转车		视实际需求
6	铝型材料架		视实际需求
7	胶条车		视实际需求

　　PVC 塑料门窗组装工艺技术有两种：采用焊接机热熔焊接（简称焊接）；采用螺钉机械连接（简称螺接）。工艺方案有三种：①整窗（门）全部采用热熔焊接成型；②焊接与机械连接（螺接）相结合成型；③整窗全部采用机械连接成型。

5.3.3　门窗组装施工

　　门窗组装工序是将门窗下料的物件装成一樘完整门窗的过程，它包括框、扇的组装，五金件的安装，密封元件的安装，玻璃的安装，配件的安装和纱窗的安装。

5.3.3.1　框、扇的组装

　　（1）带上亮推拉铝合金门窗框组装示意图见图 5-32。

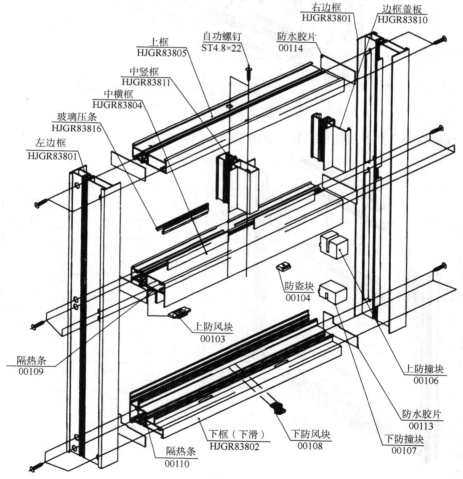

图 5-32　带上亮推拉铝合金门窗框组装示意图

（2）带下亮推拉铝合金门窗框组装示意图见图 5-33。

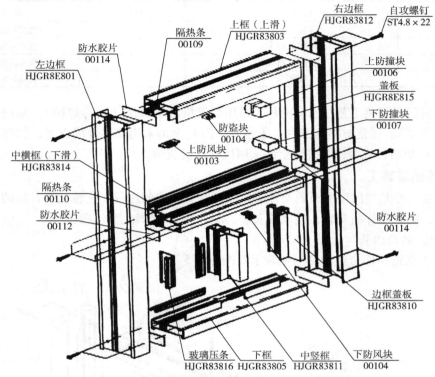

图 5-33　带下亮推拉铝合金门窗框组装示意图

（3）断桥铝合金推拉窗外框组装示意图见图 5-34。

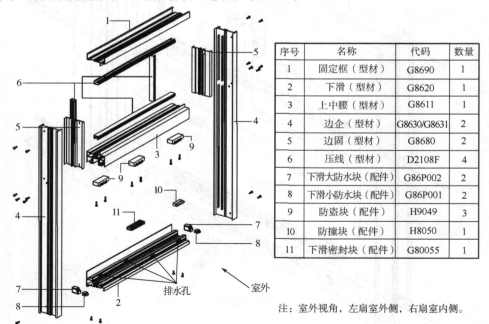

序号	名称	代码	数量
1	固定框（型材）	G8690	1
2	下滑（型材）	G8620	1
3	上中腰（型材）	G8611	1
4	边企（型材）	G8630/G8631	2
5	边固（型材）	G8680	2
6	压线（型材）	D2108F	4
7	下滑大防水块（配件）	G86P002	2
8	下滑小防水块（配件）	G86P001	2
9	防盗块（配件）	H9049	3
10	防撞块（配件）	H8050	1
11	下滑密封块（配件）	G80055	1

注：室外视角，左扇室外侧，右扇室内侧。

图 5-34　断桥铝合金推拉窗外框组装示意图

（4）断桥铝合金推拉窗室内扇安装示意图见图 5-35。

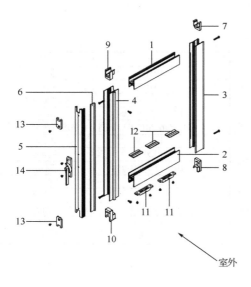

序号	名称	代码	数量
1	上方（型材）	G8660/G8660A	1
2	内下方（型材）	G8670/G8670A	1
3	光企（型材）	G8640/G8640A	1
4	内勾企（型材）	G8651/G8651A	1
5	勾企封板（型材）	G8652	1
6	塑料条（配件）	H8081	1
7	光企上护档（配件）	G86051	1
8	光企下护档（配件）	G86052B	1
9	勾企上护档（配件）	G86053	1
10	勾企下护档（配件）	G86054A	1
11	滑轮（配件）	H8060	2
12	玻璃垫块（配件）	H8056	3
13	封盖（配件）	ZM9255	2
14	月牙锁（配件）	H8070	1

图 5-35　断桥铝合金推拉窗室内扇安装示意图

（5）断桥铝合金推拉窗室外扇安装示意图见图 5-36。

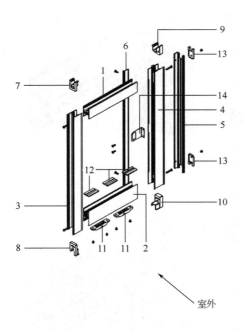

序号	名称	代码	数量
1	上方（型材）	G8660/G8660A	1
2	外下方（型材）	G8673/G8673A	1
3	光企（型材）	G8640/G8640A	1
4	外勾企（型材）	G8650/G8650A	1
5	勾企封板（型材）	G8652	1
6	塑料条（配件）	G8081	1
7	光企上护档（配件）	G86051	1
8	光企下护档（配件）	G86052A	1
9	勾企上护档（配件）	G86053	1
10	勾企下护档（配件）	G86054B	1
11	滑轮（配件）	H8060	2
12	玻璃垫块（配件）	H8056	3
13	封盖（配件）	ZM9255	2
14	月牙锁勾（配件）		1

图 5-36　断桥铝合金推拉窗室外扇安装示意图

（6）80 系列推拉窗组装示意图见图 5-37。

（7）50 系列平开窗装配示意图见图 5-38。

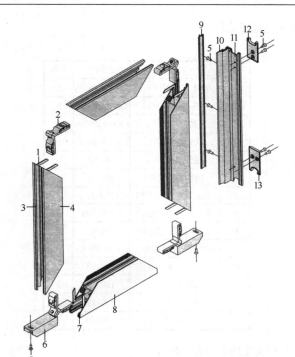

序号	图号	名称
1	PJ1030	插片
2	PJ1025	角连接件
3	PJ2057	立边密封条
4	BLXC0209B-04	窗扇
5	GB/T846-2017 ST3.5 ⑬	十字槽沉头自功螺钉
6	PJ1021	单滑轮
7	PJ2058	密封条
8	BLXC0209B-05	窗扇
9	PJ3021	密封胶条
10	PJ2031	勾企条
11	BLXC0209B-06	盖板
12	PJ2054	上盖板
13	PJ2055	下盖板

图 5-37　80 系列推拉窗组装示意图

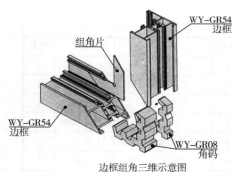

边框组角三维示意图

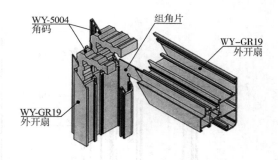

外开窗扇组角三维示意图

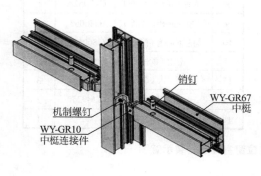

"十"字连接三维示意图

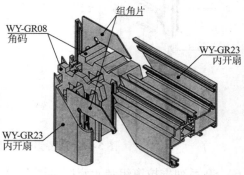

内开扇组角三维示意图

图 5-38　50 系列平开窗装配示意图

5.3.3.2　五金件及配件的安装

　　五金件的安装包括 C 形槽五金件的安装，U 形槽五金件的安装、普通铰链的安装，执手的安装、撑挡的安装、缓冲垫的装配、滑轮挡风块的装配、半圆锁及锁钩的装配、角轮和门锁的装配。

　　图 5-39 为传动锁闭系统安装示意图。

5.3.3.3　密封元件的安装

　　成品窗主要有三处需要密封的部位，窗墙连接处的密封，窗框与扇窗之间的密封，玻璃之间的密封，见图5-40。

　　窗墙连接处的密封属于安装施工范畴；窗框扇之间的密封是窗框架不可分割的整体，应在配件安装之前进行，要避免配件安装时对密封部位的损伤。玻璃之间的密封件体现玻璃与框扇安装的质量。图 5-41 所示为框扇之间的密封。

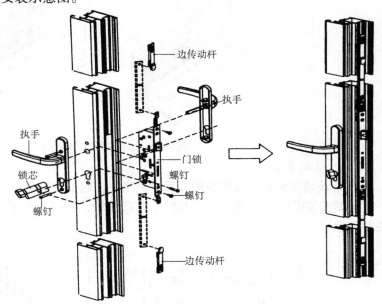

图 5-39　传动锁闭系统安装示意图

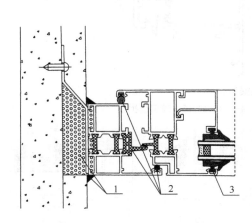

图 5-40　窗的三处密封部位
1—窗墙连接处的密封　2—窗框与窗扇之间的密封
3—玻璃之间的密封

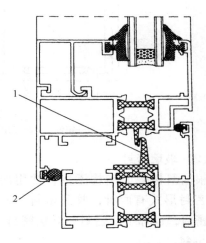

图 5-41　中间密封和框边缘密封
1—中间密封　2—框边缘密封

　　对于平开门窗的中间鸭嘴密封胶条的角部接头处，应采用45°对接，且安装完后对接处应用密封胶将接头处粘接牢固，见图5-42。

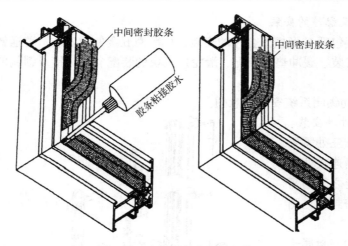

图 5-42　中间密封胶条的组装

5.3.3.4　玻璃安装

（1）玻璃安装是门窗组装的最后一道工序，包括玻璃就位、玻璃密封和固定等。

玻璃安装时要避免玻璃与扇框构件直接接触，必须使用玻璃垫块。图 5-43 所示为垫块安装位置。

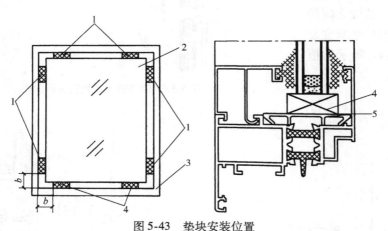

图 5-43　垫块安装位置

1—定位块　2—玻璃　3—框架　4—承重块　5—玻璃垫桥

（2）玻璃密封

根据型材截面结构不同，常用的玻璃密封形式有两种，胶条密封和密封胶密封，也称干法密封和湿法密封，见图 5-44。

（3）玻璃固定

玻璃镶嵌后，玻璃即固定。

5.3.3.5　配件和纱窗的安装

配件和纱窗的结构，随着产品组成不同而异，各企业自由规定。

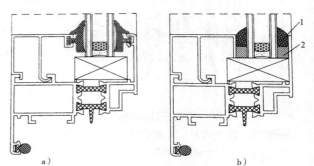

图 5-44　玻璃密封形式

a）胶条密封　b）密封胶密封

1—密封胶　2—密封垫条

5.3.4　附框组装

附框上滑与两边框连接采用角码

连接并用螺钉紧固，角缝处应经密封处理，角缝处不应出现渗水漏水。

附框应安装窗外侧附框压条，附框压条宜在附框组框时安装，附框压条上应装好皮条，用 4 自攻螺钉紧固安装定位压线，安装尺寸为：距端头 50mm，两钉间隔不大于 300mm，每边不少于 3 个螺钉。

附框的最大外沿尺寸应为预留洞口尺寸减 30mm，组装后的尺寸偏差应符合表 5-6 的规定。

表 5-6　附框组装后尺寸偏差

项目	尺寸范围/mm	允许偏差/mm
宽度、高度内侧尺寸	<2000	±1.5
	2000≤尺寸<3500	±2.0
	≥3500	±2.5
内侧对边尺寸之差	<2000	≤2.0
	2000≤尺寸<3500	≤3.0
对角处平面内高低差	—	±0.5

标准化附框最大组装尺寸分为前装法和后装法两种，前装法应为洞口尺寸加 48mm，后装法应为洞口尺寸减 30mm，组装后的尺寸检测应符合表 5-7 的规定。

表 5-7　标准化附框组装后尺寸检测方法

项目	偏差/mm	检测方法
高度	±1	在宽度方向距边 100mm 处取两点用卷尺测量
宽度	±1	在高度方向距边 100mm 处取两点用卷尺测量
对边尺寸差	1	高度或宽度方向两次测量差值
对角线尺寸差	2	用卷尺测量两对角线方向尺寸，求差值

5.4　产品质量检验

产品质量检验包括构件检验、工序检验和成品检验。

5.4.1　构件检验

（1）型材检验

型材检验包括型材生产许可证、质量保证书、检验报告与合格证、断面尺寸及壁厚、氧化膜、硬度及外观质量。

（2）五金件检验

1）有国家标准或行业相关标准规定的通用五金件，检验供货单位提供的复合国家标准或行业相关标准的有效产品质量保证书或产品检验报告。

2）检验产品合格证。没有产品合格证不得使用。

3）采用目测检查外观是否合格。

4）手试开启、转动和滑动是否灵活，铆接是否牢固。

5）依据国家标准或行业标准，采用相应的检测工具进行检测，如外形尺寸，零件之间的配合、滑轮的轴向窜动、径向跳动等是否符合标准要求。

6）试装配，检查是否满足使用功能要求。

（3）玻璃检验

1）有供货单位出具的产品性能符合国家标准的有效产品质量保证书，玻璃满足相关国家标准的要求。

2）玻璃的规格尺寸符合采购要求。

外观质量按相关标准的相应等级检查，未提出具体等级要求时，按合格品的等级要求检查。

检验方法：

1）首先检查质量保证书和合格证。

2）目测表面质量，其波筋气泡、夹杂物、划伤、线道等缺陷不超过标准要求。

3）外形尺寸与厚度用钢卷尺、游标卡尺测量，弯曲度用直尺、塞尺测量。

4）有透光率要求的，按《建筑玻璃　可见光透射比、太阳光直接透射比、太阳能总透射比、紫外线透射比及有关窗玻璃参数的测定》（GB/T 2680—1994）的规定的实验方法或使用等效的仪器测定。

（4）纱窗

1）有供货单位出具的有效产品质量保证书。

2）规格尺寸符合要求。

3）不得有抽丝、断丝和集中的大片结点等缺陷。

4）检验方法。用钢卷尺检查纱窗的规格尺寸，目测外观质量。

（5）密封材料

1）有供货单位出具的有效的产品质量保证书，胶条应符合《建筑门窗用密封胶条》（JG/T 187—2016）标准的规定，毛条符合《建筑门窗密封毛条》（JC/T 635—2011）标准的规定。

2）胶条、毛条的规格尺寸符合采购要求，与型材槽腔匹配。

3）胶条、毛条的外观应平整、光滑，符合使用要求。

4）胶条的强度、弹性应符合标准要求。

5.4.2　工序检验

工序检验，按工序流程而定，过程及质量跟踪是门窗制造企业必须抓的，这儿就不再赘述。

5.4.3　成品检验

门窗产品的检验分为过程检验、出厂检验和型式检验。

为保证门窗在正常批量生产过程中的产品质量，应根据门窗产品特点和加工工艺条件，制定相应的检验规程。

门窗制造企业对每个产品制定了企业标准，一般来说，企业标准大部分都略高于国家标准，因此成品检验，皆按企业标准进行，并符合有关国家标准要求。

5.5　数控设备的应用

操作工的技术水平高固然好，但我们追求的全过程的高效率、高精度、高稳定性，特别是数控机床，有效地保证了对精度、效率的要求。

（1）自动化程度高，生产效率高。门窗企业承揽工程时，往往面临工期短，生产量大，供货要求急，原有的生产模式，老式的加工设备已经严重的制约企业的发展。

（2）加工精度提高，保障产品质量。国家对建筑门窗节能提出了严格的要求，满足节能要求的新型节能门窗如隔热铝合金门窗、铝木复合门窗。多腔三密封塑料门窗、铝塑复合门窗和玻璃钢门窗等得到了较快发展。为了达到良好的节能效果，对节能门窗产品质量及加工、组装提出了更高的要求，包括产品质量要求、加工精度要求、操作人员素质的要求及质量管理水平的要求等。

（3）合理使用生产资源，加大设备的有效使用面积。数控加工设备整体较大，在一台设备上能够完成多个加工工序。相对于传统的加工设备，生产资源和使用面积的综合使用效率有所提高，减少了设备，简化了工序。

（4）市场竞争激烈，提高综合能力。现今门窗行业竞争激烈，特别是一些中小企业星罗棋布，他们靠拼设备，拼人力在市场上占有一席之地，但从长久考虑，人力成本在增大，一个企业在设计、加工能力上需要具有一定的实力。

图 5-45 是 LJJ2AS-500×4200 铝门窗数控双头精密切割锯。

主要功能：对型材数控优化送料，连续切割，并对两个端面同时铣削榫槽；可加工铝门窗、铝幕墙、工业铝型材及实木门窗。

传统的铝门窗的中梃加工，是由锯切机床和端面铣床来完成。总的工艺流程是：装料、锯断、卸料、搬运、装料、铣第一个端面、卸料、装料、铣

图 5-45　LJJ2AS-500×4200 铝门窗数控双头精密切割锯

另一个端面、卸料。整个流程中，需要三次装料和卸料，并需要一个料的搬运环节，占用大量的劳动力。本加工中心是把型材锯断和铣端面的工艺集中到一起，得到成型的中梃料。此过程完全是高效数控加工（并且有优化下料功能），大大节省了劳动力，适合于大中型门窗加工企业的大批量生产。本加工中心采用进口三菱 PLC 交流伺服控制系统，功能强大，按程序实现优化自动送料，自动锯切，自动高速铣削，自动出料、排料等完整的动作，保证了本加工中心的高效、高精度、高稳定性。

图 5-46 是 LJZJ4S-100×1800×3000 铝门窗数控四头组角机。

特点：

（1）该机用于铝门窗高效组装，可一次完成四个角的角码式冲压连接。

（2）压紧装置自动前后移动，操作方便，窗体尺寸自动调节。

（3）机架选用国家标准材料专业焊接，并经时效处理。

（4）组角刀前后左右调整方便，适用不同型材的需要。

（5）一次性组框可对型材间的接缝及平面度进行控制，使组框质量具有可预见性。

（6）控制系统与伺服系统实现无缝连接，大大提高控制精度。

图 5-47 是 LXSJ6A-250 六刀铣榫机。

特点：

（1）该设备适用于当今国际与国内门窗幕墙市场的各种型材，是一款新型的，适用于多种型材断面、台阶面的门窗幕墙生产的专用设备。

（2）该设备采取型材固定压紧、刀具移动的结构，更适合于大长度、多数量、多批次型材的成型加工。

（3）六套组合铣刀用户根据型材断面要求组合成任意尺寸，其中两组刀具可在 180° 范围内调节，满足斜面要求。一次走刀即可实现在型材端面铣削成所需的榫口尺寸。

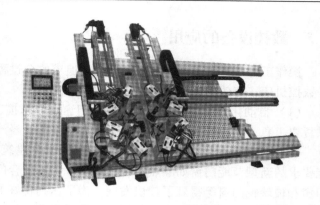

图 5-46　LJZJ4S-100×1800×3000 铝门窗数控四头组角机

图 5-47　LXSJ6A-250 六刀铣榫机

（4）进刀速度采用变频调速方式，可任意调整进刀速度。

图 5-48 是 LZX-CNC-3200 数控钻铣床（工作台旋转型）。

图 5-48　LZX-CNC-3200 数控钻铣床

特点：

（1）采用先进的工业控制系统，操作简单，人机合作。

（2）适用于铝型材、铝木复合型材和铜型材等轻合金加工 U-PVC 型材。

（3）工件表可以做旋转 +/－90°，一次编程，对型材三个面可连续加工。特别适用于加工铝型材锁孔。

（4）采用进口高精度直线导轨、滚珠丝杠、齿轮齿条和进口伺服电动机，确保运行平稳，具有较高的定位和精度。

（5）采用优质进口高速主轴，以保证工艺稳定性，低噪声和稳定旋转，强大的切削能力。

图 5-49 是 LMZK4-4200 铝木门窗四角液压组框机。

特点：

（1）本设备用于实木门窗榫接组框，主要应用于矩形框的四角保压连接。整机采用重型焊接机架，精密滑轨支撑，矩形齿条定位，刚性好、精度高。

（2）定位矩形齿条齿距小，微调方便，采用气动锁紧，定位快捷方便。四组液压缸为双作用油缸，导向好，组角压力均匀，保压变形小，精度高。

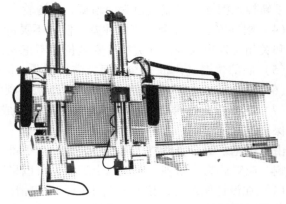

图 5-49 LMZK4-4200 铝木门窗四角液压组框机

图 5-50 是塑料门窗数控四角焊接机。

性能特点：

（1）本机四个机头可同时工作，能够一次完成一个矩形窗框或窗扇的焊接工作。

（2）采用 PC 机控制，具有加工范围大、操作调整方便、可靠性高等特点。

（3）运行平稳、定位精度高、焊接质量稳定，适用于大批量规模化生产。

图 5-50 塑料门窗数控四角焊接机

虽然数控技术在门窗加工行业的应用是最近几年才发展起来的，但随着我国经济建设的发展，科技水平的进步，门窗加工技术将有一个崭新的发展空间，数控技术的应用将越来越广，各个工序实现自动化或半自动化控制，通过输送带就可以组成自动化生产线，并通过网络系统将整个控制系统连入公司局域网中，在办公室即可完成程序设计、参数输入、程序执行等功能，还能监控现场生产情况等。可以较大提高生产效率、节约成本，减少人力，有力地促进门窗加工业的发展。

5.6 组装缺陷及对策

5.6.1 铝合金门窗

国家已出版了铝合金门窗标准图，图集中所列的各系列规格，组装拼对严密，防水、保温、防尘效果好，应大力推广。有许多的设计图中未按标准图集选取铝合金系列，甚至有许多图纸对铝合金门窗没有明确规定，质量难以得到保证，主要有以下问题：

（1）铝合金门窗型材的玻璃以次充好，以薄充厚，易裂开。门窗扇关闭不严密，开关不灵活，间隙不均匀。

（2）制作时下料不精确，误差大；安装时个别杆件不到位；缝口间隙大，窗框不方正。

（3）产品保护差，表面浮染、划痕、碰伤、扭曲、变形、锈蚀、开裂、玻璃破裂。推拉门下轨掉入泥沙，造成轨道表面划痕，轨道轮卡死。

（4）附件安装不齐全，牢固性差，使用不灵活，插锁或扎头质量差，锁不牢、开不动，开启和关闭时发出噪声，开关把手安装位置不正确，有的手把在使用了半年左右时已损坏。

（5）底部轨道（内框）与框间，密封不严，使用不正确的密封胶，造成易渗水。

（6）立框间或水平框间拼缝不严密，雨水易顺此缝渗入室内。

（7）窗框阳角处内框横向与竖向组合搭接形成曲面组合，拼接缝隙大，密封膏密封质量不保证。

由上可见，铝合金型材选用及组装是一个很重要的问题，对整个工程及使用者都有直接的影响，应对此高度重视。对于以上通病，可以采取如下措施加以防治。

（1）在设计图纸时，按照材料生产，供应情况和建筑物的构造及使用要求，明确规定铝合金门窗型材的厚度、规格、质量要求及节点大样，使施工单位在制作、加工和安装时有依有据，同时也给建设单位（监理单位）及监部门进行质量检查、验收提供依据。

（2）建设单位严把材料进货关，主要原材料必须有产品合格证和检验报告（主要原材料包括型材、玻璃、滑轮、窗锁、扎头等）。铝合金门窗加工制作完成后，按要求须经检测部门，进行强度、气密性、水密性、开启力、尼龙导向轮耐久性、开闭锁耐久性等有关技术性能检验，并出具检验报告，合格后方可安装。

（3）施工单位要请有经验的技术工人。铝合金门窗在制作、安装时都要加强质量检查，如下料长度、方正对角和垂直度检查等。安装时逐扇调试、衡平竖直，保证关闭严密，开关灵活。

（4）附件质量要求达到合格，附件安装要齐全、牢固、方便实用，端正美观。不出现歪斜、螺钉未拧到位、毛条不齐整等现象。

（5）窗框下档阳角开出小孔槽，避免积水、渗水。

（6）铝合金门窗型材，玻璃厚度应符合设计要求。如设计无要求时，铝合金门窗型材厚度必须大于 0.8mm。玻璃一般可用 5mm 的浮法玻璃。

（7）普通窗采用方管料（外框）和轨道（内框）组合拼装。带窗可采用方管料组装。

5.6.2　塑料门窗

（1）窗设计不合理

1）设计合理的窗型，玻璃尺寸不能太大；

2）组合窗的拼樘料应上下固定；

3）门窗迎水面不能过大，排水孔亦不能过小；

4）推拉窗的搭接量不应小于 8mm。

（2）窗配件不配套

1）所购钢衬不合适，过大或过小；

2）注意防风块、碰头和防盗块的不同用途；

3）注意门锁的锁芯是偏芯的；

4）铝滑轨及半圆分为不同类型，应选用合适型号。

（3）安装后执手和开启不灵活

1）组装时各锁点没有居中或者装配不紧，齿条与齿槽没有完全啮合。这时应去下压片，设正齿条与齿槽的位置，即可。

2）锁座与锁点的配合位置不恰当，造成锁点无法到位，为此应重新确定锁座的位置，直到合适为止。

3）由于装配不当，造成五金件传动系统的损坏，应根据情况进行替换。

4）窗框、扇配合不好，造成防误操作器失灵，应采用调整掉角的方向的方法。

（4）扇安装后关闭不严的原因

1）安装不牢固，应检查并紧固。

2）框发生变形，如果调节胀栓达不到校正目的，就要重新上框安装。

3）打孔时发生移位，安装后铰链基座的中心线不在一条垂直线上，出现较劲，可通过三维调节螺钉将框摆正。

4）窗扇面积过大，而配置的锁点过少，可以通过增加连杆，沿长杆来增加门窗的整个五金配置。

（5）门窗安装后中间有缝是什么原因。

安装后中间有缝或者关闭不严主要是不水平，一头高，一头低。处理时，首先找到出哪边高，以此为基准，重新调整门窗的水平度。

（6）造成掉角的原因和解决的办法

1）由于框扇的搭接量不合适，可以通过调节下轴承支座下方外侧的内六角螺钉，斜拉侧面的六角螺钉，以达到校正的目的。

2）玻璃垫片位移或者位置不对而使窗扇因为玻璃重力发生变形，解决的方法是依据科学的垫片放置方法重新正确安装，并严格按照《塑料门窗工程技术规程》（JGJ 103—2008）规定的方法和标准正确操作。

3）框扇对角线偏差太大，远远超过允许偏差，这主要是下料或者焊接造成的偏差。出现这种情况时调节作用不大，需切割重做。

4）所有五金件的机械力学性能达不到窗的要求，门窗使用劣质五金件后最容易出现。北新所产的平开上悬五金件，传动器齿轮是进口钢带，通过精冲工艺完成，再加上合理的设计可以三维调节窗框、扇的前后、上下、左右，保证了框扇良好的配合。

第6章 安装与验收

门窗即使组装得很好，也不一定让客户非常满意，系统门窗是各环节相互补充的结果，有一句话叫作七分制作三分安装，说明整窗性能效果必须是全方位的技术支撑和保障，因此必须对门窗的安装环节也给以足够重视。

江苏省住房和城乡建设厅组织诸多专家认真研究，已将外窗系统开发为三个独立产品，即标准化外窗、标准化附框和标准化遮阳—体化外窗，并制订了施工操作规程。本章将围绕安装技术作简要介绍。

6.1 概述

标准化外窗施工操作与标准化遮阳—体化外窗的施工操作是相同的，为表达简单，本书以下介绍的标准化外窗施工操作，也就代表了遮阳—体化外窗的施工操作。

新建建筑应做到标准化外窗系统与建筑同步设计、同步施工、同步验收。

标准化外窗系统施工安装要采用干式施工方法即附框安装法。

标准化外窗系统出厂安装前应对外观、装配尺寸偏差、装配质量进行全数检验并采取保护措施，还要做到以下几条：

（1）标准化外窗单樘窗和由单樘窗组合的窗的洞口尺寸应符合表 6-1 要求。

表 6-1　居住建筑标准化外窗系统洞口尺寸

洞口高度 H/mm	洞口宽度 B/mm
1200	600、900、1200、1500
1500	600、900、1200、1500、1800
1600	600、900、1200、1500、1800
1700	600、900、1200、1500、1800
1800	600、900、1200、1500、1800
2100	600、900、1200、1500、1800

注：表中宽度 600mm 用于平开、上悬、上下提拉窗；宽度 900mm 用于上悬、上下提拉窗；洞口高度 2100mm 和对应的宽度尺寸仅用于由单樘标准化窗组合的飘窗。

（2）标准化外窗系统及标准化外窗系统主要性能、技术指标应符合设计要求，详见表 2-31。（其要求是江苏省地区目前要求，其他地区也有自己要求。）

（3）标准化外窗系统及标准化外窗系统主要立面及开启形式宜符合设计要求，详见图 2-2 要求。

（4）外遮阳构件主要性能及技术指标应符合表 6-2 的要求。

表 6-2　外遮阳构件主要性能及技术指标

外遮阳产品	遮阳系数	传热系数	耐久性	操作力
硬卷帘	≤0.15	—	伸展收回≥1.5 万次	
织物卷帘	≤0.20	—	伸展收回≥1.5 万次	
金属百叶帘	≤0.15	—	伸展收回≥1.5 万次	符合《建筑遮阳通用要求》（JG/T 274—2010）要求
内置遮阳中空玻璃制品	伸展状态：≤0.3　收回状态：≥0.60	≤2.0W/（m² · K）	伸展收回≥3 万次　开启关闭≥6 万次	

（5）标准化附框设计选用应符合以下规定：

1）窗框宽度大于 120mm 时宜用宽附框，窗框宽度小于等于 120mm 时宜用窄附框；外窗有防火要求时应选用窄附框。

2）设计选用窄附框时，截面宽度大于 100mm 的窗框，标准化附框宽度应比窗框宽度缩小 0～15mm；截面宽度小于等于 100mm 的窗框，标准化附框与窗框宽度的缩小比例应控制在 10% 以内。

3）前装式标准化附框内框尺寸为洞口尺寸。后装式采用窄附框时，洞口墙面与标准化附框间距 15mm，加上标准化附框厚度，保温层和墙面处理总厚度应为 39mm；后装式采用宽附框时，洞口墙面与标准化附框间距 15mm，标准化附框覆盖的墙体部位不做保温层。

4）后装法设计选用窄附框时宜采用披水板。

6.2　标准化外窗系统安装前的要求

6.2.1　标准化外窗安装前的要求

在安装施工前，对标准化外窗应提出要求，这些要求包括下列内容：

（1）施工前应复核标准化外窗系统安装洞口尺寸，洞口宽、高尺寸允许偏差 ±10mm，对角线允许偏差应为 ±10mm。同时也应对各洞口中线及水平线进行弹线和复核，力求安装标准化外窗系统中线、水平线偏差不大于 10mm。

（2）标准化外窗的品种、规格、开启方式等应符合设计要求。

（3）标准化外窗的五金件、附件应完整、配套齐全、启闭灵活。

（4）检查标准化外窗的装配质量及外观质量。有异常的应及时返修，严重的应退回公司返工，保证安装合格产品。

（5）标准化外窗安装所需主要机具和工具、辅助材料和安全设施，应齐全可靠。

（6）标准化外窗所有材料进场时应按设计要求对其品种、规格、数量、开启方向、外观和尺寸进行验收，材料应完好，附带合格证、质保书。

6.2.2　标准化附框安装前的要求

（1）标准化附框型材材料应符合以下类型：木塑复合标准化附框、钢塑共挤标准化附框和玻璃钢标准化附框。鼓励采用新型材料，新型材料制作的附框应经具有附框检测资格的法定检测机构检测合格后方能使用，其型材截面形状和尺寸、组装成品尺寸以及性能指标均符合附框制造商企业标准和地方标准的要求。

（2）标准化附框外框最大组装尺寸：后装式应为洞口尺寸扣减 30mm；前装式应为洞口尺寸加 48mm，组装后的尺寸偏差应符合表 6-3 的规定。

表 6-3　标准化附框安装后尺寸偏差

项目		尺寸范围/mm	偏差/mm
高度尺寸		≤1500	±2.0
宽度尺寸		>1500	±3.0
对边尺寸差			2.0
对角线尺寸差		≤2000	3.0
		>2000	5.0
框正、侧面垂直度			2.0
横框水平度			2.0
竖向偏离中心			5.0

（3）附框压条和坡水板应符合制造商企业标准要求。

6.3　施工准备

6.3.1　技术准备

（1）标准化外窗系统工程施工前应有设计文件和其他相关的技术文件。

（2）认真执行技术交底制度。标准化外窗系统施工前，工程技术负责人应写出详细书面技术交底资料，对施工队伍负责人进行交底，施工队伍技术负责人对施工人员进行二次技术、安全交底。

6.3.2　测量放线

（1）标准化外窗系统施工企业应向土建施工单位索要经相关责任人确认的三线（标高、洞口中线、进出线）位置尺寸。

（2）标准化外窗系统施工企业现场安装人员应按土建施工单位提供的三线（标高、洞口中线、进出线）位置尺寸，用红外线测量仪和经纬仪进行复核，并标出标准化附框安装基础线，作为标准化外窗系统施工操作的标准。

6.3.3　现场准备

（1）标准化外窗系统不得在工地现场制作，应在工厂制作完成后，按工程进度计划分批运至现场。

（2）应根据合同检查遮阳一体化窗成品或半成品、五金配件、密封件使用、标准化附框等是否符合工程设计要求，是否为指定品牌，检测报告、合格证等是否齐全无误。

（3）检查标准化附框、标准化窗固定件和固定点间距等是否符合规程要求。

6.3.4　施工机具和设备

（1）标准化外窗系统安装使用的主要施工机具和设备应包括安装机具、测量器具、安装工具和器材。安装过程中，主要施工机具和设备应规范使用。

（2）机具必须齐全、完好，应定期检查、维护和保养。

6.3.5　作业条件

标准化附框和标准化外窗系统安装前，应达到以下规定的作业环境和作业条件方可作业。

（1）安装环境温度不应低于 5℃。

（2）洞口位置、尺寸已核对无误，或已经修凿处理，已能满足安装要求。

（3）预留铁脚孔洞或预埋件的数量、位置和尺寸已核对无误。

（4）已具备垂直运输条件，随时可以作业。

（5）各种安全保护措施已到位，且可靠安全。

6.4　施工安装

6.4.1　干法施工安装工序

标准化外窗系统安装宜按表6-4工序进行。

6.4.2　标准化附框、附框压条、披水板安装

6.4.2.1　标准化附框生产企业应提供详细附框安装作业指导书。施工前，施工单位应根据设计和本规程要求以及作业指导书对工程项目的标准化附框和标准化窗安装制定专项施工方案，并应对施工人员进行技术交底和专业技术培训；施工时应按照经审查合格的设计文件和经审查批准的安装专项施工方案进行施工。

6.4.2.2　标准化附框后装式安装应满足下列要求。

（1）标准化附框安装宜在室内粉刷或室外粉刷、找平、刮糙等湿作业前进行。

（2）标准化附框安装前应复核洞口尺寸和标准化附框尺寸，确认无误后再安装。

表 6-4　标准化外窗系统安装工序表

序号	工序名称
1	洞口处理
2	附框外侧画线并装固定片（装置）
3	在洞口内放置附框并用木楔简易固定
4	复核内框尺寸
5	固定片与墙体固定
6	复核内框尺寸
7	拆除木楔
8	附框与墙体间浇注混凝土（砂浆）
9	附框压条安装
10	披水板安装
11	安装标准化外窗系统

（3）用木楔将标准化附框四边临时固定，调整垂直度、水平度和中心线应符合表6-2的尺寸偏差要求。

（4）宽附框与洞口墙体应采用膨胀螺栓连接，膨胀螺栓公称直径不小于M8mm，埋入混凝土墙体的有效长度不小于40mm。窄附框与洞口墙体宜采用固定片用射钉连接。固定片宜采用Q235钢材，厚度不小于1.5mm，宽度不小于20mm，表面应做防腐处理；射钉应与混凝土有效连接。

（5）与墙体连接时不能造成标准化附框弯曲或变形，安装过程中应随时检查标准化附框的垂直和水平度，必要时应在标准化附框与墙之间加填衬垫进行紧固，或在变形部位钻打调节用塑料膨胀螺钉以调节变形尺寸。

（6）窄附框用单边固定片时应在相邻10mm位置反向增加1片单边固定片。

（7）标准化附框固定膨胀螺栓或固定片安装位置应符合下列要求：两端各距端部100mm，中间点间隔不大于500mm。安装宽附框时应在同一截面两边安装两个膨胀螺栓。

（8）组合窗的标准化附框中如设置拼樘料或转角拼樘料，拼樘料或转角拼樘料应同时在标准化附框制作时组装，拼樘料或转角拼樘料应上下贯通，并锚入窗洞口的预留孔内，锚入深度不小于30mm；两端也可采用连接角码固定。

（9）标准化附框安装后，用角尺、直尺、靠尺进行复核并应符合表6-5尺寸偏差要求。

表6-5　标准化附框组装后尺寸偏差

项目	偏差/mm	检测方法
高度尺寸	±1	在宽度方向距边100mm处取两点用卷尺测量
宽度尺寸	±1	在高度方向距边100mm处取两点用卷尺测量
对边尺寸差	1	高度或宽度方向两次测量差值
对角线尺寸差	2	用卷尺测量两对角线方向尺寸，求差值

（10）拆除木楔，在标准化附框周边与墙体接缝处，应用防水砂浆塞缝密实。塞缝结束后，刮糙找平，再按表6-2复查尺寸应符合要求。

（11）标准化附框安装后，室内侧顶部粉刷层厚度可根据砂浆可达到的厚度确定，标准化附框外露部分宜通过窗套等装修措施解决；也可分两次进行粉刷。

6.4.2.3　标准化外窗安装前应在标准化附框外沿口四周安装附框压条并符合下列要求。

（1）附框压条应根据标准化附框尺寸在工厂切割并在附框压条上安装三元乙丙胶条。

（2）附框压条进出位置应根据窗框和标准化附框连接件有效连接位置尺寸确定，安装时量测定位。

（3）附框压条与标准化附框采用自攻螺钉紧固时，应采用直径不小于4mm自攻螺钉，螺钉安装尺寸距端头不大于50mm，两钉间隔不大于300mm，每边不少于3个螺钉。

（4）安装后交角部位间隙不大于0.5mm，并应采用硅酮密封胶密封。

6.4.2.4　后装法窄附框应采用窗台披水板，披水板的安装宜符合下列要求。

（1）披水板的安装应在外墙保温施工完毕后进行。

（2）清理窗台并在窗洞口侧墙画好披水板安装线，披水板安装后的披水坡度不应小于20%。

（3）参考安装线在窗台上修补保温板或保温砂浆以及抹面抗裂砂浆，并用齿形抹子将砂浆刮成垂直于标准化外窗系统的齿形条状。

（4）待窗台抹面砂浆干燥以后，先将披水板与附框压条卡接，然后在窗台外墙砂浆面上粘贴一条厚度不大于2mm双面胶带，将披水板就位压实。

（5）宜在披水板与侧墙处对披水板进行辅助性固定。

（6）在披水板与侧墙交角连接处采用中性硅酮密封胶密封，胶缝覆盖披水板有效宽度不小于5mm；采用矩形截面胶缝时，密封胶有效厚度应大于6mm，采用三角形截面胶缝时，密封胶截面宽度应大于8mm；缝隙较大时应先采用防水砂浆或泡沫棒填塞再打密封胶，辅助性固定件应全部被胶覆盖；注胶应平整密实，胶缝宽度均匀、表面光滑、整洁美观。

（7）在各项施工过程中，不得蹬踏、撞击披水板，也不得在披水板上放置重物。

（8）工程验收前，应撕掉披水板表面保护膜，并擦净表面。

（9）后装式标准化附框安装方法见图6-1。

6.4.2.5　前装式标准化附框安装应符合下列要求。

（1）检查标准化附框规格尺寸应符合设计要求。

（2）先在标准化附框外侧安装预埋钢筋，预埋钢筋直径不小于6mm，长度不小于100mm，钢筋一端宜与20mm×20mm×4mm带孔镀锌钢片焊接，另一端弯钩。

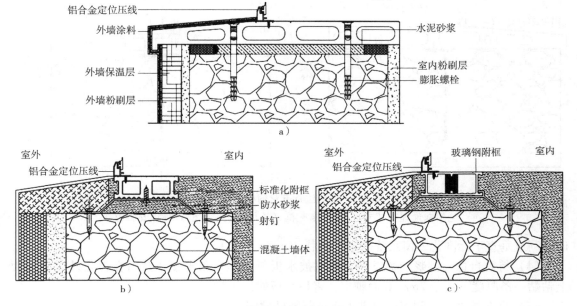

图 6-1　后装式标准化附框安装方法
a）宽附框安装方法　b）窄附框安装方法　c）玻璃钢标准化附框（窄附框）安装方法

（3）预埋钢筋安装位置应符合下列要求：两端各距端部 100mm，中间点间隔不大于 450mm。

（4）组合窗的标准化附框中如设置拼樘料或转角拼樘料，拼樘料或转角拼樘料应同时在标准化附框制作时组装，拼樘料或转角拼樘料应上下贯通，两端外露长度不小于 30mm。

（5）混凝土墙板制模时，宽附框外侧可作为窗洞口一侧模板，混凝土应浇注到宽附框外侧面；采用窄附框时，应根据墙体施工工艺采取有效方法将窄附框固定后制模，并在窄附框内外侧沿口四周放置 4 根可拆卸 5mm×5mm 木条，混凝土应浇注到与内侧面平齐。

（6）混凝土浇注前应检查附框安装尺寸，并应在附框高、宽方向用辅助框或木板条作辅助支撑。

（7）当混凝土强度达到要求后可拆除附框内辅助支撑，并检查附框最终尺寸应符合表 6-2 要求。当附框尺寸不符合表 6-2 要求时，应记录并应通知标准化外窗系统生产企业对窗尺寸进行局部调整。当附框对角线是表 6-2 一倍及以上导致窗不能安装时，应进行局部修复或返工。

（8）拆除 5mm×5mm 木条，清理槽口并在槽内注满硅酮密封胶。

（9）前装式标准化附框安装方法见图 6-2。

6.4.2.6　后装法窄附框不采用披水板时，洞口应按《住宅工程质量通病控制标准》（DGJ 32/J 16—2014）要求进行防水处理；采用窗台披水板时，披水板的安装应符合下列要求。

（1）披水板的安装应在外墙保温施工完毕后进行。

（2）清理窗台并在窗洞口侧墙画好披水板安装线，披水板安装后的披水坡度不应小于 20%。

（3）参考安装线在窗台上修补保温板或保温砂浆以及抹面抗裂砂浆，并用齿形抹子将

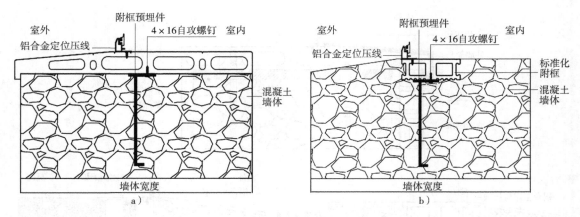

图 6-2　前装法标准化附框安装方法

a）宽附框预埋安装方法　　b）窄附框（适用各类窄附框）预埋安装方法

砂浆刮成垂直于标准化外窗系统的齿形条状。

（4）待窗台抹面砂浆干燥以后，先将披水板与附框压条卡接，然后在窗台外墙砂浆面上粘贴一条厚度不大于 2mm 双面胶带，将披水板就位压实。

（5）宜在披水板与侧墙处对披水板进行辅助性固定。

（6）在披水板与侧墙交角连接处采用中性硅酮密封胶密封，胶缝覆盖披水板有效宽度不小于 5mm；采用矩形截面胶缝时，密封胶有效厚度应大于 6mm，采用三角形截面胶缝时，密封胶截面宽度应大于 8mm；缝隙较大时应先采用防水砂浆或泡沫棒填塞再打密封胶，辅助性固定件应全部被胶覆盖；注胶应平整密实，胶缝宽度均匀、表面光滑、整洁美观。

（7）在各项施工过程中，不得蹬踏、撞击披水板，也不得在披水板上放置重物。

（8）工程验收前，应撕掉披水板表面保护膜，并擦净表面。

6.4.3　标准化外窗安装

（1）应严格按经审查批准的施工方案进行施工。

（2）标准化外窗系统安装前，应按设计图纸的要求检查洞口尺寸，标准化附框规格，标准化外窗的品种、规格、开启方向、数量等。标准化外窗系统的五金件、密封条、紧固件应齐全、完好。

（3）不得在铝合金窗窗框型材上用螺钉直接连接，铝合金窗应在窗框外侧滑槽上安装滑动扣件，在标准化附框上安装扣件定位螺钉，窗框与标准化附框之间用滑动扣件与扣件定位螺钉相扣接。

（4）铝合金窗用滑动扣件应采用不锈钢或 Q235 钢材，厚度不小于 1.5mm，采用碳钢时其表面应进行镀铬处理；扣件定位螺钉公称直径不应小于 5mm，螺钉长度不应小于 25mm。连接点距外窗边框四角的距离不大于 180mm，其余固定点的间距不大于 500mm。

（5）不得在塑料窗下框型材上打孔用螺钉与标准化附框直接连接，塑料窗下部应在与标准化附框连接螺钉位置外框上加装铝合金材料制成连接滑槽，连接滑槽固定螺钉应与增强型钢相连接，在标准化附框上安装扣件定位螺钉，连接滑槽与标准化附框之间用滑动连接扣件与扣件定位螺钉相扣接；塑料窗其他三边可用螺钉与标准化附框连接，螺钉固定后用封盖封闭工艺孔。

（6）塑料窗框连接滑槽宜用 6063-T5 铝合金材料制成，长度 120mm，滑动连接扣件应采用不锈钢或 Q235 钢材，厚度不小于 1.5mm，采用碳钢时其表面应进行镀铬处理。

（7）在标准化窗批量生产和批量安装前应用三樘窗（或框）进行试装，发现问题及时调整。

（8）标准化外窗应在标准化附框安装和土建施工所有湿作业工程完成后，从室内侧进行安装。

（9）检查标准化附框上附框压条和密封胶条。附框压条应固定牢固、无扭曲变形，密封胶条应连续及不脱槽。

（10）安装外窗前，应在下框和两侧距下框 100mm 附框压条处打注硅酮密封胶作防渗水处理。

（11）应在胶未干时用专用工具将窗框推送到附框压条位置并紧密接触（窗框与标准化附框四周宜用专用填块使间隙保持 6mm）。

（12）用专用工具将滑动扣件与扣件定位螺钉相扣接。

（13）外标准化外窗系统卷帘盒检修口应朝向室内。

（14）有防雷要求的外窗安装应符合本书 6.4.4 的要求。

（15）外窗框与标准化附框的安装缝隙宜采用聚氨酯发泡剂填塞饱满，施打发泡剂时，缝隙应干净、干燥，连续施打，一次成型，充填饱满。溢出框外的发泡剂应在结膜前塞入缝隙内，防止发泡剂外膜破损；室内侧用刮刀刮平后用硅酮密封胶密封。打胶前应清洁粘接表面，去除灰尘、油污，粘接面应保持干燥，墙体部位应平整洁净，密封胶注胶截面宽度应大于 8mm；注胶应平整密实，胶缝宽度均匀、表面光滑、整洁美观。

（16）密封胶干后即可安装窗扇。如长时间不安装窗扇，应对已安装窗框进行保护。窗内侧窗套的安装宜在窗扇安装后进行。

（17）标准化外窗系统安装后应牢固、安全；采用推拉窗时，应有防止从室外侧拆卸的装置和防脱落措施。

（18）标准化外窗系统安装后应进行自查。窗（包括外遮阳）开启应灵活，关闭应严密，外遮阳—体化系统和纱扇等与窗不应出现互相干扰等情况；应进行淋水试验并应无渗漏。

（19）标准化外窗系统包括标准化附框安装的施工安全和安装后的保护应符合《居住建筑标准化外窗系统应用技术规程》（DGJ32/J 157—2017）的规定。

标准化附框和窗的安装见图 6-3 ~ 图 6-6（注：外窗的安装方法附框前装法与图示后装法一致）。

标准化附框分宽附框和窄附框两种。宽附框就是型材宽度能够覆盖墙体宽度的附框；窄附框就是型材宽度不大于外窗框宽度的附框。

标准化附框设计选用主要根据用户需求确定，窗框宽度大于 120mm 时宜用宽附框，窗框宽度小于等于 120mm 时宜用窄附框；外窗有防火要求时应选用窄附框。宽附框与各类窗安装方法见图 6-3。

设计选用窄附框时，截面宽度大于 100mm 的窗框，标准化附框宽度应比窗框宽度缩小 0 ~ 15mm；截面宽度小于等于 100mm 的窗框，标准化附框与窗框宽度的缩小比例应控制在 10% 以内；标准化附框宽度尺寸应大于等于 60mm。图 6-4 为隔热铝合金窗、铝木复合窗和窄附框安装方法。

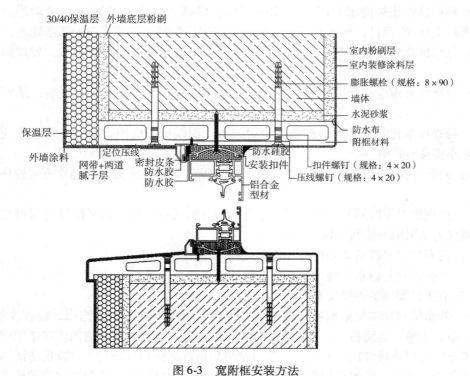

图 6-3　宽附框安装方法

（注：适用于铝、塑等各类窗和各种开启窗，周边固定方法相同）

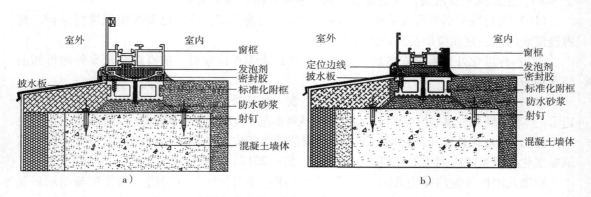

图 6-4　隔热铝合金窗、铝木复合窗和窄附框安装方法

a）隔热铝合金窗安装方法　b）铝木复合窗安装方法

　　塑料窗多数都用窄附框安装方法。图 6-5 为平开塑料窗和窄附框安装方法。图 6-6 为推拉塑料窗和窄附框安装方法。

6.4.4　高层建筑防雷安装

　　（1）高层建筑标准化外窗系统防雷应执行国家现行标准《建筑物防雷设计规范》（GB 50057—2016）、《民用建筑电气设计规范》（JGJ/T 16—2008）的规定和《建筑物防雷设施安装》（99D 501，2-18，P42）金属通长窗的安装要求。

　　（2）标准化外窗系统防雷安装应根据设计图纸要求进行施工。

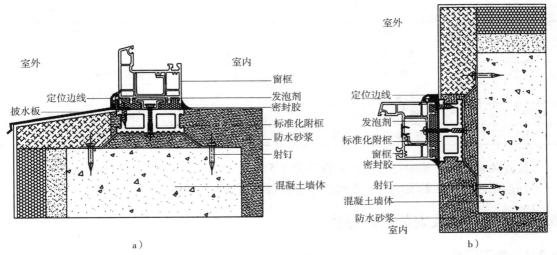

图 6-5　平开塑料窗和窄附框安装方法

a）下框安装方法　　b）侧框、上框安装方法

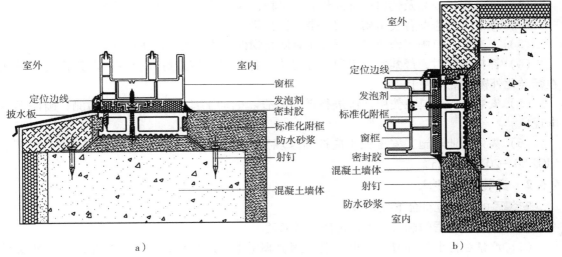

图 6-6　推拉塑料窗和窄附框安装方法

a）下框安装方法　　b）侧框、上框安装方法

6.4.5　标准化外窗系统的安装质量要求和检查方法

标准化外窗系统的安装质量要求和检查方法见表 6-6。

表 6-6　标准化外窗系统安装允许偏差和检查方法

项次	项目		允许偏差/mm	检验方法
1	宽度 高度	≤1500mm	±2.0	用钢卷尺检查
		>1500mm	±3.0	
2	对角线 长度	≤2000mm	3.0	用钢卷尺检查
		>2000mm	5.0	
3	框正、侧面垂直度		±3.0	用1m垂直尺检查

（续）

项次	项目	允许偏差/mm	检验方法
4	横框水平度	±3.0	用水平尺检查
5	横框标高	±5.0	用钢板尺检查，与基准线比较
6	竖向偏离中心	±5.0	用线垂钢板尺检查
7	窗框、扇搭接宽度	±1.0	用钢板尺或深度尺检查
8	平开窗框扇四周配合间隙	±1.0	塞尺检查

检查数量：每个检验批应至少抽查不少于5%，并不少于3樘，不足3樘时全数检查。标准化外窗系统的安装质量要求的检查方法见表6-6和表6-7。

6.5　施工安全及安装后的保护

6.5.1　施工安全

施工安全应符合下列要求：

（1）施工现场成品及辅料应堆放整齐、平稳，并应采取防火等安全措施。

（2）施工人员应配备安全帽、安全带、工具袋。

（3）在高层建筑施工作业时，下方应有防止物件掉落的安全防护措施。

（4）擦拭玻璃时，严禁使窗扇和窗撑受力。操作时，应系好安全带，严禁将安全带挂在标准化外窗系统构件上。

（5）安装施工工具在使用前应进行严格检查。电动工具应作绝缘电压检测，确保无漏电现象。

（6）高处作业等施工安全技术应按国家现行标准《建筑施工高处作业安全技术规范》（JGJ 80—2016）执行。

6.5.2　安装后的保护

安装后的保护应符合下列要求：

（1）已安装附框的洞口，不得再作运料通道。

（2）严禁在标准化外窗系统框、扇上搁置脚手架、悬挂重物；严禁蹬踩标准化外窗系统框、扇。

（3）应防止利器划伤标准化外窗系统表面，并应防止电、气焊火花烧伤或烫伤表面。

（4）清洗玻璃应用中性清洗剂。中性清洁剂清洗后，应及时用清水将玻璃及扇框等冲洗干净。

（5）标准化外窗系统交付使用后，业主宜结合产品所处环境制定相应的保养维护计划，定期保养维护，及时排除故障，使其始终保持良好状态。部分产品构造相对复杂，检修维护、清洗保养时应严格按照产品使用维护说明书的要求进行，不可随意操作。

（6）标准化外窗系统在使用中，遇有自然灾害天气，应及时检查使用是否正常；在暴风雨来临前，业主应提前收起活动式外遮阳产品。

（7）安装好的外框应三面贴膜保护，对于保护膜脱落的应及时补贴。

（8）标准化外窗系统上五金件在装饰装修过程中要有防护措施，外露用于操作的五金件应有防止误操作和随意操作的保护措施，五金件的活动运行通道应清洁，不应有杂物、水泥砂浆等。五金件不得接触强腐蚀物质。

6.6　工程验收

6.6.1　一般规定

6.6.1.1　文件和记录

标准化外窗系统工程验收时应检查下列文件和记录：

（1）建筑设计图，标准化外窗系统工程施工图及有关设计文件。

（2）标准化外窗系统材料（包括型材、玻璃、密封条、密封胶、五金件、标准化附框）合格证书，标准化外窗系统（包括外遮阳一体化窗）和标准化附框两年有效期内的型式检验报告（耐候性 3 年）以及标准化外窗系统进场抽样复验合格报告，现场气密性、水密性检测报告。

（3）安装验收记录。

（4）施工记录等。

6.6.1.2　性能复检

标准化外窗系统应对下列性能进行进场抽样复验，检测结果应符合设计要求：

（1）气密性。

（2）水密性。

（3）抗风压性能。

（4）传热系数。

（5）玻璃遮阳系数。

（6）玻璃可见光透射比。

（7）中空玻璃露点性能。

（8）外遮阳一体化窗除进行上述 7 项性能复验外，还应增加外遮阳抗风压性能（内置式除外）、耐疲劳、操作性能。

（9）隔声性能、整窗遮阳系数、采光性能根据设计要求或根据江苏省绿色建筑有关规定确定。

（10）标准化外窗系统安装后应进行现场气密性、水密性检测，检测结果应符合工程设计要求。

6.6.1.3　抽样检验和检测的数量

抽样检验和检测的数量应符合下列规定：

（1）标准化窗（包括外遮阳一体化窗）进场复验抽样数量：单一标准化外窗系统合同工程抽检 1 组（4 樘标准化外窗系统）。

（2）标准化附框进场复验抽样数量：从未组框的标准化附框型材中抽取，每根型材长度不小于 1200mm，数量 8 根；组装角 5 个。

（3）安装后现场气密性、水密性检测的抽样数量：单一标准化外窗系统合同工程标准化外窗系统面积 3000m² （含 3000m²）以下时，抽检 1 组（3 樘标准化外窗系统）；3000m²以上时，加抽 1 组共 2 组。

（4）当工程出现不同企业生产的标准化窗、标准化附框进场应用时，应对每一企业生产的产品抽样复验，对安装的标准化外窗系统进行现场抽样检测。

（5）当工程中有多种规格的标准化窗、标准化附框以及标准化外窗系统时，应从用量最多的一种规格中进行抽样。

（6）同一品种、类型和规格的标准化外窗系统每100樘为一个检验批，不足100樘也应划分为一个检验批。

6.6.2　标准化附框

按主控项目和一般项目验收。

6.6.2.1　主控项目：

（1）标准化附框及型材的质量应符合设计要求。

检查方法：检查标准化附框型材型式试验报告、进场抽样复验报告。

检查数量：全数检查。

（2）标准化附框安装必须牢固。

检查方法：检查安装验收和记录，现场观察检查。

检查数量：记录全数检查。现场观察时每个检验批应至少抽查不少于5%，并不少于3个洞口，不足3个时全数检查。

6.6.2.2　一般项目

（1）标准化附框与墙体之间封堵应密实，墙面应平整，接缝处应无开裂。

检验方法：观察检查。

检查数量：每个检验批应至少抽查不少于5%，并不少于3个洞口，不足3个时全数检查。

（2）标准化附框的安装尺寸和允许偏差应符合要求。

检查方法：检查施工检查记录，现场检查。

检查数量：记录全数检查。现场检查时每个检验批应至少抽查不少于5%，并不少于3个洞口，不足3个时全数检查。

6.6.3　标准化外窗

按主控项目和一般项目验收。

6.6.3.1　主控项目

（1）标准化外窗系统主要性能、技术指标应符合工程设计的要求。

检查方法：检查标准化外窗系统（包括外遮阳一体化窗）有效期内的合格型式试验报告，进场抽样复验报告，现场气密性、水密性检测报告；（其中型式试验报告可以用复印件）。

检查数量：全数检查。

（2）窗的品种、类型、规格、开启方向应符合设计要求。

检验方法：观察检查。

检查数量：全数检查。

（3）标准化外窗系统安装必须牢固。连接件的数量、位置、连接方式等应符合设计要求。

检验方法：参照本书6.5.2的相关规定检查施工记录和安装验收记录；手扳检查等。

检查数量：记录全数检查。现场检查时每个检验批应至少抽查不少于5%，并不少于3樘，不足3樘时全数检查。

（4）窗配件的品种、型号、规格、数量应符合设计要求，窗扇的安装应牢固，开关应灵活、关闭应严密，平开窗应无倒翘和下垂，推拉窗扇应有防脱落措施。

检验方法：观察；开启和关闭检查；手扳检查。

检查数量：每个检验批应至少抽查不少于 5%，并不少于 3 樘，不足 3 樘时全数检查。

（5）标准化外窗安装应牢固、可靠，启闭应灵活无卡滞现象，应能从室内侧进行检修，电动式工作时应无明显噪声。

检验方法：观察、开启和关闭检查；手试检查。

检查数量：每个检验批应至少抽查不少于 5%，并不少于 3 樘，不足 3 樘时全数检查。

6.6.3.2　一般项目

（1）标准化外窗系统表面应洁净、平整、光滑、色泽一致、无锈蚀。大面应无划痕和碰伤。

检验方法：观察检查。检查数量：全数检查。

（2）窗框与标准化附框之间胶缝光滑平直，胶缝颜色应与窗颜色接近。

检验方法：观察检查。

检查数量：全数检查。

（3）窗框排水孔应畅通，位置和数量应符合设计要求。

检验方法：观察检查。

检查数量：全数检查。

（4）标准化外窗系统的安装质量要求和允许偏差应符合表 6-7 和表 6-8 的规定。

检查方法：检查施工检查记录，现场检查。

检查数量：每个检验批应至少抽查不少于 5%，并不少于 3 樘，不足 3 樘时全数检查。

表 6-7　铝合金标准化外窗系统、铝木复合标准化外窗系统安装质量要求和检查方法

序号		质量要求	检查方法
主控项目	1	窗的品种、类型、规格、尺寸、性能、颜色、开启方向、安装位置、连接方式及窗的型材壁厚应符合标准和设计要求，窗的防腐处理及填嵌、密封处理应符合设计要求	观察、尺量检查和检查出厂合格证书、性能检测报告、复验报告、进程验收记录及隐蔽验收记录
	2	气密性、水密性、抗风压性、保温性能、中空玻璃露点、玻璃遮阳系数和可见光透射比和设计要求的其他性能应符合设计要求	核查质量证明文件和复验报告
	3	窗框、附框和扇的安装必须牢固，固定片或膨胀螺栓的数量、位置应正确，连接方式应符合设计要求	观察和手试检查，并检查隐蔽验收记录
	4	标准化附框与墙体间缝隙应采用水泥砂浆填嵌饱满，窗框外侧与窗台面之间宜采用披水板，无披水板要求时应预留槽口采用中性硅酮密封胶密封。标准化外窗系统框与附框之间的间隙应采用发泡剂填充，外侧用密封胶密封。密封胶应粘结牢固，表面应光滑、顺直、无裂纹	观察、检查隐蔽验收记录
	5	拼樘料的规格、壁厚必须符合设计要求，窗框必须与拼樘料连接紧密，不得松动，固定点间距不大于 500mm	测量、观察、手试检查，检查进场验收记录及隐蔽验收记录
	6	窗扇应开关灵活，关闭严密，无倒翘。推拉窗扇必须有防脱落措施	测量、观察、手试检查，检查进场验收记录及隐蔽验收记录
	7	窗配件的型号、规格、数量应符合设计要求，安装应牢固，位置应正确，功能应满足使用要求	观察；开启和关闭检查；手试检查
	8	外遮阳一体化窗安装应牢固、可靠，启闭应灵活无卡滞现象，应能从室内侧进行检修，电动式工作时应无明显噪声	观察；手试检查

（续）

序号		质量要求			检查方法
	1	窗表面应洁净、平整、光滑、色泽一致，无锈蚀。大面应无划痕、碰伤。漆膜或保护层应连续			观察检查
	2	窗扇开关力平开窗≤50N，推拉窗≤100N			弹簧秤
	3	橡胶密封条或毛条应安装完好，接缝应平整，不得明显露缝、卷边、脱槽			观察
	4	玻璃安装应采用胶条或中性硅酮密封胶密封，玻璃不得直接接触型材，安装好的玻璃应平整、牢固，不应有松动现象，内外表面均应洁净。中空玻璃夹层内不得有灰尘和水汽，玻璃隔条不得翘起。镀膜玻璃镀膜层应在外层玻璃内侧			观察
	5	排水孔应畅通，位置和数量应符合设计要求			观察
一般项目	6	1 窗槽口宽度、高度	<2000mm	±1.5mm	用精度1mm钢卷尺，测量槽口外框内端面，测量部位距端部100mm
			≥2000mm <3500mm	±2.0mm	
			>3500mm	±2.5mm	
		2 窗框两对角线长度差	<2000mm	+2.0mm	用精度1mm钢卷尺，测量内角
			≥2000mm <3000mm	+3.0mm	
			>3000mm	+4.0mm	
		3 窗框（含拼樘料）正、侧面垂直度		±1.5mm	用1m垂直检测尺检查
		4 窗横框（含拼樘料）的水平度		±1.0mm	用1m水平尺和精度0.5mm塞尺检查
		5 窗横框的标高		≤5.0mm	用精度1mm钢直尺检查与基准线比较
		6 窗竖向偏离中心间距		≤5.0mm	用精度1mm钢直尺检查
		7 双层窗内外框间距		≤4.0mm	用精度1mm钢直尺检查
		8 平开窗及上悬、下悬、中悬窗	窗扇与框搭接宽度	≤±1.0mm	用深度尺或钢板尺检查
			同樘窗相邻扇的水平高度差	≤±1.0mm	用拉线或钢板尺检查
			门窗框铰链部位的配合间隔	+0.2，-1.0mm	用塞尺检查
		9 推拉门窗	窗扇与框搭接宽度	+1.5mm	用深度尺或钢板尺检查
			扇与框或相邻扇立边平行度	≤1.0mm	用1m水平尺和塞尺检查
		10 隐框窗	胶缝宽度差	±2.0mm	用钢直尺检查
			相邻面板平面度	≤2.5mm	用深度尺检查

表 6-8 塑料类和玻璃钢标准化外窗系统安装质量要求和检查方法

序号		质量要求	检查方法
主控项目	1	窗的品种、类型、规格、尺寸、性能、颜色、开启方向、安装位置、连接方式及填嵌密封处理应符合设计要求，内衬增强型钢的壁厚及设置应符合现行产品标准和设计的质量要求	观察、尺量检查和检查出厂合格证书、性能检测报告、复验报告、进程验收记录及隐蔽验收记录
	2	气密性、水密性、抗风压性能、保温性能、中空玻璃露点、玻璃遮阳系数和可见光透射比和设计要求的其他性能应符合设计要求	核查质量证明文件和复验报告
	3	窗框、附框和扇的安装必须牢固，固定片或膨胀螺栓的数量、位置应正确，连接方式应符合设计要求。固定点距窗端点 150～200mm，固定点间距不大于500mm	观察和手试检查，并检查隐蔽验收记录
	4	窗拼樘管内衬增强型钢的规格、壁厚必须符合设计要求，型钢应与型材内腔紧密吻合，两端必须与洞口固定牢固。窗框必须与拼樘料连接紧密，不得松动，固定间距不大于600mm。拼樘料与窗框间必须用嵌缝膏密封	测量、观察、手试检查，检查进场验收记录及隐蔽验收记录
	5	窗扇应开关灵活，关闭严密，无倒翘。推拉窗扇必须有防脱落措施	测量、观察、手试检查、检查进场验收记录及隐蔽验收记录
	6	标准化附框与墙体间缝隙应采用水泥砂浆填嵌饱满，窗框外侧与窗台面之间宜采用披水板，无披水板要求时应预留槽口采用中性硅酮密封胶密封。标准化外窗系统框与附框之间的间隙应采用发泡剂填充，外侧用密封胶密封。密封胶应粘接牢固，表面应光滑、顺直、无裂纹	观察、检查隐蔽验收记录
	7	窗配件的型号、规格、数量应符合设计要求，安装应牢固，位置应正确，功能应满足使用要求	观察；开启和关闭检查；手试检查
	8	外遮阳一体化窗安装应牢固、可靠，启闭应灵活无卡滞现象，应能从室内侧进行检修，电动式工作时应无明显噪声	观察、手试检查
一般项目	1	标准化外窗系统表面应洁净、平整、光滑，大面应无划痕、碰伤，型材无明显色差	观察检查
	2	塑料窗扇密封条不得脱槽，框扇四周间隙应均匀，不得明显露缝	观察检查
	3	1）平开窗扇，平铰链开关力 ≤30N，滑撑铰链开关力 ≤80N 2）推拉窗开关力≤100N，提拉窗扇开关力≤100N	弹簧秤
	4	玻璃密封条与玻璃及玻璃槽口的接缝应平整，不得卷边、脱槽	观察
	5	排水孔应畅通，位置和数量应符合设计要求	观察

（续）

序号		质量要求			检查方法
一般项目	6	1	窗槽口宽度、高度	≤1500mm	±2.0mm	用精度1mm钢卷尺，测量槽口外框内端面，测量部位距端部100mm
				>1500mm	±3.0mm	
			窗框两对角线长度差	≤2000mm	±3.0mm	用精度1mm钢卷尺，测量内角
				>2000mm	±5.0mm	
		2	窗框（含拼樘料）正、侧面垂直度		±3.0mm	用1m垂直检测尺检查
		3	窗横框（含拼樘料）的水平度		±3.0mm	用1m水平尺和精度0.5mm塞尺检查
		4	窗横框的标高		±5.0mm	用精度1mm钢直尺检查与基准线比较
		5	窗竖向偏离中心		±5.0mm	用精度1mm钢直尺检查
		6	双层窗内外框间距		±4.0mm	用精度1mm钢直尺检查
		7	平开门窗	窗扇与框搭接宽度	±1.0mm	用深度尺或钢板尺检查
				同樘窗相邻扇的水平高度差	±2.0mm	用拉线或钢板尺检查
				门窗框铰链部位的配合间隔	±1.0mm	用塞尺检查
		8	推拉门窗	窗扇与框搭接宽度	±1.0mm	用深度尺或钢板尺检查
				扇与框或相邻扇立边平行度	±2.0mm	用1m水平尺和塞尺检查

6.7　工程质量通病与防治对策

6.7.1　门窗框弯曲见图6-7

1. 产生的原因

（1）门窗框受撞击产生变形。

（2）门窗框所采用的材料厚度薄，刚度不够。

2. 防治方案

（1）已经变形的框进行修理再安装。

（2）框采用的材料厚度要按照国家规定，主要受力构件厚度不小于1.2mm。

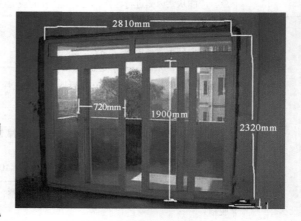

图6-7　门窗框弯曲

（3）框四周填塞要适宜，防过量向内弯曲。

6.7.2　门窗框松动见图6-8

1. 产生的原因

（1）安装锚固铁脚间距过大。

（2）锚固铁脚所采用的材料过薄。

（3）锚固的方法不正确。

2. 防治方案

（1）锚固铁脚的间距不得大于600mm，铁脚必须经过防腐处理。

（2）锚固铁脚所采用的材料厚度不低于1.5mm，宽度不得小于25mm。

（3）根据不同的墙体材料采用不同的锚固防治方案，砖墙上不得采用射钉锚固，多孔砖不得采用膨胀螺栓锚固。

6.7.3　门窗框不方正见图6-9

1. 产生的原因：框在安装的过程中卡方不准，框的两个对角线有长短，造成框不方正。

2. 防治方案：安装时使用木锲临时固定好，测量并调整对角线达到一样长，然后用铁脚固定牢固。

图 6-8　门窗框松动　　　　　　　　图 6-9　门窗框不方正

6.7.4　窗框拼接部位渗漏见图6-10

防治方案：门窗框安装前，必须先对洞口进行检查，应保证门窗框同预留洞口间距在

图 6-10　窗框拼接部位渗漏

20～30mm 内。若间距大于 30mm，需用 C20 细石混凝土加镀锌钢网浇注。7d 后，方可进行门窗框安装。

6.7.5　窗框上部渗漏见图 6-11

图 6-11　窗框上部渗漏

防治方案：门窗框与副框之间的间隙，宜采用弹性闭孔材料（聚氨酯发泡剂塞饱满，并使用耐候密封胶密封。弹性闭孔材料（聚氨酯发泡剂）注打要求：连续施打，充填饱满，一次成型。出框外的发泡剂，应在结膜硬化前，塞入缝隙内，防止发泡剂外膜破坏。

6.7.6　外窗塞缝渗漏见图 6-12

图 6-12　外窗塞缝渗漏

防治方案：超出门窗框外的发泡胶应在其固化前用手或专用工具压入缝隙中，严禁固化后用刀片切割。

6.7.7　金属锁施工不规范见图 6-13

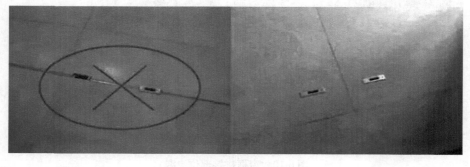

图 6-13　金属锁施工不规范

　　防治方案：安装锁孔装饰盖时，须用大理石开孔器先开孔，再用 6mm 冲击钻头打孔，深度为 20 ~ 30mm。内置 6mm 塑料膨胀管，并用自攻螺钉固定牢，确保平整。

6.8　门窗的日常维修保养

　　为充分发挥和利用塑钢门窗的优点，延长塑钢门窗的使用寿命，在使用过程中，也应注意对塑钢门窗的维护和保养。

　　（1）应定期对门窗上的灰尘进行清洗，保持门窗及玻璃、五金件的清洁和光亮。

　　（2）如果门窗上污染了油渍等难以清洗的东西，可以用洁尔亮擦洗，而最好不要用强酸或强碱溶液进行清洗，这样不仅容易使型材表面光洁度受损，也会破坏五金件表面的保护膜和氧化层而引起五金件的锈蚀。

　　（3）应及时清理框内侧颗粒状等杂物，以免其堵塞排水通道而引起排水不畅和漏水现象。

　　（4）在开启门窗时，力度要适中，尽量保持开启和关闭时速度均匀。

　　（5）尽量避免用坚硬的物体撞击门窗或划伤型材表面。

　　（6）在发现门窗在使用过程中有开启不灵活或其他异常情况时，应及时查找原因，如果客户不能排除故障时，可与门窗生产厂家和供应商联系，以便故障能得到及时排除。

　　（7）当门窗安装完毕后，应及时撕掉型材表面保护膜，并擦洗干净；否则，保护膜的背胶会大量残留在型材上，粘土、粘灰、极不美观，而且很难再被清理干净。

　　（8）在刮风时，应及时关闭平开窗窗扇。

　　（9）门窗五金件上不能悬挂重物。

　　（10）平开下悬窗是通过改变执手开启方向来实现不同开启的，要了解如何操作，以免造成损坏。

　　（11）推拉门窗在使用时，应经常清理推拉轨道，保持其清洁，使轨道表面及槽里无硬粒子物质存在。

　　（12）塑料门窗产品在窗框、窗扇等部位均开设有排水、减压系统，以保证门窗气密性和水密性，用户在使用时，切勿自行将门窗的排水孔和气压平衡孔堵住，以免造成门窗排水性能下降，在雨雪天气造成雨水内渗，给日常生活、工作带来不便。

　　（13）推拉窗在推拉时，用力点应窗扇中部或偏下位置，推拉效果较好，推拉时切勿用力过猛，以免降低窗扇的使用寿命。

　　（14）纱扇清洗时，用户不宜拆下固定纱网的胶条，拿下纱网，而应将纱扇整体取下，用水溶性洗涤剂和软布擦洗。

　　（15）冬季纱扇不使用时，用户可以根据需要将纱窗自行拆下保管。纱扇应保存放在距离热源 1m 以外的地方，平放或短边竖向立放，不可用硬物压，以免变形。

　　（16）推拉窗的纱扇在使用时，请注意与内侧推拉扇的竖边框相重合，能够保持良好的密封性。

　　（17）清洁断桥铝门窗时，人千万不能踩到铝框上，也不能拉住框架作支撑。

　　（18）密封毛条和玻璃胶是保证断桥铝门窗密封，保温和防水的关键，如有脱落要及时修补、更换。

　　（19）断桥铝门窗可用软布蘸清水或中性洗涤剂擦拭，不能用普通肥皂和洗衣粉，更不能用去污粉、洗厕精等强酸碱的清洁剂。

（20）雨天过后，应及时擦拭玻璃和门窗框的雨珠，特别注意滑槽积水。滑槽用久，摩擦力增加，可加少许机油或涂一层火蜡油。

（21）应经常检查旋紧螺栓，定位轴、风撑、地弹簧等，及时更换已受损的零件，铝合金门窗的易损部位。要定期加润滑油保持干净、灵活。

（22）经常检查断桥铝门窗框墙体结合处，日久如有松动极易使框架整体变形，使门窗无法关闭、密封。所以连接处的螺钉松动应立即紧固，如螺钉基脚松动，应用环氧强力胶水调少量水泥封固。

（23）保养和维护最好半年至一年进行一次，保养主要是清洗窗框和玻璃上的尘土污物，在擦洗过程中同时检查各部分情况，发现故障后应及时进行修理。

（24）门窗扇有无明显变形、翘曲，平开扇下垂（可观察上边框搭接量是否还能密封），如有，应及时修整。

（25）检查玻璃密封条、框扇密封条、毛条是否有收缩变形，如有应及时更换。

第三篇 应用案例

第7章 标准化外窗系统

7.1 标准化外窗主要内容

在依据系统门窗理念设计和制作门窗系统时，一定要时刻注意门窗系统的标准化、系列化和一体化，因为建筑外窗的标准化、系统化和一体化是建筑外窗发展的必然趋势，要产业化首先要标准化，通过推进标准化、系统化和一体化设计实现建筑外窗产品升级换代和施工安装标准化，从而达到大幅度提高建筑外窗热工性能和物理性能，使建筑外窗商品化，提高建筑外窗工程质量。

不少地区对这一工作很重视，江苏省为此编制了《居住建筑标准化外窗系统应用技术规程》（DGT/J 157—2017）和《居住建筑标准化外窗图集》[苏（J 50—2015）]，本书重点介绍其先进的主流产品以供读者参考。

标准化外窗系统包括标准化窗、外遮阳一体化窗和标准化附框三个独立产品。

本章介绍的标准化外窗传热系数 $K < 2.4$。

7.1.1 标准化外窗系统的特点

标准化外窗系统的特点就是尺寸标准化、立面标准化、材料标准化、性能标准化和制造安装标准化等。

（1）尺寸标准化。

尺寸标准化是以洞口尺寸标准化而划分的，见表2-4。该表规范了外窗洞口万千变化的乱象。经调查，这些尺寸也是江苏省居住建筑应用最多的外窗洞口规格尺寸，规定这17种规格尺寸作为标准化尺寸，减少了外窗尺寸规格，是加快实现外窗标准化的关键。

（2）立面标准化。

标准化外窗主要立面见图2-2。规定了标准化外窗的10种主要立面及开启形式，这10种主要立面及开启形式，是江苏省居住建筑使用最广泛的，其他作为一种补充允许使用。图中单开窗根据使用情况方向可以互换；双开窗包括中间固定窗两边开启形式；平开窗包括内平开、外平开和内开内倒。规定了10种标准化基本窗型，17种标准化尺寸，这样就具备了实现标准化外窗的条件。

（3）材料标准化。

标准化外窗的材料要求主要规定了框型材的高度，确保用该型材制作的外窗能够保证江苏规定的最低性能，见表7-1。

表7-1 标准化外窗的材料要求

		框高/mm	隔热条宽度/mm		备注
			穿条	注胶	
铝合金	推拉窗	≥90	24	16	
	平开窗	≥60			
塑料	推拉窗	≥92			型材老化时间6000h
	平开窗	≥60			
玻璃钢	推拉窗	≥83			
	平开窗	≥55			

（4）性能标准化。

标准化外窗系统窗框的传热系数 U_f 值见图7-1、图7-3。

不同塑料的导热系数见图7-2。

标准化外窗玻璃的传热系数 U_g 值见图7-4。

常用窗框材料的传热系数

窗框材料	$U_f/[\mathrm{W}/(\mathrm{m^2 \cdot K})]$
断热型铝合金24mm	2.8
断热型铝合金37.5mm	1.7
PVC塑料	1.0 ~ 1.8
木	1.2 ~ 1.8

图7-1 常用窗框材料的传热系数 U_f 值

不同塑料的导热系数

塑料材料	导热系数/[W/(m·K)]
PVC塑料	0.17
玻璃纤维（玻璃钢）	0.22~0.40
彩色共挤层PMMA/ASA	0.18
尼龙66热断桥	0.25

图7-2 不同塑料的导热系数

标准化外窗玻璃的 U_g 值。中空玻璃的气体层厚度不得小于12mm，玻璃厚度不小于5mm；双中空层中空玻璃的气体层厚度不得小于6mm，玻璃厚度不应小于5mm。

（5）标准化外窗五金件胶条。

外窗系统中的五金配件应满足承载能力的要求，不得使用铝质合页，且连接五金件应采用不锈钢螺钉，不得采用镀锌螺钉和铝铆钉；窗扇用的角码应采用尼龙、铝角码等材料，不得采用PVC材料；密封胶条应采用三元乙丙橡胶、氯丁橡胶、硅橡胶等热塑性弹性密封胶条，不得使用PVC密封胶条；推

塑料型材腔体对 U_f 值的影响

型材腔体	$U_f/[\mathrm{W}/(\mathrm{m^2 \cdot K})]$
2腔体	2.1
3腔体	1.8
4腔体	1.5
5腔体	1.3~1.4
6/7腔体 无保温材料	1.0~1.1
6/7腔体 带保温材料	0.8~0.95

图7-3 塑料型材腔体的传热系数 U_f 值

拉窗应使用硅化夹片毛条，不得使用非硅化毛条、可非硅化夹片毛条；嵌缝填充胶应使用中性硅酮密封胶，不得使用酸性硅胶。

（6）遮阳一体化窗。

外遮阳一体化窗是由铝合金卷帘、百叶帘、织物卷帘等与外窗主要受力构件设计、组合成一体的成品窗。内置遮阳一体化窗则是采用内置遮阳中空玻璃制成的成品窗。中置遮阳一

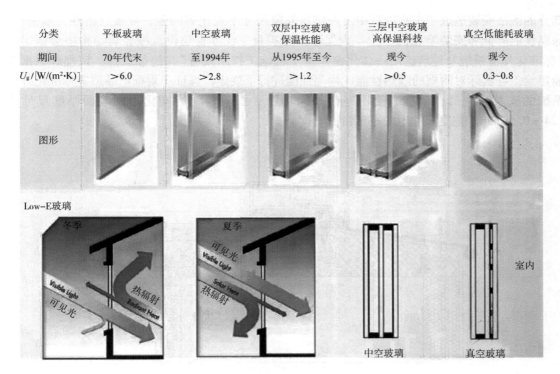

分类	平板玻璃	中空玻璃	双层中空玻璃 保温性能	三层中空玻璃 高保温科技	真空低能耗玻璃
期间	70年代末	至1994年	从1995年至今	现今	现今
U_g/[W/(m²·K)]	>6.0	>2.8	>1.2	>0.5	0.3~0.8

图 7-4　标准化外窗玻璃的传热系数 U_g 值

体化双层窗——内外两层窗，中间装有遮阳装置的成品窗。

江苏已实现了遮阳一体化窗标准化。

（7）标准化附框。

标准化附框是与土建同步，预埋或预先安装在门窗洞口中，是安装在外窗的独立构件。其规格尺寸、性能指标均实施标准化，能满足安全可靠和节能要求，并具有建筑外窗后装卸功能。型材截面厚度尺寸应为（24±0.5）mm。用于紧固螺钉的加强肋宽度不小于12mm。

在具体操作中研究出了标准化附框材料性能指标，保证能与建筑同寿命，以及标准化附框型材性能检测方法、标准化附框安装方法和标准化外窗安装方法。

江苏也实现了附框的标准化。

（8）制造安装标准化。

成熟的外窗标准化主要靠多次实践、整合、组成最佳设备配备、完美的加工工艺和相应的工艺装配而形成的制造安装技术。

（9）标准化应用量给予规定。规定了居住建筑中标准化外窗（包括外遮阳一体化窗系统）应用量应不小于外窗面积总量的60%。）同一工程中，非标准化外窗立面、材料、安装方式和性能应该与标准化外窗系统一致。考虑到一些建筑的特殊性，允许部分使用非标准化窗，但非标仅限尺寸一项，其他必须和标准化窗一致。

（10）标准规定了标准化附框节能性能和物理性能要求。标准化附框材料导热系数（25℃）应不大于0.2W/（m·K），附框制成品截面厚度方向热阻应不小于0.28m²·K/W。

标准化附框是标准化外窗系统的重要部件，是实现外窗产品干法安装的关键。目前绝大部分的湿法安装造成了工程项目中出现建筑外窗尺寸不规正等问题，导致气密性、水密性、保温性能降低和安装隐患的产生。为保证工程质量，江苏省建设机械金属结构协会制定了"标准化外窗系统及建筑遮阳一体化窗系统工程施工技术规程"，简称规程。该规程根据节能建筑工程实际对附框的隔热性能、物理性能进行了规定，保证了附框产品适应标准化外窗系统的安装，并具有节能、使用寿命长的功能（图7-5），标准化附框截面厚度尺寸为(24 ± 0.5)mm，宽度尺寸不应小于窗框宽度。

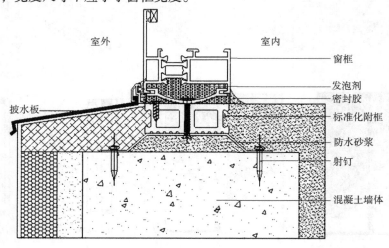

图7-5　附框和外窗安装

（11）采用标准化外窗系统，对不适用于标准化外窗系统技术的材料自然淘汰；沿袭几十年来的湿法安装生产工艺也被自然淘汰；改变有史以来从墙外侧安装外窗的方式，使室内安装外窗的方式成为现实；使建筑外窗成品窗商品化成为可能。

（12）标准化外窗系统有两大要素即外窗成品和标准化附框。干法安装就成为必须也是该规程的强制性要求，从政策上杜绝之前普遍使用的湿法安装工艺。实施标准化外窗系统后建筑外窗就可从室内安装而无须脚手架，大大提高了外窗品质，简化了安装方法，保证了工程质量。

7.1.2　标准化外窗系统产生的效果

（1）使建筑节能落到实处。按65%设计建筑外窗传热系数最低要求2.4W/（m²·K），按75%设计建筑外窗传热系数最高要求1.8W/（m²·K），在没有规程时绝大多数门窗企业不知道怎么生产出符合要求的外窗，多数设计人员不知道设计什么样的窗才能达到要求，出现了很多这方面的问题导致验收不了。有了规程后这些问题都能得到解决。

（2）提高了门窗产业现代化。实行标准化外窗系统后，在洞口先安装附框，及时灌注水泥填缝，内外装饰施工后从室内安装窗，这样使洞口尺寸规正统一，门窗生产企业在工厂进行标准化批量生产，到工地只需与附框装配。供序单一无交叉，外窗无损坏、无污染，十多分钟就能安装一樘窗，随时能满足工程装窗时间要求，真正实现了外窗工业化生产安装。

（3）解决了建筑外窗湿法安装不能解决的渗漏问题。

（4）解决了墙体通过外窗热传递和建筑外窗结露霉变等问题。

（5）一体化窗解决了外遮阳安装和维修等难题。

（6）解决了二次换窗破墙等难题。

（7）经济和社会综合效益明显提高。

7.2　应用实例

本典型实例所有标准化外窗都能达到表 2-31 所规定的性能要求，即江苏省近期对标准化外窗规定的性能要求。

7.2.1　铝合金标准化外窗

（1）图 7-6 为 65 系列上悬窗构造节点图。

（2）图 7-7 为 65 系列内平砍开窗构造节点图。

（3）图 7-8 为 75B 系列内移推拉下悬窗构造节点图。

7.2.2　塑料标准化外窗

（1）图 7-9 为德标 70 系列内平开窗构造节点图。

（2）图 7-10 为 70 系列内平开窗构造节点图。

（3）图 7-11 为 65 系列内平开下悬窗构造节点图。

7.2.3　玻璃钢标准化外窗

（1）图 7-12 为 65 系列内平开窗构造节点图。

（2）图 7-13 为 65 系列内平开下悬窗构造节点图。

7.2.4　中置遮阳一体化双层窗

（1）图 7-14 为 PT160 隔热节能环保型双层窗构造节点图。

（2）图 7-15 为 PT160 隔热节能环保型双层窗构造节点图。

7.2.5　外遮阳一体化窗

（1）图 7-16 为铝合金卷帘遮阳内平开一体化窗构造节点图。

（2）图 7-17 为玻璃纤维遮阳一体化窗构造节点图。

（3）图 7-18 为铝合金百叶上亮子内平开一体化窗构造节点图。

7.2.6　内置百叶遮阳一体化窗

（1）图 7-19 为铝合金三玻内置百叶遮阳内平开一体化窗构造节点图。

（2）图 7-20 为铝合金三玻内置织物卷帘遮阳内平开一体化窗构造节点图。

7.2.7　标准化附框安装大样

（1）图 7-21 为节能型木塑附框与铝合金平开框安装大样。

（2）图 7-22 为节能型钢塑共挤附框与塑料推拉框安装大样。

（3）图 7-23 为节能型玻璃钢附框与铝合金固定框安装大样。

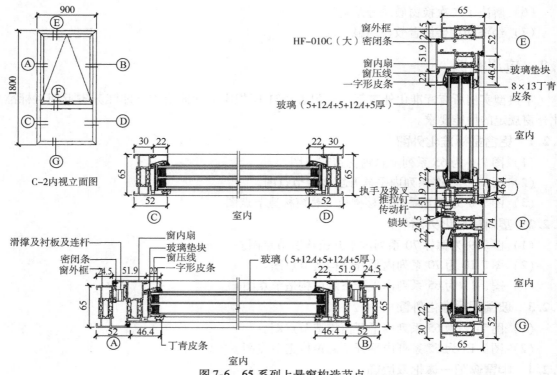

图 7-6　65 系列上悬窗构造节点

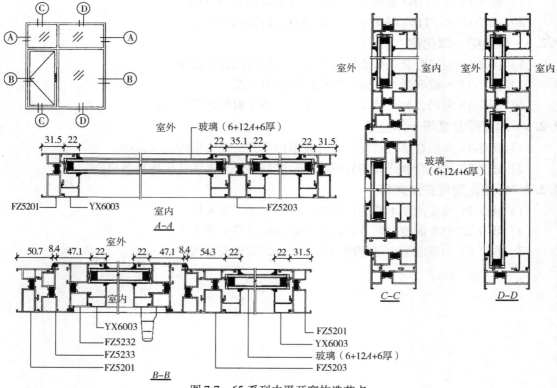

图 7-7　65 系列内平开窗构造节点

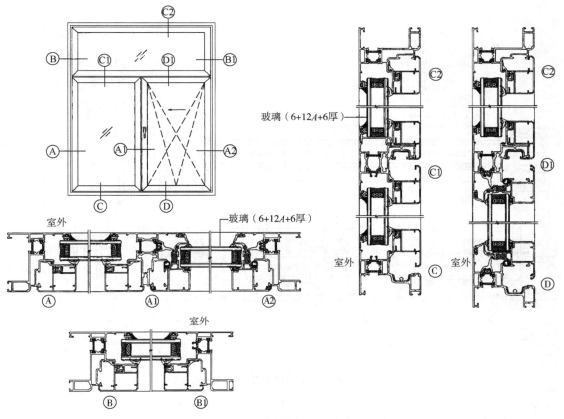

图 7-8　75B 系列内移推拉下悬窗构造节点

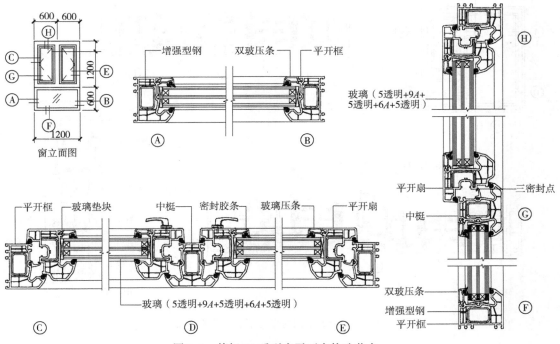

图 7-9　德标 70 系列内平开窗构造节点

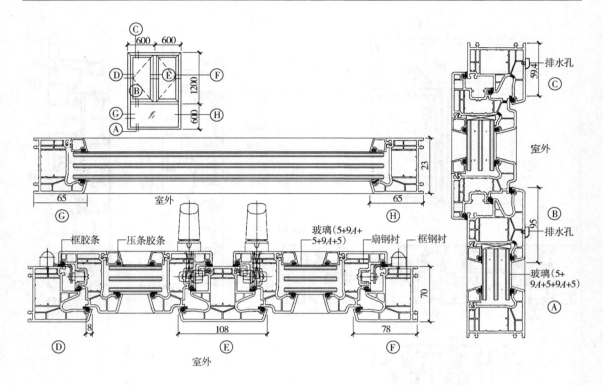

图 7-10　70 系列内平开窗构造节点

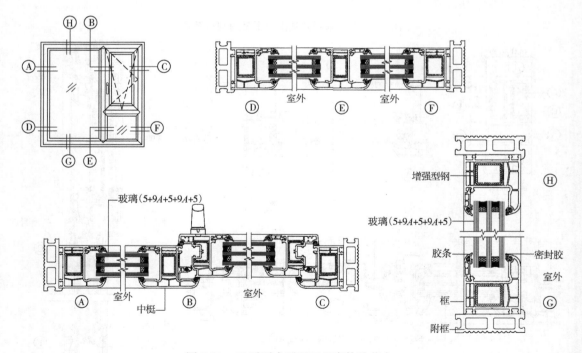

图 7-11　65 系列内平开下悬窗构造节点

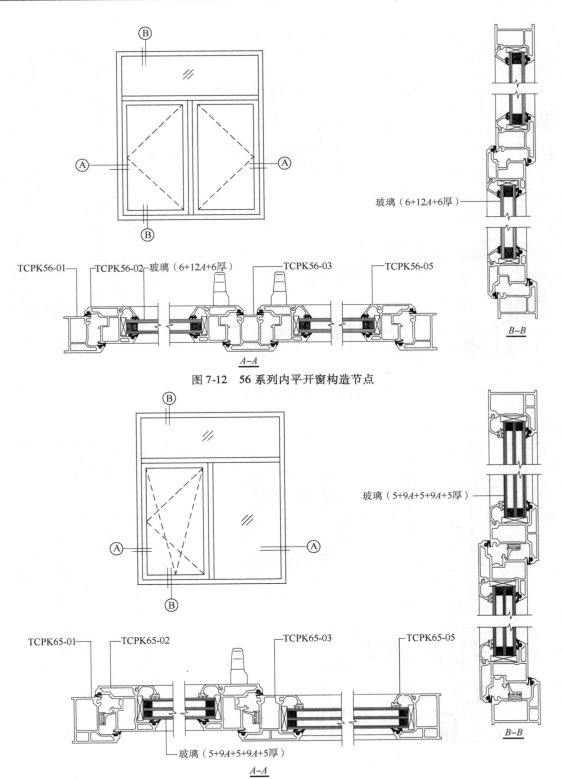

玻璃（6+12A+6厚）

B—B

TCPK56-01　　TCPK56-02　玻璃（6+12A+6厚）　　　　TCPK56-03　　　　　　TCPK56-05

A—A

图 7-12　56 系列内平开窗构造节点

玻璃（5+9A+5+9A+5厚）

B—B

TCPK65-01　　TCPK65-02　　　　　　　　TCPK65-03　　　　　　TCPK65-05

玻璃（5+9A+5+9A+5厚）

A—A

图 7-13　65 系列内平开下悬窗构造节点

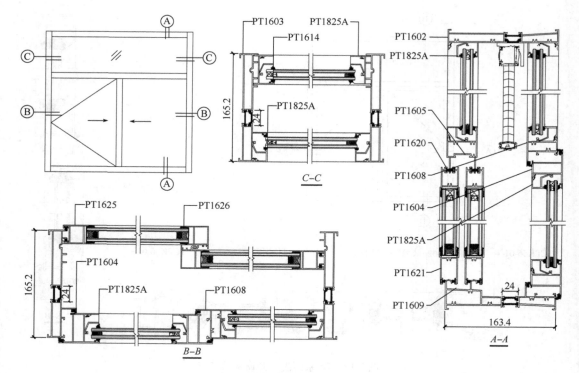

图 7-14　PT160 隔热节能环保型双层窗构造节点

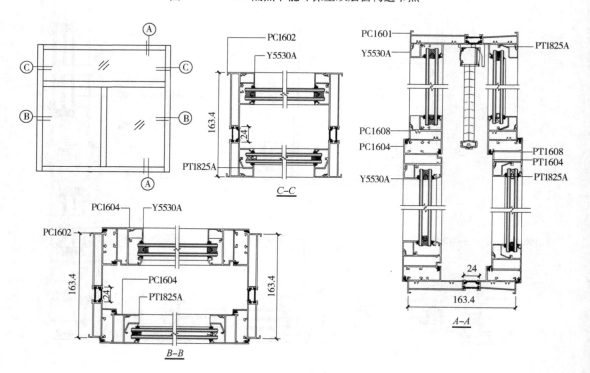

图 7-15　PT160 隔热节能环保型双层窗构造节点

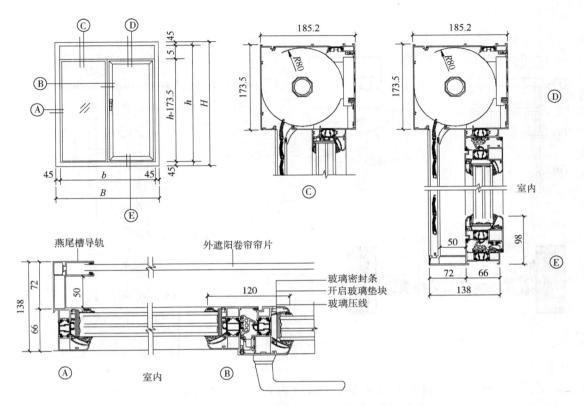

图 7-16 铝合金卷帘遮阳内平开一体化窗构造节点

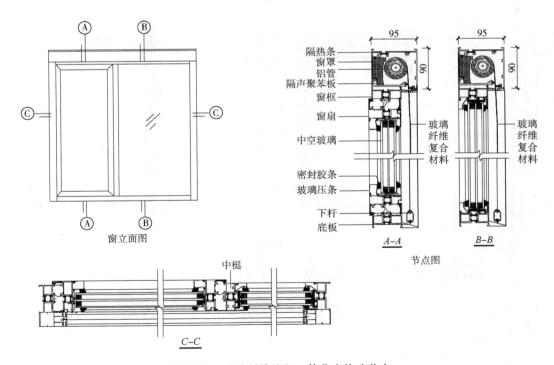

图 7-17 玻璃纤维遮阳一体化窗构造节点

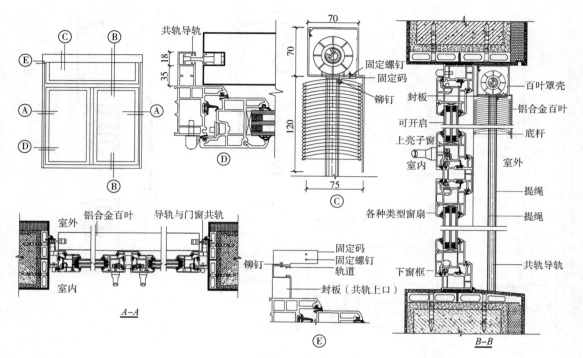

图 7-18　铝合金百叶上亮子内平开一体化窗构造节点

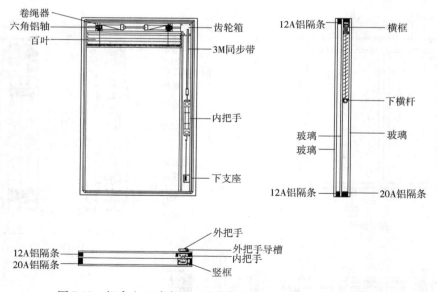

图 7-19　铝合金三玻内置百叶遮阳内平开一体化窗构造节点

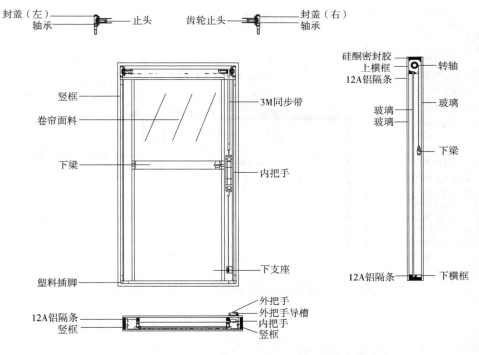

图 7-20　铝合金三玻内置织物卷帘遮阳内平开一体化窗构造节点

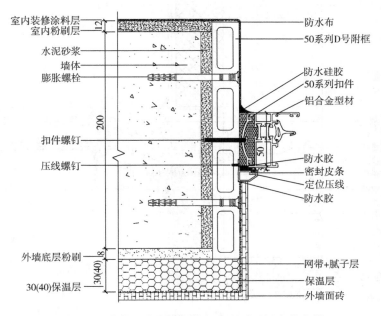

图 7-21　节能型木塑附框与铝合金平开框安装大样

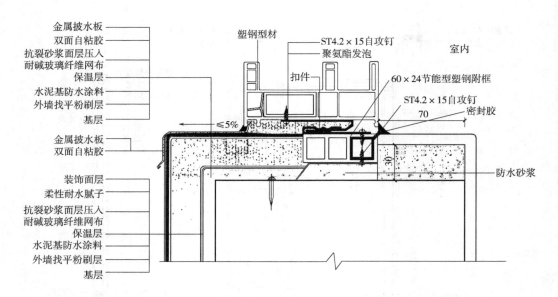

图 7-22　节能型塑钢共挤附框与塑料推拉框安装大样

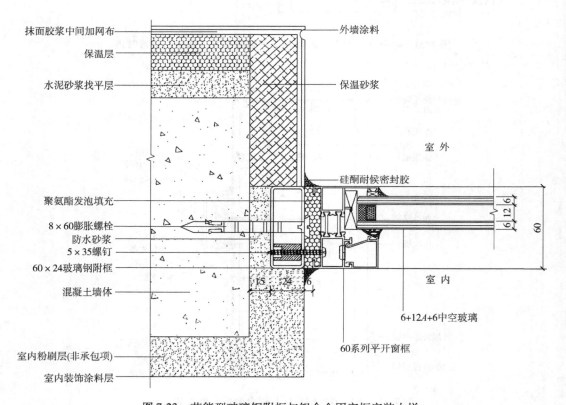

图 7-23　节能型玻璃钢附框与铝合金固定框安装大样

第8章 普及提高型节能窗

8.1 概论

节能窗的性能是与时俱进的，随着经济的发展，国家对窗的节能要求越来越高，标准的传热系数当前是 $2.0 \leqslant K \leqslant 2.4$，不久就会变成为普及提高的 $1.6 \leqslant K \leqslant 2.0$。其原则是：与所在地区气候相适应；与现阶段建筑门窗发展水平相适应。

本书整理的普及提高节能窗传热指数均为：$1.60 \leqslant K \leqslant 2.0$。

在选择节能窗时应注意下列几点：

1. 本章所列的节能门窗选用表为选用实例，仅供学习参考，谨防照抄；设计人应根据具体厂家提供的满足节能要求的各项指标实测数据进行二次设计。

2. 为提高门窗的保温性能，应采用普通中空玻璃、Low-E 中空玻璃、充惰性气体的 Low-E 中空玻璃、多层中空玻璃、Low-E 真空玻璃等。严寒地区也可采用双层外窗。

3. 本章介绍的产品一律采用干法施工的安装方法。

4. 门窗物理性能与产品规格、附件质量、制作安装和厂家的技术、生产、质量、管理水平等有密切关系。用户应根据不同地区、不同环境、不同建筑物和不同厂家的实测情况对比后选用。

5. 未尽事宜应按国家相关规范执行。

8.2 普及提高型节能窗选用导引

普及提高型节能窗选用导引见表8-1。

表 8-1 普及提高型节能窗选用表 ($K = 1.6 \sim 1.9$)

窗型	玻璃配置	水密性（级）	气密性（级）	抗风压性能（级）	隔声性能/dB	传热系数/（W/m² · K）	图号
60 平开塑料窗	三银 6Low-E + 12Ar + 6	4	8	5	30	1.91	8 - 1
65 系列内平开塑料窗	最大厚度 33mm △	5	8	6	35	1.7	8 - 2
90 系列隔热铝合金窗	5 + 9Ar + 5 + 12Ar + 5 △	4	8	5	30	1.8	8 - 3
100 系列隔热铝合金窗	6 双银（Low-E） + 12Ar + 5（暖边（中空双银度辐射玻璃））	E1200	4	C4	40	1.65	8 - 4
CHW65 铝合金平开窗	6 + 9Ar + 6 + 9Ar + 6Low-E	6	8	9	40	1.66	8 - 5
70 型木塑铝复合平开窗	5Low-E + 9A + 5 + 9A + 5	3	8	6	30	1.78	8 - 6
70 平开铝合金窗	5 + 9A + 5 + 9A + 5Low	4	7	5	30	<1.9	8 - 7
80 内平开下悬铝合金窗	5Low-E + 16Ar + 5 + 16A + 5	4	8	9	30	1.7 ~ 1.9	8 - 8

（续）

窗型	玻璃配置	水密性（级）	气密性（级）	抗风压性能（级）	隔声性能/dB	传热系数/（W/m²·K）	图号
70 内平开下悬塑料窗	5＋12A＋4＋12A＋5△	3	7	5	30	1.7～1.9	8－9
86 内平开下悬铝木复合窗	5Low-E＋22A＋5 内置百叶	4	8	9	30	1.7～1.9	8－10
60 内平开下悬木塑铝复合窗	6＋12A＋6Low-E	3	8	6	30	1.7～1.9	8－11
CIW75 内开窗	6＋12Ar＋6＋12Ar＋6Low-E	6	8	9	42	1.6	8－12

注：△在产品描述中，若没有注明玻璃配置，则必须保证玻璃最大厚度不小于 32mm 或保证玻璃中部传热系数 U_g 小于 1.75。

8.3　应用案例

应用案例见图 8-1 ~ 图 8-12。

1. 特点

（1）主型材为三腔和四腔结构，提高了门窗的保温、隔声作用。

（2）独特双道共挤胶条设计，密封性更高——防水、防尘。

（3）采用胶条共挤技术，减少门窗加工工序。

（4）简洁大方，门窗组装工艺性好。

2. 性能

保温性能：1.91W/（m²·K）；

气密性：8 级；

水密性：4 级；

抗风压性能：5 级；

隔声性能：3 级。

图 8-1　60 平开塑料窗

玻璃	配置（南玻）	玻璃保温 U_g	整窗保温性能/［W/（m²·K）］
中空双玻	三银 6Low-E＋12Ar＋6	1.31	1.91

1. 特点

（1）三道软密封设计，有效隔断冷热空气对流，保温、隔热和隔声效果显著。

（2）采用独特的防盗设计，多锁点设计，防坠落锁块的安全设计，解决窗户的安全性能。

（3）可生产象牙白、通体覆膜、共挤、压花、炫彩及纹彩等不同颜色，色泽自然，具有优良的耐候性能。

2. 技术参数

腔体结构：5 腔，3 密封；

图 8-2　65 系列内平开塑料窗

窗框厚度：65mm；

窗扇厚度：65mm；

型材壁厚：B 类；

玻璃：厚度 4/33mm。

3. 整窗性能

保温性能：$K \leqslant 1.70\mathrm{W/}$（$\mathrm{m}^2 \cdot \mathrm{K}$）；

隔声性能：$R_\mathrm{w} \geqslant 35\mathrm{dB}$；

气密性：8 级；

水密性：5 级；

抗风压性能：6 级；

玻璃配置见表 8-1。

1. 产品描述

框结构：94mm；适配玻璃厚度：25~36mm；

三道密封；隔热条宽：24mm；

型材角部连接：角码连接；

中梃与边框（或中梃）连接：角码连接；

金刚网扇外开，执手带锁，用一个窗扇实现通风、防蚊、防盗及防儿童坠楼、紧急情况时逃生等多项功能。

2. 产品基本性能参数

抗风压性能：8 级；

气密性：6 级；

水密性：5 级；

隔声性能：3 级；

保温性能

图 8-3　90 系列隔热铝合金窗

玻璃配置 （规格、玻璃品种）	玻璃 K 值/ ［$\mathrm{W/}$（$\mathrm{m}^2 \cdot \mathrm{K}$）］	整窗 K 值/ ［$\mathrm{W/}$（$\mathrm{m}^2 \cdot \mathrm{K}$）］	等级
5 + 9Ar + 5 + 12Ar + 5 （三玻两中空玻璃）	1.5	1.8	7

注：框 K 值 2.6W/（$\mathrm{m}^2 \cdot \mathrm{K}$），框扇 K 值 2.6W/（$\mathrm{m}^2 \cdot \mathrm{K}$）。

玻璃配置见表 8-1。

1. 产品描述

框结构：100mm；适配玻璃厚度：32~65mm；

两道密封；隔热条宽：42mm；

型材角部连接：铝合金组角件组角连接；

中框与边框（或中框）连接：铝合金 T 形连接件销钉连接；

防盗等级可达 WK2 和 WK3；所有胶条表面均覆盖有聚合物涂层，可直接用于自洁玻璃。

图 8-4　100 系列隔热铝合金窗

2. 产品基本性能参数

风压性能：C4/C5 级；

气密性：4 级；

水密性：E1200 级；

隔声性能：RW40-49dB 级；

保温性能

玻璃配置 （规格、玻璃品种）	玻璃 K 值/ $[W/(m^2 \cdot K)]$	整窗 K 值/ $[W/(m^2 \cdot K)]$	等级
6 双银（Low-E）+12Ar+5 （暖边（中空双银度辐射玻璃））	1.35	1.65	7

注：框 K 值 1.1W/（m² · K），框扇 K 值 1.2W/（m² · K）。

1. 特点

（1）极具现代感的线条设计，外观简洁大气。

（2）特有的保温结构设计，大大提高了整窗隔热性。

（3）36mm 玻璃腔厚度，满足三层玻璃，中空百叶玻璃等
多种玻璃配置。

（4）外隐扇设计使得整窗外立面简洁明快，固定玻璃与
开启扇外观浑然一体。

2. 产品性能

保温性能：7 级；$K = 1.66$W/（m² · K）；

隔声性能：5 级；

水密性：6 级；

气密性：8 级；

抗风压性能：9 级。

图 8-5　CHW65 铝合金平开窗

3. 技术参数

可视宽/高（室外侧）：75mm；

型材宽度：框 65mm，扇 68mm；

玻璃厚度：14 ~ 44mm。

4. 玻璃类型：6 + 9Ar + 6 + 9Ar + 6Low-E；

U_g：1.1W/（m² · K）；

玻璃间隔条：TGI 暖边。

1. 木塑铝复合门窗型材是将木塑与铝合金机械压合在
一起，形成兼具两种材料优势性能的环保复合型材，可制
作"铝合金骨架、超实木外观"的高档门窗。

2. 木塑铝复合门窗可以镶嵌于各式各样的建筑物外表
面上；从秀丽优雅的小别墅，到现代化的商务大楼；从古
色古香的旧建筑重新装修，到绿草如茵的花园阳光房，都

图 8-6　70 型木塑铝复合平开窗

可以选到最合适、最匹配的颜色和风格。

3. 木塑铝复合型材由木塑型材和铝合金型材复合而成，其中木塑是由 60% 木纤维、30% 高分子树脂及 10% 专用助剂，经高温熬好后由专用模具挤出，尺寸精确的产品、不含甲醛、苯系列物和铅等有害物质，具有机械性能高、防水、抗酸碱、不腐烂、抗虫蛀、免维护和全部回收利用等特点。

4. 采用具有高弹性、高耐候性优质三元乙丙胶条，能在 –40℃ ~120℃ 保持正常使用。

5. 木塑铝复合门窗抗风压能达到 6 级，可满足重要建筑抗震 8 级设计要求，并可保证使用 20 年以上不出现窗扇变形。

6. 木塑铝复合门窗隔声性能达到 3 级标准，满足快速路和主干道两侧 50m 范围内临街一侧的建筑隔声要求。

7. 传热系数 K 可达 $1.78W/（m^2·K）$。

8. 气密性可达 8 级。

9. 水密性不小于 3 级。

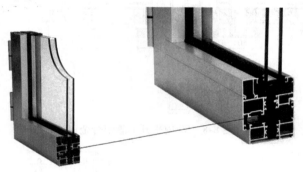

图 8-7　70 平开铝合金窗

1. 标准配置

玻璃 5Low-E + 9A + 5 + 9A + 5；

CT 型尼龙 PA66 隔热条，隔热条宽度大于 24mm；

多腔体三元乙丙抗蠕变胶条。

2. 整窗性能

抗风压性能：5 级；

水密性：4 级；

气密性：7 级；

隔声：35dB；

防火：A 级；

传热系数：$K≤1.9W/（m^2·K）$。

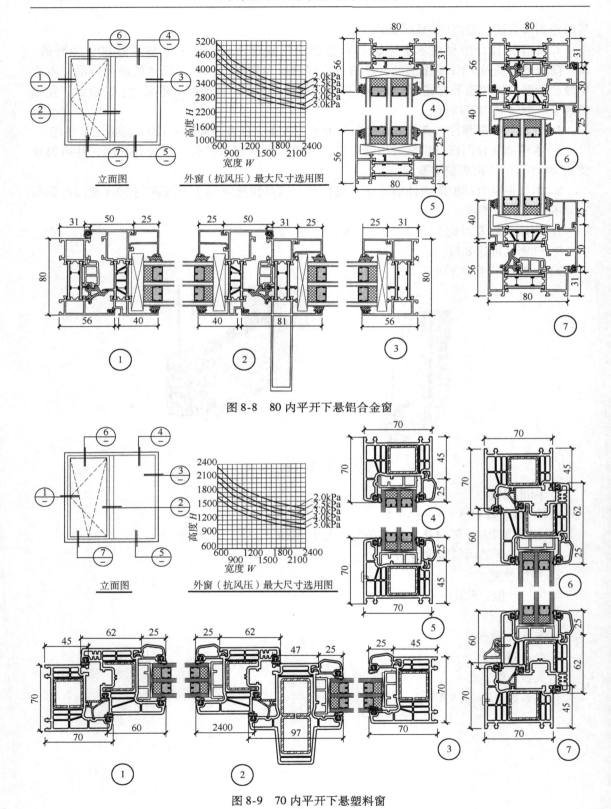

图 8-8　80 内平开下悬铝合金窗

图 8-9　70 内平开下悬塑料窗

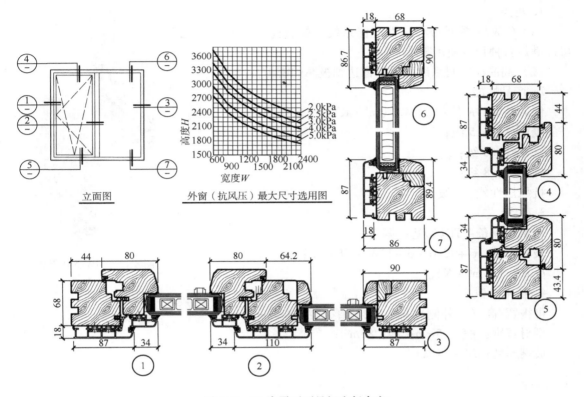

图 8-10　86 内平开下悬铝木复合窗

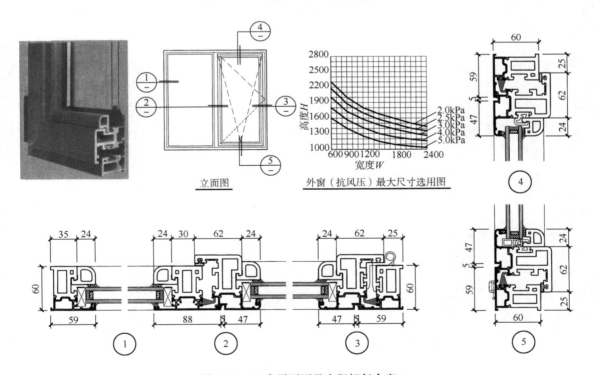

图 8-11　60 内平开下悬木塑铝复合窗

1. 特点

（1）CIW75 系列为超高性能窗系统，配合完善的开启功能，可以满足各种顶级使用需求。

（2）高品质密封系统确保整窗达到极高的密封标准。

2. 产品性能

保温性能：K 值：1.6W/（m² · K）；

隔声性能：5 级；

水密性：6 级；

气密性：8 级；

抗风压性能：9 级。

3. 配置

玻璃间隔条：TGI 暖边间隔条；

玻璃类型：6 + 12Ar + 6 + 12Ar + 6Low-E；

U_g：1.1（m² · K）。

图 8-12　CIW75 内开窗

4. 技术参数

可视宽/高（室外侧）：框：62mm；扇：39.5mm；

型材宽度：框：75mm；扇：85mm；

玻璃厚度：24 ~ 54mm。

第 9 章　高性能节能门窗

9.1　概述

这里指的高性能节能窗是指传热系数在 $1.1 \sim 1.58 \mathrm{W/（m^2 \cdot K）}$ 的门窗，为了达到这个要求，通常采用如下部分措施。

1. 塑料型材腔室增多。
2. 框扇组合结构型材的密封层数增多。
3. 聚氨酯发泡填充。
4. 加放聚酯合金型材。
5. 双断桥隔热铝型材。
6. 连续密封结构。
7. 三玻两腔中空玻璃应用。
8. Low-E 低辐射玻璃应用。

本章所列的节能门窗选用表为提供的选用实例，仅供学习参考，谨防照抄。

9.2　高性能节能窗的选用导引

高性能节能窗的选用导引见表 9-1。

表 9-1　高性能节能门窗选用表（$K = 1.1 \sim 1.58$）

窗　　型	玻璃配置	水密性（级）	气密性（级）	抗风压性能（级）	隔声性能（级）	传热系数 K/[W/（$m^2 \cdot K$）]	图号
TBOY65 平开塑料窗	5Low-E + 10Ar + 5 + 10Ar + 5	4	8	6	4	1.48	9 – 1
TBOG70 平开塑料窗	5Low-E + 12Ar + 5Low-E + 12Ar + 5	4	8	9	4	1.28	9 – 2
70MD 内平开窗	5 + 9A + 5Low-E	5	8	6	4	1.39	9 – 3
70MD 外开门	—○	5	6	6	4	1.56	9 – 4
70MD 内开门	—○	5	6	6	4	1.52	9 – 5
TICO P80 玻璃钢复合内开窗	5Low-E + 15Ar + 5 + 5Low-E	5	7	6	3	1.3	9 – 6
128 系列铝包木智能窗	5-20A-5△	5	7	5	4	1.3	9 – 7
W73 系列平开铝合金窗	最大玻璃厚 55mm△	5	8	9	4	1.2	9 – 8
G7034 内开窗	最大玻璃厚度 49mm△	6	8	9	5	1.18	9 – 9

（续）

窗　型	玻璃配置	水密性（级）	气密性（级）	抗风压性能（级）	隔声性能（级）	传热系数 $K/$ [W/（m²·K）]	图号
80 系列铝木复合窗	T5 + 9A + T5 + 9A + T5	5	7	8	4	1.2	9 – 10
70 平开塑料窗	5mm + 9mm 氩气 + 5mm + 9mm 氩气 + 5mmLow-E	3	7	5	4	1.5	9 – 11
德标 70 系列平开窗	标配 32mm△	5	8	6	4	1.2	9 – 12

注：△在产品描述中，若没有注明玻璃配置，则必须保证玻璃最大厚度不小于38mm 或保证玻璃中部传热系数 U_g 小于 1.2W/（m²·K）。

○门没有写玻璃配置，但要保证中部传热系数 U_g 小于 1.2W/（m²·K）。

9.3　应用案例

应用案例见图 9-1 ～ 图 9-12。

1. 特点

（1）对称的 5 腔设计，腔室间距 4.5mm 以上，更节能保温。

（2）豪华圆弧边设计，更贴合建筑装饰效果。

（3）小扇设计通透性好。

（4）等压胶条及槽口设计兼顾水密防尘与保温性。

2. 性能

抗风压性能：6 级；

隔声性：4 级；

气密性：8 级；

水密性：4 级；

保温性能：1.48W/（m²·K）。

图 9-1　TBOY65 平开塑料窗

玻璃	配置（南玻）	玻璃保温 U_g	整窗保温性能 W/（m²·K）
中空三玻	5Low-E + 10Ar + 5 + 10Ar + 5	1.09	1.48

1. 特点

（1）主型材为六腔结构，保温性、隔声性更好。

（2）2.9mm 壁厚设计，厚度 70mm，整窗强度高，刚性更好。

（3）36mm 宽三玻嵌入尺寸，卓越的保温、隔声性能。

（4）豪华披水扇设计，框扇室外侧平齐，立体效果好，整窗水密性更高。

2. 性能

抗风压性能：9 级；

隔声性：4 级；

图 9-2　TBOG70 平开塑料窗

气密性：8 级；

水密性：4 级；

保温性能：1.28W/（m² · K）。

玻璃	配置（南玻）	玻璃保温 U_g	整窗保温性能 W/（m² · K）
中空三玻	5Low-E + 12Ar + 5Low-E + 12Ar + 5	0.88	1.28

1. 主型材高壁厚大断面设计，多腔式结构，可视面壁厚 ≥2.8mm，三道密封设计，绝佳的保温隔热性能。

2. 三玻两中空玻璃按照 5 + 9A + 5 + 9A + 5、5 + 9A + 5Low-E 标准配置，最大玻璃厚度 42mm，提高隔声保温性能。

3. 型材外观圆润优雅，表面光洁细腻的瓷质质感。

4. 窗体泛水坡度构造胶条，密封更高效，独立排水腔室，落差式排水更通畅。

5. 技术参数

腔体结构：6 腔，3 密封；

窗框厚度：70mm；

窗扇厚度：70mm；

图 9-3　70MD 内平开窗

型材壁厚标准：A 类；

窗扇可夹持玻璃厚度范围：4/42mm。

6. 整窗性能

保温性能：$K \leqslant 1.39$W/（m² · K）；

隔声性能：$R_w \geqslant 40$dB；

气密性：8 级；

水密性：5 级；

抗风压性能：6 级。

1. 特点

（1）型材多腔式结构，三道密封设计，独立的水密、气密腔体，有效减少空气对流带来的热传递。

（2）双道低阻尼系数的 TPV 胶条，硅化 U 形毛条高密封性能，抵御暴雨、沙尘袭击。

（3）门扇型材内部多处特殊设计和增强焊接块独到构造，使五金件安装牢固，有效防止门扇下垂、掉角问题。

（4）装配式门框与无障碍门槛设计，可制作超大尺寸门现场拼装，安装运输更便捷。

2. 技术参数

腔体结构：6 腔，3 密封；

窗框厚度：70mm；

窗扇厚度：70mm；

图 9-4　70MD 外开门

型材壁厚标准：A 类；

窗扇可夹持玻璃厚度范围：4/42mm；

门没有写玻璃配置的，要保证中部传热系数 U_g 小于 1.2W／（m²·K）。

3. 整窗性能

保温性能：$K \leqslant 1.56W／（m²·K）$；

隔声性能：$R_w \geqslant 35dB$；

气密性：6 级；

水密性：5 级；

抗风压性能：6 级。

1. 特点

（1）门扇壁厚 3.0mm，5 腔室结构，高密封性能，抵御严寒侵袭。

（2）玻璃最大厚度 42mm，具有更好的隔声保温性能，保证室内舒适安静。

（3）双道低阻尼系数的 TPV 胶条，双道硅化 U 形毛条高密封、三道 EPDM 胶条环形整体密封，防水、防尘。

（4）进口 3D 加重门合页五金配件，设计可达 15 万次反复开启，强度更高，生命周期更长。

2. 技术参数

腔体结构：6 腔，3 密封；

窗框厚度：70mm；

窗扇厚度：70mm；

图 9-5　70MD 内开门

型材壁厚标准：A 类；

窗扇可夹持玻璃厚度范围：4/42mm；

○门没有写玻璃配置时，要保证中部传热系数 U_g 小于 1.2W／（m²·K）。

3. 性能

保温性能：$K \leqslant 1.52W／（m²·K）$；

隔音性能：$R_w \geqslant 35dB$；

气密性：6 级；

水密性：5 级；

抗风压性能：6 级。

玻璃配置	抗风压性能（级）	水密性（级）	气密性（级）	保温性能 K／[W／（m²·K）]	隔声性能（级）
5Low-E＋12A＋5＋12A＋5	8	5	7	1.40	4
5Low-E＋12Ar＋5＋12Ar＋5	8	5	7	1.30	4
5Low-E＋12A＋5Low-E＋12A＋5	8	5	7	1.20	4
5Low-E＋15A＋5＋15A＋5	8	5	7	1.30	4
5Low-E＋15Ar＋5Low-E＋15Ar＋5	8	5	7	1.0	4

1. 保温性能优异。聚氨酯复合材料的导热系数很低，可达被动房要求。

2. 防火性能佳。聚氨酯节能门窗达到《建筑防火设计规范》（GB 50016—2014）的完整性大于等于 0.5h 要求。

3. 密封性能好。聚氨酯型材的线胀系数仅为 6.4×10^{-6} m/K，与混凝土接近，可有效避免由于热胀冷缩引起的门窗框尺寸变化，防止出现开关不易、密封不好等现象，使整窗具有良好的气密性、水密性、隔声性能和安全性能。

图 9-6　TICOP80 玻璃钢复合内开窗

128 系列铝包木智能窗：

可适用开启方式：内平开、内开内倒、外开金刚网；

木材材质：美洲红橡；

木材厚度：68mm；

铝材壁厚：1.6mm；

铝材工艺：采用的是无缝焊接，粉末喷涂；

五金品牌：德国 G-U（格屋）五金，HOPPE（好博）执手；

胶条：高分子 TPV 弹性体胶条；

油漆：德国雷玛仕水性环保油漆；

中空玻璃：标配 5 + 20A + 5 中空钢化玻璃，可配三玻。见图 9-1 说明。

智能系统：包含云屏控制、语音控制、手机 APP 远程控制、下雨天自动关窗等功能于一体的智能系统。

图 9-7　128 系列铝包木智能窗

铝包木门窗具有铝合金门窗和实木门窗的所有优点，并且完美地体现了中国实木门窗文化底蕴，以高性能的断桥铝合金型材辅助窗的外形，将天然的木材内嵌，内部细腻，外观绚丽的铝木复合门窗。能满足现代时尚人性家居的需求。高性能隔声保温效果，适用于各种地区和不同的建筑风格需求。

智能系统：包含云屏控制、语音控制、手机 APP 远程控制、下雨天自动关窗等功能于一体的智能系统。只需要一句话就可以打开窗户通风换气；像手机解锁屏幕一样，手一滑就可以打开窗户；天空乌云满布，来不及回家关窗，只需掏出手机就可以自由开关窗；下雨天忘记关窗，再也不用担心地板被泡，室内进水了。门窗的智能系统把烦琐的生活简单化，让您更好地乐享生活。

1. 特点

外观尺寸精巧纤细优雅；

超级节能，最低节能 K 值达到 1.2W/（m² · K）；

玻璃边缘填充发泡保温材料；

各种保温材料的系统综合运用；

角部连接使用专用注胶角码与注胶平整片；

系统根据等压原理设计，排堵结合进行防水考虑。

2. 技术参数

型材尺寸：框深度：65mm，扇深度：73mm；

隔热形式：聚氨酯双注胶技术；

玻璃面板：最大玻璃厚度55mm；

开启形式：内开窗、外开窗、内开内倒窗、固定窗及各种组合；

密封技术：密封连续性技术与等压原理；

五金槽口：欧标 C 槽；

水密性：600Pa，5 级；

气密性：8 级；

抗风压性能：5.0Pa，9 级；

保温性能：$K \geqslant 1.2$W／（m²·K），9 级；

玻璃配置见表9-1。

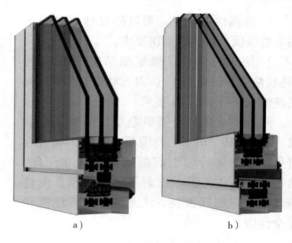

图 9-8　W73 系列平开铝合金窗
a）内开窗系统　b）外开窗系统

G7034 内开窗为机械复合式三腔结构，边框深度为 70mm，配备 34mmPA66 隔热条；连续等温面设置，异型保温填充隔热条，多腔体中央密封，连续的玻璃周边密封，集合智能通风系统，为居住建筑厅房空间系统舒适型解决方案。

1. 技术参数

边框深度：70mm；

中梃深度：70mm；

窗扇深度：80mm；

隔热条：34mm 宽 C/CG/CT 形；

固定板件厚度：5～49mm；

内开窗扇板件厚度：5～59mm。

2. 性能参数

抗风压性能：9 级；

保温性能：9 级；

水密性：6 级；

隔声性能：5 级；

气密性：8 级；

图 9-9　G7034 内开窗

采光性能：4 级；

$U_w = 1.18W/ (m^2 \cdot K)$；

玻璃配置见表9-1。

1. 产品描述

框结构：88mm，适配玻璃厚度：22～36mm，四道密封；

木材角部连接：卯榫连接；

铝材角部连接：增强型尼龙66注胶角码连接；

中梃与边框（或中梃）连接：圆棒榫连接；

室内纯木结构，铝制外衣，铝颜色可与建筑融合，铝合金型材与木材通过机械方法复合而成的框体，高分子尼龙件连接满足木材和金属的收缩变形，木材经过防腐、脱脂、阻燃等处理，并采用德国高强度胶粘剂，表面采用欧洲进口水性环保漆。

图 9-10　80 系列铝木复合窗

2. 性能参数

抗风压性能：8 级；

水密性：5 级；

气密性：7 级；

隔声性能：4 级。

3. 保温性能

玻璃配置：T5 + 9A + T5 + 9A + T5（三玻两中空玻璃）；

玻璃 K 值：2.5W/ $(m^2 \cdot K)$；

整窗 K 值：1.8W/ $(m^2 \cdot K)$。

1. 产品描述

框结构：70mm；

适配玻璃厚度：32～32mm，三道密封；

型材角部连接：焊接连接；

中框与边框（或中框）连接：螺栓连接；

专用钢衬，型材采用安全环保配方，－30 度～70 度经受烈日暴雨，干燥潮湿的变化而不会出现变色变质老化脆化的现象；独特双重压缩结构的胶条。

图 9-11　70 平开塑料窗

2. 产品性能

抗风压性能：5 级；

水密性：3 级；

气密性：7 级；

隔声性能：4 级。

3. 保温性能

玻璃配置：5 + 9 氩气 + 5 + 9 氩气 + 5Low-E（三玻两中空单银 Low-E 玻璃）；

玻璃 K 值：0.8W/（m^2·K）；

整窗 K 值：1.5W/（m^2·K）；

等级：8 级。

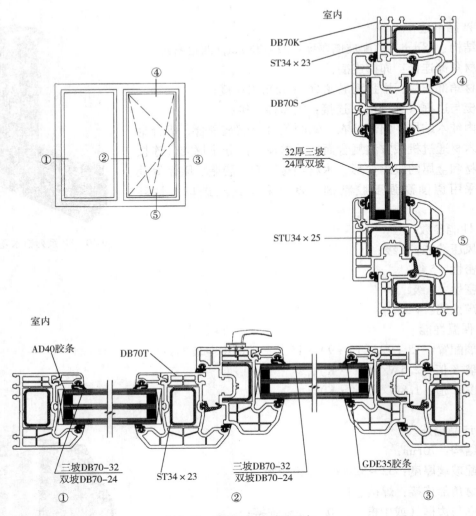

图 9-12　德标 70 系列平开窗

1. 特点

（1）主壁厚≥2.8mm，非可视面壁厚≥2.5mm；

（2）五腔三密封；

（3）流线型设计；

（4）槽口可配 B 系列高档五金件；

（5）专用连接件设计，消除 V 形焊带条的开裂隐患；

（6）可覆膜花梨木、金橡木、胡桃木等。

2. 性能

抗风压性能：6 级；

水密性：5 级；

气密性：8 级；

保温性能：$K = 1.2 \mathrm{W} / (\mathrm{m}^2 \cdot \mathrm{K})$；

隔声性能：$R_\mathrm{w} = 45 \mathrm{dB}$；

玻璃厚度：19 ~ 32mm；

玻璃配置见表9-1。

第 10 章　被动窗

10.1　基于节能的举措

被动式房屋对被动门窗有严格的要求，因此对门窗必须采取有效的、必要的措施。这些举措大致包括下列几点。

（1）材质。门窗框扇的传热系数必须要很低。就材料来说，塑料型材、木材是比较好的选择，铝木复合、铝塑复合必须以木、塑为主。若要采用断桥隔热铝型材，则隔热条的长度要长，或者采用双断桥结构，各种材料导热系数见表 10-1。

表 10-1　各种材料导热系数

窗框材料	钢材	铝合金	PVC	松木、杉木	玻璃钢
导热系数 W/（m·K）	62	160	0.17	0.14	0.23

（2）几何形状。就几何形状而言，塑料有其独特优势，它可以做成多腔室，对被动窗而言，腔室要大于 5 个。断热铝合金型材要在隔热条上做文章。塑料各种腔室性能见表 10-2。

表 10-2　塑料各种腔室性能

PVC 平开系列型材	U_f（W/m²·K）
三腔结构 60 系列	1.5 ~ 1.8
四腔结构 60 系列	1.5 ~ 1.6
四腔结构 65 系列	1.4 ~ 1.6
五腔结构 65 系列	1.3 ~ 1.5
四腔结构 70 系列	1.2 ~ 1.4
六腔结构 70 系列	1.1 ~ 1.3
六腔以上结构 80 系列	≤1.0

根据表 10-2 可知，六腔以上结构、80mm 以上厚度的平开系列的塑料型材适合用于被动房门窗。

（3）玻璃系统组合后的传热系数要低，就这点而言，Low-E 真空玻璃和真空玻璃及气凝胶玻璃较好，它们都可以满足传热系数 $K ≤ 0.8$ W/（m²·K）要求。

（4）要特别重视玻璃间隔条的选用，性能良好的暖边间隔条的导热系数小于 0.16W/（m²·K），且具有良好的耐久性。

（5）选择性能良好、寿命长的密封胶条。密封胶条必须具有抗紫外线的功能，至少有 30 年的使用寿命，结构上要保证多道密封，至少三道密封。

（6）窗扇每道至少两个锁紧开关，要选择无色可靠、寿命长的五金件。

（7）型材腔室内填充隔热发泡材料，或镶入配合良好的隔热材料，这样一方面可提高型材隔热能力，另一方面还可提高门窗的抗风压强度。

（8）物理性能的全面保障，使整窗的水密性不低于 6 级，气密性不低于 8 级，抗风压强度不低于 9 级。

本章所列的节能门窗选用表为提供的选用实例，仅供学习参考，谨防照抄。

10.2　被动窗选用表

被动窗的选用表见表 10-3。

表 10-3　被动窗选用表（$K = 0.8 \sim 1.0$）

窗型	玻璃配置	水密性（级）	气密性（级）	抗风压性能（级）	隔声性能（级）	传热系数 K/[$W/(cm^2 \cdot K)$]	图号
70 平开塑料窗	5Low-E + 12Ar + 5Low-E + 12Ar + 5C	5	8	7	4	0.98	10 – 1
80 塑料平开窗	5Low-E + 16A + 5Low-E + 0.15v + 5 暖边	5	8	7	4	0.8	10 – 2
G8044 内开铝合金窗	最大玻璃厚度 59mm△	6	8	9	5	0.98	10 – 3
80 系列平开塑料窗	6Low-E + 16A + 5 + 16Ar + 6Low-E	6	8	4	6	0.9	10 – 4
82MDPSR 平开塑料窗	—△	4	8	7	5	0.8	10 – 5
80 系列平开塑料窗	5Low-E + 12Ar + 5Low-E + 12Ar + 5c	5	8	7	5	0.88	10 – 6
82MD 平开塑料窗	—△	4	8	7	5	0.8	10 – 7
120 系列铝木复合平开窗	5Low-E + 18Ar + 5 + 18Ar + 5Low-E	6	8	9	4	0.73	10 – 8
80 系列隔热铝合金窗	5Low-E + 12Ar + 5 + 12Ar + 5Low-E	6	8	9	4	0.99	10 – 9
86 系列平开塑料窗	最大玻璃厚度 53mm△	E900 DINEN 12208	4 DINEN 12207	B5 DINEN 12210	6	0.85	10 – 10
TBT88MD 平开塑料窗	最大玻璃厚度 50mm△	5	8	7	—	0.79	10 – 11
W90 系列铝合金窗	最大玻璃厚度 55mm△	5	8	9	—	0.97	10 – 12

注：△在产品描述中，若没有注明玻璃配置，则必须保证玻璃最大厚度不小于 45mm 或保证玻璃中部传热系数 U_g 小于 0.6W/（$m^2 \cdot K$）。

10.3　被动窗的应用案例

被动窗的应用案例见图 10-1 ~ 图 10-12。

1. 产品描述

框结构：70mm/5 腔，适配玻璃厚度：10~41mm，三道密封；

型材角部连接：热熔焊接；

中框与边框（或中框）连接：机械连接；

中间密封采用硬密度 TPE 共挤胶条，防盗级别可达 RC2 等级，框扇自带增强碳纤维；

2. 产品基本性能参数

抗风压性能：7 级；

气密性：8 级；

水密性：5 级；

隔声性能：4 级；

保温性能

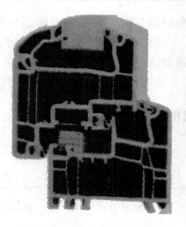

图 10-1 70 平开塑料窗

玻璃配置 （规格、玻璃品种）	玻璃 K 值/ [W/（m² · K）]	整窗 K 值/ [W/（m² · K）]	等级
5Low-E（0.02）+12Ar+5Low-E（0.02）+12Ar+5c （三玻两中空双银低辐射玻璃）	0.69	0.98	10

注：框 K 值 1.2W/（m² · K），框扇 K 值 1.2W/（m² · K）。

1. 产品描述

框结构：82mm/7 腔，适配玻璃厚度：24~52mm，三道密封；

角部连接：焊接连接；

中框与边框（或中框）连接：机械连接。

2. 产品基本性能参数

抗风压性能：7 级；

气密性：8 级；

水密性：5 级；

隔声性能：4 级；

保温性能

图 10-2 80 塑料平开窗

玻璃配置 （规格、玻璃品种）	玻璃 K 值/ [W/（m² · K）]	整窗 K 值/ [W/（m² · K）]	等级
5Low-E+16A+5Low-E+0.15v+5 暖边 （三玻中空双银低辐射真空复合玻璃）	<0.6	<0.80	10

注：框 K 值 1.0W/（m² · K），框扇 K 值 1.0W/（m² · K）。

1. 特点

为机械复合式三腔结构，边框深度为 80mm，配备 44mmPA66 隔热条；连续等温面设置，异型泡保温充隔热条，多腔体中央密封，连续的玻璃周边密封，集合智能通风系统、电动遮阳系统。

2. 技术参数

边框深度：80mm；

中梃深度：80mm；

窗扇深度：90mm；

隔热条：44mm 宽 C/CG/CT 形；

固定板件厚度范围：5~59mm；

内开窗扇板件厚度范围：5~69mm。

3. 性能参数

抗风压性能：9 级；

保温性能：10 级；

水密性：6 级；

隔声性能：5 级；

气密性：8 级；

采光性能：4 级；

传热系数：$0.98W/（m^2 \cdot K）$；

玻璃配置见表 10-3。

图 10-3　G8044 内开铝合金窗

1. 产品描述

框结构：86mm/6 腔，适配玻璃厚度：22~53mm，三道密封；

型材角部连接：焊接连接；

中框与边框连接：螺接连接；

专用衬钢，型材内部特殊斜面设计，落差式排水，专用焊接胶条；防盗等级可达 WK3；

材料配方不含铬和铅；可实现在不开启窗户不损失室内能量的状态下室内外空气交换。

2. 产品基本性能参数

抗风压性能：4 级；

气密性：8 级；

水密性：6 级；

隔声性能：6 级（47dB）；

保温性能

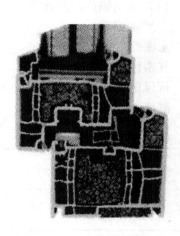

图 10-4　80 系列平开塑料窗

玻璃配置 （规格、玻璃品种）	玻璃 K 值/ [W/ (m² · K)]	整窗 K 值/ [W/ (m² · K)]	等级
6 双银 Low-E + 16Ar + 5 + 16Ar + 6 双银 Low-E （三玻两中空单银低辐射玻璃）	0.70	0.90	10

注：框 U 值 0.71W/ (m² · K)，框扇 U 值 0.79W/ (m² · K)。

1. 产品特点

（1）型材设计为五腔体结构，为寒冷地区节能窗设计；

（2）密封性能优越，框扇结合部分三道密封结构，进口密封胶条，有效保证门窗气密性；

（3）可视面的壁厚符合《门、窗用未增塑聚氯乙烯（PVC-U）型材》（GB/T 8814—2004）标准中 A 类，壁厚为 2.8mm，坚固耐用；

（4）玻璃安装深度达 25mm，降低玻璃边部结露风险；

（5）更深的排水槽设计和抬高的中部密封结构，提高水密性，40°~50°的排水槽铣位，方便定位加工；

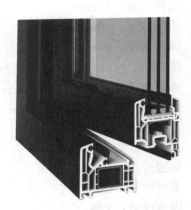

图 10-5　82MDPSR 平开塑料窗

（6）在不降低性能的前提下，提高整窗透光面积 9%，提高整窗出材料率 15%，更简约和节省材料；

（7）采用隔热填充技术。

2. 产品参数

水密性：4 级；

气密性：8 级；

抗风压性能：7 级；

隔声性能：5 级；

保温性能

型材类型	维卡 uPVC 不同类型的塑料门窗	
整窗传热系数	uPVC 型材传热系数	玻璃传热系数
$U_w = 0.8$	$U_f = 1.0$ 厚度 82mm	$U_g = 0.6$ $\Phi_g = 0.032$

玻璃配置见表 10-3。

1. 特点

（1）框结构：85mm/6 腔，适配玻璃厚度：21～59mm，三道密封；

（2）型材角部连接：热熔焊接；

（3）中框与边框（或中框）连接：机械连接；

（4）中间密封采用硬密封，TPE 共挤胶条；整窗保温，水密、气密、隔声等性能获得德国 RAL；

（5）门窗系统认证和 PHI 认证，CE 认证；欧洲防撬 RC2 等级；绿色环保配方；框扇自带增强碳纤维。

2. 技术参数

抗风压性能：7 级；

气密性：8 级；

水密性：5 级；

隔声性能：5 级；

保温性能

图 10-6　80 系列平开塑料窗

玻璃配置 （规格、玻璃品种）	玻璃 K 值/ $[W/(m^2·K)]$	整窗 K 值/ $[W/(m^2·K)]$	等级
5Low-E（0.02）+12Ar+5Low-E（0.02）+12Ar+5C 双银 Low-E （三玻两中空双银低辐射玻璃）	0.69	0.88	10

1. 产品特点

（1）前瞻性设计，型材设计为七腔体结构，宽度为 82mm。

（2）密封性能优越，三道密封结构保证高性能的水密性和气密性。

（3）出色的保温性能，框架部分包含内衬钢的传热系数 U_f 值为 1.0W/$(m^2·K)$，该系统配对应的节能玻璃，整窗 U_w 值≤0.9W/$(m^2·K)$。

（4）可视面的壁厚符合《门、窗用未增塑聚氯乙烯（PVC-U）型材》（GB/T 8814—2004）的 A 类标准，为 2.8mm，坚固耐用。

图 10-7　82MD 平开塑料窗

（5）玻璃安装深度达到 25mm，使用时更安全，更放心。

（6）可安装中空玻璃或三玻中空玻璃。玻璃安装厚度为 24～52mm，可选择更多样的玻璃。

2. 产品参数

水密性：4 级；

气密性：8 级；

抗风压性能：7 级；

隔声性能：5 级；

保温性能：

型材类型	维卡 uPVC 不同类型的塑料门窗	
整窗传热系数	uPVC 型材传热系数	玻璃传热系数
$U_w = 0.8$	$U_f = 1.0$ 厚度 82mm	$U_g = 0.6$ $\Phi_g = 0.032$

玻璃配置见表 10-3。

1. 产品描述

框结构：119mm，适配玻璃厚度：48~52mm，四道密封；

木材角部连接：槽榫连接；铝材角部连接：无缝焊接连接；

中框与边框（或中框）连接：圆棒榫 + 刚栓加强连接；

复合被动式房屋用窗标准，木材为主要受力构件，外铝与导热系数极低（导热系数约为铝合金的1/720）的工程塑料卡接形成整体，再用卡扣外挂到木材结构的窗体上，外铝颜色可与建筑风格相融合，防盗级别可达到 RC2 级，可增设儿童安全锁，可配电动开窗器、电动遮阳、智能报警等智能控制系统。

2. 性能参数

抗风压性能：9 级；

气密性：8 级；

水密性：6 级；

隔声性能：4 级；

保温性能

图 10-8　120 系列铝木复合平开窗

玻璃配置 （规格、玻璃品种）	玻璃 K 值/ [W/ (m² · K)]	整窗 K 值/ [W/ (m² · K)]	等级
5Low-E + 18Ar + 5 + 18Ar + 5Low-E （三玻两中空双银低辐射玻璃）	0.63	0.73	10

1. 产品描述

框结构：80mm，适配玻璃厚度：5~59mm；

三道密封，隔热条宽：44mm；

型材角部连接：角码组角，后注双组份胶；

中框与边框（或中框）连接：铝连接件销钉连接、后注双组份胶连接；

机械复合式三腔结构，腔体内填充异型填充材料，特殊造型扣条设计。

2. 产品基本性能参数

抗风压性能：9 级；

图 10-9　80 系列隔热铝合金窗

气密性：8 级；

水密性：6 级；

隔声性能：4 级；

保温性能：

玻璃配置：5 双银 Low-E +12Ar +5 双银 Low-E +12Ar +5 暖边；

玻璃 K 值：0.602W／（$m^2 \cdot K$）；

整窗 K 值：0.99W／（$m^2 \cdot K$）；

等级：10 级；

注：框 K 值 1.3W／（$m^2 \cdot K$），框扇 K 值 1.5W／（$m^2 \cdot K$）。

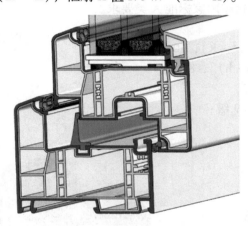

图 10-10　86 平开塑料窗

材质	RAU-FIPRO ®，RAU-PVC，配方不含铬和铅
密封系统	中间密封
型材安装深度	86mm
腔体	6
搭接量	外侧：5mm；内侧：8mm
压缩量	外侧：5mm；内侧：4mm
框扇间距（五金通道）	13mm
最大玻璃厚度	53mm（玻璃配置见表 10-3）
可视面宽度 窗（门）	115 ~156mm（169mm）
传热系数 U_f 窗（门）	0.85 ~1.1W／（$m^2 \cdot K$）；［0.76 ~1.1W／（$m^2 \cdot K$）］
型材传热系数 U_f GENEO ® PHZ	0.79W／（$m^2 \cdot K$）
抗风压等级 窗（门）	达到等级 C5/B5（达到等级 B3），根据标准 DIN EN 12210
水密性等级 窗（门）	达到等级 E900（达到等级 3A），根据标准 DIN EN 12208
气密性等级 窗（门）	达到等级 4（达到等级 3），根据标准 DIN EN 12207
隔声性能	达到 $R_{wp} = 47$dB
防盗性能 窗（门）	达到 WK3（达到 WK2），根据标准 DIN V ENV 1627
型材表面处理	表面木纹覆膜和根据 RAL 颜色覆膜，根据 RAL 标准喷涂，GENEO ®系统铝型材表面阳极氧化或粉末喷涂

1. 特点

（1）七腔结构、保温三密封/四密封设计，提供无与伦比的保温效果。

（2）创新的多腔结构满足 U_f 值 0.98W/（m² · K），整窗为 1.0 以下；U_f 值 0.76W/（m² · K），整窗 $U_w \leqslant 0.8$W/（m² · K）。

（3）玻璃厚度最大可达到 50mm，可实现更好的保温隔声。

（4）壁厚为 3.0mm，超越国家标准 A 类要求。

2. 整窗性能

保温性能：0.79W/（m² · K），10 级；

气密性：0.1 ［m³（m·h）］，8 级；

水密性：600Pa，5 级；

抗风压性能：6.5kPa，9 级；

玻璃配置见表 10-3。

图 10-11　TBT88MD 内平开窗

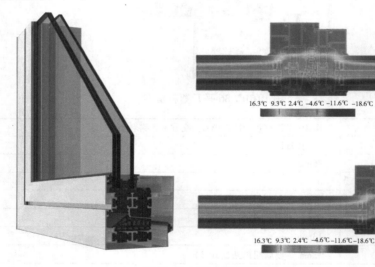

16.3℃　9.3℃　2.4℃　−4.6℃　−11.6℃　−18.6℃

16.3℃　9.3℃　2.4℃　−4.6℃　−11.6℃　−18.6℃

图 10-12　W90 系列铝合金窗

1. 技术参数

型材尺寸：框深度 83mm，扇深度 90mm；

隔热形式：聚氨酯双注胶技术；

玻璃面板：最大玻璃厚度 55mm；

开启形式：内开窗、外开窗、内开内倒窗、固定窗及各种组合；

密封技术：密封连续性技术与等压原理；

五金槽口：欧标 C 槽；

水密性：600Pa，5 级；

气密性：8 级；

抗风压性能：5.0kPa，9 级；

保温性能：$K \geqslant 0.97$W/（m^2·K），10 级；

玻璃配置见表 10-3。

2. 特点

（1）外观尺寸精巧纤细优雅；

（2）超级节能，最低节能 K 值达到 0.97W/（m^2·K）；

（3）最新技术双注胶节能及各种节能技术；

（4）玻璃边缘填充发泡保温材料；

（5）各种保温材料的系统综合运用；

（6）角部连接使用注胶角码和钢角片。

致　　谢

本书在出版过程中得到了以下企业的大力支持和帮助，他们为推动、提高节能门窗、系统门窗研究的科技水平和推广应用做出了积极的贡献，在此表示深深的钦佩和感谢！

江苏鲁匠装饰工程有限公司

总经理：高校

地址：连云港市经济技术开发区大浦路 21 号　　邮编：222000

联系电话：0518 – 85853077

专业产品：标准化窗、遮阳一体化窗、通风一体化窗、装修装饰工程、建筑幕墙工程、
　　　　　钢结构工程

肇庆亚洲铝厂有限公司

总经理：罗声闻

地址：广东省肇庆市大旺高新区亚铝工业城　　邮编：526000

联系电话：0758 – 3633093

专业产品：建筑门窗幕墙铝合金型材、大型工业型材

南京武家嘴门窗装饰有限公司

董事长：孙炳财

地址：南京市高淳区古柏镇韩村镇兴路 151 号　　邮编：211306

联系电话：025 – 57861468

专业产品：建筑门窗、标准化系统窗、遮阳一体化窗

成都硅宝科技股份有限公司

总经理：王有强

地址：成都高新区新园大道 16 号　　邮编：610041

联系电话：028 – 85318166

专业产品：建筑密封胶

连云港同达科技有限公司

总经理：金海滨

地址：连云港市经济技术开发区黄海大道 69 号　　邮编：222000

联系电话：0518 – 81156778

专业产品：钢化玻璃、夹胶玻璃、中空玻璃

江阴海达橡塑股份有限公司

总经理：彭讯

地址：江苏省江阴市周庄镇云顾路 585 号　邮编：214424

联系电话：0510 – 86965211

专业产品：建筑密封、隔震系统

栋梁铝业有限公司

总经理：施白泉

地址：浙江省湖州市吴兴区织里镇栋梁路 1688 号　邮编：313032

联系电话：0572 – 2699726

专业产品：铝型材、板材、带材

广东坚朗五金制品股份有限公司

董事长：白宝锟

地址：广东省东莞市塘厦镇大坪村坚朗路 3 号　邮编：523722

联系电话：0769 – 82136666

专业产品：建筑五金

浙江中财型材有限责任公司

经理：孟君樑

地址：杭州经济技术开发区 11 号大街 6 号　邮编：310000

联系电话：0571 – 86911188

专业产品：塑料型材、附框型材、塑料门窗

参 考 文 献

[1] 王波，等．建筑节能门窗设计与制作［M］．北京：中国电力出版社，2016.

[2] 阎玉芹，等．铝合金门窗［M］．北京：化学工业出版社，2015.

[3] 孙文迁，等．铝合金门窗设计与制作安装［M］．北京：中国电力出版社，2013.

[4] 彭洋，等．新型铝合金节能窗传热系数和简化计算［J］．新型建筑材料，2016（9）：111-114.

[5] 齐蓓，黄卫．论系统门窗在被动式低能耗建筑中的应用．2017年全国塑料门窗行业年会论文集．2017（4）：45-59.

[6] 林广利．节能门窗系统的综合优化途径［Z］//2017年全国塑料门窗行业年会论文集．2017（4）：69-91.

[7] 梁芬．既有建筑中塑料推拉窗密封性能分析与改造案例简［Z］//2017年全国塑料门窗行业年会论文集．2017（4）：110-119.

[8] 胡煜等．节能附框在装配式建筑门窗中的应用［Z］//2017年全国塑料门窗行业年会论文集．2017（4）：120-126.

[9] 江苏省住房和城乡建设厅科技发展中心．江苏省绿色建筑应用技术指南［M］．南京：江苏科学技术出版社，2013.

[10] 杨宁，等．基于保温性能分析的塑料异型材设计［J］．绿色建筑，2011（3）：55-57.